21世纪新概念
全能实战规划教材

U0184271

WPS Office
办公应用基础教程

李修云　尤淑辉◎编著

北京大学出版社
PEKING UNIVERSITY PRESS

内 容 简 介

WPS Office是一款具有30多年研发历史、具有完全自主知识产权的国产办公软件。近年来，WPS致力于打造一个集协作工作空间、开放平台、云服务于一体的办公环境，迎合云办公的现代化办公需求，因而受到了众多用户的喜爱。其主推的WPS Office也因携带强大的功能，可覆盖桌面端和移动端两大终端领域，支持Windows、Linux、Mac、Android和iOS五大操作系统，获得了广大用户的青睐。

本书以通俗易懂的语言、精挑细选的实用技巧、翔实生动的操作案例，系统全面地介绍了WPS Office的基础知识，主要内容包括WPS文字的文档录入、编辑与排版技能，WPS表格的编辑、数据计算、统计与分析相关技能，WPS演示的创建、编排、动画设置及放映设置等技能，还对WPS PDF、WPS流程图、WPS思维导图、WPS海报、WPS表单进行了简单介绍。本书的第14章是综合案例，通过对本章内容的学习，读者可以了解到如何正确运用对应的办公组件高效完成实际项目。

全书内容安排由浅入深，配套实例丰富多样，每个操作步骤的介绍都清晰准确，特别适合广大计算机培训学校作为相关专业的教材用书，同时也适合作为WPS Office初学者、商务办公爱好者的学习参考书。

图书在版编目(CIP)数据

WPS Office办公应用基础教程 / 李修云，尤淑辉编著. — 北京：北京大学出版社，2023.1
ISBN 978-7-301-33580-2

Ⅰ.①W… Ⅱ.①李… ②尤… Ⅲ.①办公自动化–应用软件–教材 Ⅳ.①TP317.1

中国版本图书馆CIP数据核字（2022）第207770号

书　　　名	WPS Office办公应用基础教程 WPS Office BANGONG YINGYONG JICHU JIAOCHENG	
著作责任者	李修云　尤淑辉　编著	
责 任 编 辑	王继伟　刘羽昭	
标 准 书 号	ISBN 978-7-301-33580-2	
出 版 发 行	北京大学出版社	
地　　　址	北京市海淀区成府路205号　100871	
网　　　址	http://www.pup.cn　　新浪微博:@北京大学出版社	
电 子 信 箱	pup7@pup.cn	
电　　　话	邮购部 010-62752015　发行部 010-62750672　编辑部 010-62570390	
印 刷 者	三河市博文印刷有限公司	
经 销 者	新华书店	
	787毫米×1092毫米　16开本　23.25印张　559千字	
	2023年1月第1版　2023年1月第1次印刷	
印　　　数	1–3000册	
定　　　价	69.00元	

WPS Office 一站式办公服务平台，可兼容文字、表格、演示三大办公常用组件的不同格式，支持 PDF 文档的编辑与格式转换，集成思维导图、流程图、表单等功能，让广大用户的日常办公需求可以在一个软件中实现，不仅便捷，各组件的交互应用也更为融洽。

本书内容介绍

本书以案例为引导，系统并全面地讲解了 WPS Office 中 WPS 文字、WPS 表格、WPS 演示三个常用组件的相关功能及技能应用。内容包括 WPS 文字的文档录入、编辑与排版技能，WPS 表格的编辑、数据计算、统计与分析相关技能，WPS 演示的创建、编排、动画设置及放映设置等技能，还对 WPS PDF、WPS 流程图、WPS 思维导图、WPS 海报、WPS 表单进行了简单介绍。本书的第 14 章是综合案例，通过对本章内容的学习，读者可以了解到日常工作中如何正确运用对应的办公组件高效完成实际项目。

本书特色

（1）由浅入深，通俗易懂。本书内容安排由浅入深，语言写作通俗易懂，实例题材丰富多样，每个操作步骤的介绍都清晰准确，特别适合广大计算机培训学校作为相关专业的教材用书，同时也适合作为 WPS Office 初学者、商务办公爱好者的学习参考书。

（2）内容全面，轻松易学。本书内容翔实，系统全面。在写作方式上，采用"步骤讲述＋配图说明"的方式进行编写，操作简单明了，浅显易懂。本书配有与书同步的所有案例的素材文件与最终效果文件，同时还配有书中相关案例制作的多媒体教学视频，让读者像现场听老师讲解一样，轻松学会 WPS Office 办公的相关技能。

（3）案例丰富，实用性强。本书安排了 22 个"课堂范例"，帮助初学者认识和掌握相关工具、命令的实战应用；安排了 39 个"课堂问答"，帮助初学者排解学习过程中可能遇到的疑难问题；安排了 11 个"上机实战"和 11 个"同步训练"综合实例，旨在提升初学者的实战技能水平；第 1~13 章后面安排有"知识能力测试"习题，认真完成这些习题，可以对知识技能进行巩固（提示：相关习题答案在百度网盘中）。

本书知识结构图

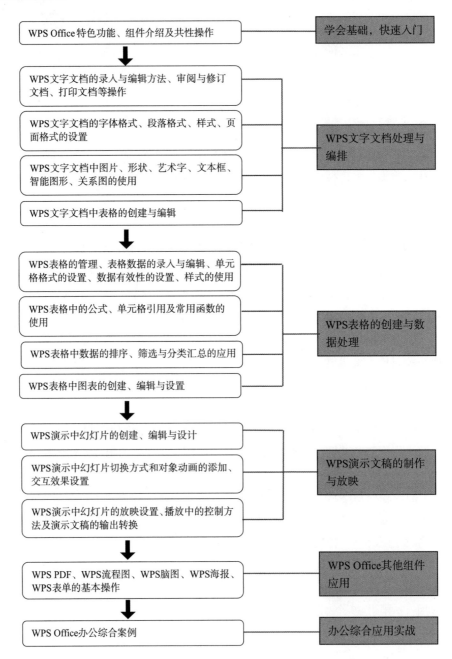

教学课时安排

本书综合了 WPS Office 办公软件的功能,给出本书教学的参考课时(共 72 课时),主要包括老师讲授 44 课时和学生上机 28 课时两部分,具体如下表所示。

章节内容	课时分配	
	老师讲授	学生上机
第 1 章　初识 WPS Office 办公软件	1	0
第 2 章　WPS 文字的文档录入与编辑	3	2
第 3 章　WPS 文字的文档格式设置	4	2
第 4 章　WPS 文字的图文混排功能	5	3
第 5 章　WPS 文字的表格功能	1	1
第 6 章　WPS 表格的创建与编辑操作	4	2
第 7 章　WPS 表格公式和函数应用	4	2
第 8 章　WPS 表格数据的基本分析	4	2
第 9 章　WPS 表格的统计图表应用	3	2
第 10 章　WPS 演示的基本操作	4	4
第 11 章　WPS 演示幻灯片的动画和交互设置	3	2
第 12 章　WPS 演示幻灯片的放映与输出	2	1
第 13 章　WPS Office 其他组件应用	3	2
第 14 章　WPS Office 办公综合案例	3	3
合　计	44	28

配套资源说明

本书配套的学习资源和教学资源如下。

1. 素材文件

本书中所有章节实例的素材文件，全部收录在网盘中的“\素材文件\第*章\”文件夹中。读者在学习时，可以参考图书讲解内容，打开对应的素材文件进行同步操作练习。

2. 结果文件

本书中所有章节实例的最终效果文件，全部收录在网盘中的“\结果文件\第*章\”文件夹中。读者在学习时，可以打开结果文件，查看实例效果，为自己在学习中的练习操作提供帮助。

3. 视频教学文件

本书为读者提供了长达 315 分钟的与书同步的视频教程。读者可以通过视频播放软件打开各章的视频文件进行学习。视频教程有语音讲解，非常适合无基础读者学习。

4. PPT 课件

本书为老师提供了非常方便的PPT教学课件，各位老师选择本书作为教材，不用担心没有教学课件，自己也不必再制作课件。

5. 习题答案

网盘中的"习题答案汇总"文件，主要为读者提供"知识能力测试"习题的参考答案，以及本书3套"知识与能力总复习题"的参考答案。

温馨提示：以上资源，请用手机微信扫描下方二维码关注微信公众号，输入本书77页的资源下载码，获取下载地址及密码。

创作者说

本书由凤凰高新教育策划并组织编写，由重庆工程职业技术学院的李修云老师和北京华晟经世信息技术股份有限公司的尤淑辉老师执笔编写。我们竭尽所能地为您呈现最好、最全的实用功能，但仍难免有疏漏和不妥之处，敬请广大读者不吝指正。

CONTENTS 目录

WPS Office

第1章

初识WPS Office办公软件

WPS Office是一款具有30多年研发历史、具有完全自主知识产权的国产办公软件，具有强大的办公功能。WPS Office包含文字、表格、演示、PDF、流程图、思维导图、海报、表单等多个办公组件，被广泛应用于日常办公中。本章将简单介绍WPS Office，以及各个组件的界面和一些共性操作。

学习目标

- 了解 WPS Office 的特色功能
- 熟悉 WPS 的首页界面
- 了解 WPS 稻壳的功能
- 熟悉 WPS Office 中三大常用组件的操作界面
- 熟练掌握各大组件的共性操作

1.1 了解WPS Office特色功能

随着近年来WPS Office对文字文档、电子表格、演示文稿、PDF文件等多种办公文件处理功能的进一步完善，以及所打造的集成了一系列云服务的一站式融合办公平台，WPS Office以全新的方式让用户在更短的时间内完成工作，获得了大量用户的喜爱，成为办公人士必备的软件之一。下面就一起来了解一下WPS Office的特色功能吧。

1.1.1 WPS一站式融合办公环境

WPS Office从最初的DOS下的单一WPS文字处理软件，发展到了现在的支持文字文档、电子表格、演示文稿、PDF文件等多种办公文件处理，并集成了一系列云服务的一站式融合办公平台。其宗旨是，办公人士常常需要处理的文件，不需要再安装多个对应的软件来打开，转换文件类型只需要使用WPS Office就能完成。安装WPS Office后，你会发现桌面上只有一个快捷方式。图1-1所示是在WPS Office中同时处理多种文件类型文件的效果，通过标签即可实现切换。

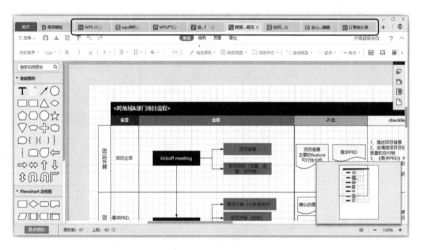

图1-1　在WPS Office中同时处理多种类型文件

此外，WPS Office中集成了大量适应新时代办公需要的云服务，能让用户无论在何时何地需要处理文件时，都能随时打开需要的文件。

1.1.2 通过范例模板快速创建文件的高效理念

我们日常使用的大部分文件的框架和格式几乎是相同的，只是具体的文件内容不同。对于这种文件，在制作时完全可以在一份已经创建好的文件的基础上进行修改，或者根据模板进行创建，提高工作效率。

WPS Office的【稻壳商城】中提供了很多范例模板，如图1-2所示。搜索并选择需要的模板，便可以一键创建文件。

图 1-2 【稻壳商城】中的模板

此外，WPS Office 还提供了多种在线资源，如云字体、在线版式、在线图片、皮肤、艺术字等，如图 1-3 和图 1-4 所示，这些资源都可以为文件添砖加瓦，使其更加绚丽多彩。

图 1-3 在线图片资源

图 1-4 在线艺术字资源

1.1.3 符合国人使用习惯的特色功能

WPS Office 作为一款国产办公软件，相比 Microsoft Office，更关注国人的使用习惯。WPS Office 特别推出了智能设置格式、合并/拆分单元格、输入长数据、数字转大写、通过模板创建 PPT、快速设计幻灯片等一系列特色功能。这些特色功能让软件更容易操作，实现一些国人需求更便捷。图 1-5 所示为 WPS 表格中的合并单元格功能，其中根据国人需求提供了多种合并方式；图 1-6

所示为WPS演示中的幻灯片设计功能，可以看到其中提供了很多个性化的设计，可以直接套用到当前演示文稿中。

图 1-5　多种单元格合并方式　　　　　　图 1-6　幻灯片设计功能

1.1.4　支持移动办公的云文档功能

　　WPS Office不仅仅是一个传统的常用办公套装软件，它还致力于打造一个集协作工作空间、开放平台、云服务于一体的环境，能够满足移动办公的现代化办公需求，得到了众多用户的喜爱。

　　其中，WPS云服务是日常办公中非常方便和高效的一项服务，用户只要在WPS上登录账号，就能轻松享受到各项云服务。目前，WPS Office已完整覆盖了桌面端和移动端两大终端领域，支持Windows、Linux、Mac、Android和iOS五大操作系统，可以实现跨笔记本电脑和手机等设备的文档同步和备份（用户只需通过浏览器访问www.wps.cn网站，寻找并安装对应版本即可）。用户可以将工作文件保存在云端，实现自动备份，方便在任何一台设备上随时随地查看和编辑这些文件，并可以防止重要工作文件丢失。

　　用户注册WPS账号后，将自动获得个人专属的云空间，后续云空间将用来存储文档及其他类型的文件。注册WPS账号也很简单，使用微信、手机号等即可快速注册和绑定，图1-7所示为单击WPS Office窗口界面上的【访客登录】按钮后打开的登录界面。

　　登录账号后，可以在执行【保存】或【另存为】命令后，设置文件的保存位置为【我的云文档】，直接将文件保存到云端。也可以将鼠标指针移动到文件名称标签页上停留片刻，在弹出的文件状态浮窗中单击【上传到云】按钮，如图1-8所示。

图 1-7　WPS账号登录界面

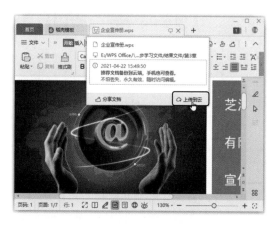

图 1-8　上传文件到云端

除了可以对创建的单个文件进行上传，还可以将计算机中的某个文件夹整体同步到WPS云空间，同步后，只要登录相应的WPS账号，即可从手机或其他计算机设备上查看该文件夹中存储的全部内容。这项功能对于办公地点不固定或经常需要外出的人员来说非常实用。

想将计算机中的本地文件夹上传到云空间，可以在WPS Office窗口中单击【首页】标签，在【文档】选项卡中选择【我的云文档】选项，单击右上方的【添加同步文件夹】按钮 ⓖ，如图1-9所示，然后在打开的对话框中选择需要上传的文件夹即可。

图 1-9　将文件夹同步到云空间

温馨提示　通过备份方式上传的文件保存在云文档中的【备份中心】文件夹中，默认以备份的时间命名文件夹，方便用户根据备份时间查看备份文件。

计算机中的文件夹同步到WPS云空间后，后续的更新文件、新增文件、删除文件、重命名文件或新增文件夹等操作，将立即同步到WPS云空间，用户在WPS云端看到的内容与在计算机中看到的内容完全一致。另外，若用户在其他设备上编辑修改了同步后的文件夹内容，计算机上的文件夹内容也将同步更新，实现了远程访问、远程编辑。

此外，通过云文档功能，还可以将编辑完成的文档以链接的方式直接共享给其他人，也可以通过共享文件夹，开启更高效的在线协作办公，具体操作将在1.3.5节中介绍。

1.2 认识WPS Office常用组件的工作界面

WPS Office中集成了多个组件和多种功能，在使用前需要先了解它们的工作界面。WPS Office中常用的界面有WPS首页界面、稻壳界面，以及各组件的操作界面，下面将对这些常用的界面分别进行介绍。

1.2.1 WPS首页界面

WPS首页是工作起始页。用户可以从首页开始和继续进行各类工作任务，如新建文档、访问最近使用过的文档和查看日程等。WPS首页界面分为6个区域，如图1-10所示，其中各区域的功能介绍如表1-1所示。

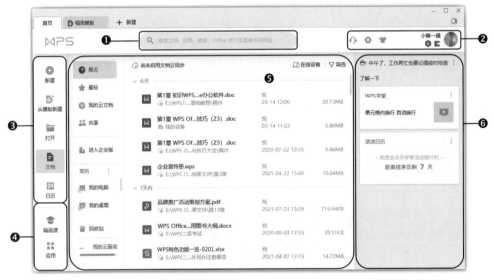

图 1-10　WPS首页界面

表 1-1　WPS首页界面各区域功能介绍

区域	功能介绍
❶全局搜索框	提供文档、办公技巧和模板等的搜索功能
❷设置和账号	包括意见反馈、全局设置、稻壳皮肤按钮和个人头像
❸导航栏	帮助用户快速新建和打开文件，以及在文档管理和日程管理视图间切换
❹应用栏	用于放置常用的扩展办公工具和服务入口
❺文档列表	位于首页中间，帮助用户快速访问和管理文档
❻消息中心	消息中心由多个区域构成，主要用于展示与账号相关的状态变更信息和协作消息，也会有办公技巧等内容推送。在文档列表中选中文件（夹）后，消息中心将展示对应的详情面板

WPS Office 各界面是通过标签来进行切换的，标签统一显示在标签栏中，位于 WPS Office 窗口的上方。标签栏的上方是窗口控制按钮，用于对整个 WPS Office 窗口进行最小化、向下还原/最大化、关闭操作。

1.2.2 WPS稻壳界面

启动 WPS Office 会自动显示【稻壳模板】标签，单击该标签可以进入【稻壳商城】，如图 1-11 所示。稻壳儿（Docer）是金山办公旗下专注于办公领域内容服务的资源分享平台，为 WPS 用户提供海量优质的原创 Office 素材模板及办公文库、职场课程、H5、思维导图等资源，借助用户画像和 AI 技术洞察用户需求，提供智能、精准的办公内容服务，帮助用户提升办公效率。WPS 稻壳界面各区域的功能介绍如表 1-2 所示。

图 1-11　WPS稻壳界面

表 1-2　WPS稻壳界面各区域功能介绍

区域	功能介绍
❶常用素材分类	将常用的办公素材划分为七大类，将鼠标指针移动到相应的类别上，可以在弹出的下拉列表中选择更细分的项目，精准找到同类的素材
❷搜索框	提供模板搜索服务，在其中输入需要搜索的关键字，单击【搜索】按钮即可
❸常用文件类型分类	根据经常需要创建的文件类型进行了分类，单击即可进入不同类型的模板分区页面，其中显示了更多细分项目、下载排行榜、推荐模板等
❹模板推荐或展示区	用于显示推荐或搜索到的演示文稿模板、文档模板、表格模板、图表、职场教育课件、云字体和图标图片等素材资源

1.2.3　WPS文字的操作界面

要使用WPS文字编辑文档，首先需要在WPS Office中新建文档，启动该组件，具体方法将在1.3.1节介绍。图 1-12 所示为WPS文字的操作界面，主要包括工具面板、文档编辑区、任务窗格、状态栏四个区域，各区域的功能介绍如表 1-3 所示。

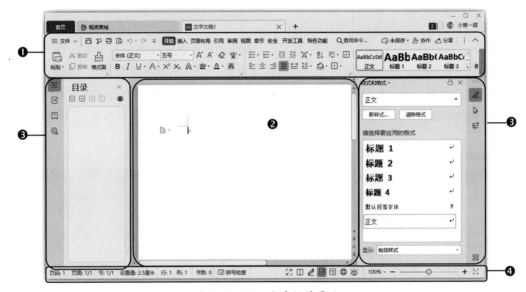

图 1-12　WPS文字操作界面

表 1-3　WPS文字操作界面各区域功能介绍

区域	功能介绍
❶工具面板	承载了各类功能入口，固定在界面的最顶部。包括【文件】菜单按钮、快速访问工具栏、选项卡及功能区、快捷搜索框、协作状态区等几个区域。单击【文件】菜单按钮，在弹出的【文件】菜单中可以找到所有与文件相关的基本命令；快速访问工具栏中提供了经常用到的命令按钮，如【保存】按钮 🖫、【撤销】按钮 ↶ 和【恢复】按钮 ↷ 等，单击它们可执行相应的操作；快速访问工具栏右侧是各种选项卡，单击选项卡可将其展开
❷文档编辑区	输入文本、编辑文档的区域，位于整个界面的正中间，用户对文档进行的各种操作的结果都显示在该区域
❸任务窗格	帮助视图导航和提供高级编辑功能的辅助面板，一般位于文档编辑区两侧，默认不展开显示
❹状态栏	展示文档状态和提供视图控制，固定在界面最底部

技能拓展

　　WPS Office提供了应用程序与相关文档的关联关系，用户安装WPS Office后，双击任意一个文档，不仅能启动WPS Office中的WPS文字组件，还会打开相应的文档，文档标题会显示在标签栏中。

1.2.4　WPS 表格的操作界面

要使用 WPS 表格编辑表格，首先需要在 WPS Office 中新建表格文件。WPS 表格的操作界面与 WPS 文字相似，主要包括工具面板、数据编辑栏、行号和列标、表格编辑区、工作表标签栏、状态栏等区域，如图 1-13 所示，各区域的功能介绍如表 1-4 所示。

图 1-13　WPS 表格操作界面

表 1-4　WPS 表格操作界面各区域功能介绍

区域	功能介绍
❶工具面板	承载了各类功能入口，固定在界面的最顶部。包括【文件】菜单按钮、快速访问工具栏、选项卡及功能区、快捷搜索框、协作状态区等几个区域
❷数据编辑栏	用于显示和编辑当前单元格中的数据或公式。数据编辑栏由单元格名称框、按钮组和编辑框三部分组成
❸行号/❹列标	表格编辑区左侧显示的阿拉伯数字为行号，上方显示的大写英文字母为列标，它们的用途是确定单元格的位置，如 C2 单元格表示工作表中 C 列第 2 行的单元格
❺表格编辑区	输入数据、编辑数据的区域，位于整个界面的正中间，由许多矩形小方格组成，这些小方格就是单元格，用于显示和存储用户输入的所有内容
❻工作表标签栏	用于切换工作表，由滚动显示按钮、工作表标签和【新建工作表】按钮＋三部分组成
❼状态栏	展示表格文件状态和提供视图控制，固定在界面最底部

1.2.5　WPS 演示的操作界面

要使用 WPS 演示编辑演示文稿，首先需要在 WPS Office 中新建演示文稿。WPS 演示的操作界面与 WPS 文字相似，主要包括工具面板、幻灯片/大纲窗格、幻灯片编辑区、备注窗格和状态栏等区域，如图 1-14 所示，各区域的功能介绍如表 1-5 所示。

图 1-14　WPS演示操作界面

表 1-5　WPS演示操作界面各区域功能介绍

区域	功能介绍
❶工具面板	承载了各类功能入口，固定在界面的最顶部。包括【文件】菜单按钮、快速访问工具栏、选项卡及功能区、快捷搜索框、协作状态区等几个区域
❷幻灯片/大纲窗格	包含【大纲】和【幻灯片】两个按钮，单击【幻灯片】按钮，可显示幻灯片缩略图，单击某页幻灯片缩略图，可立即跳转到该页幻灯片，幻灯片编辑区中会同步显示该页幻灯片；单击【大纲】按钮，即可根据幻灯片中设置的大纲内容来显示对应的文本内容
❸幻灯片编辑区	显示当前幻灯片的内容，包括文本、图片、形状、表格等各种对象，在该区域中可编辑幻灯片内容
❹备注窗格	用于标注对幻灯片的解释、说明等备注信息。备注窗格在幻灯片放映时，使用演示者视图可达到双屏演示效果，作为用户演示汇报的"提词器"
❺状态栏	展示演示文稿状态和提供视图控制，固定在界面最底部

■■ 课堂范例——将常用工具按钮添加到快速访问工具栏

如果你在工作中经常需要使用WPS Office编辑或制作文件，首先需要为自己设置一个合适的工作环境，如将使用频率较高的工具按钮添加到快速访问工具栏中，具体操作方法如下。

步骤 01　启动WPS Office，单击【新建标签】按钮+任意新建一个文件，这里以新建文档文件为例（具体新建方法将在1.3.1节中介绍），在打开的界面中单击快速访问工具栏右侧的【自定义快速访问工具栏】按钮▾，在弹出的下拉列表中选择想要添加的工具，即可将该工具按钮添加到快速访问工具栏，如图 1-15 所示。

步骤 02　如果需要添加其他工具按钮，可再次单击快速访问工具栏右侧的【自定义快速访问工具栏】按钮▾，在弹出的下拉列表中选择【其他命令】选项，如图 1-16 所示。

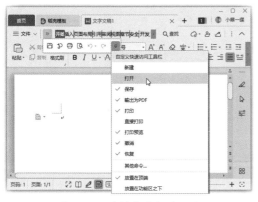

图 1-15　选择要添加的工具

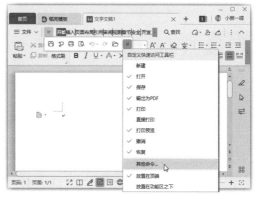

图 1-16　添加其他工具

步骤 03　打开【选项】对话框，在【从下列位置选择命令】下拉列表中选择命令类型，在下面的列表框中选择需要添加的命令，单击【添加】按钮，在右侧列表框中即可看到添加的命令，设置完成后单击【确定】按钮，如图 1-17 所示。

步骤 04　返回 WPS 文字界面，即可看到快速访问工具栏中添加的工具按钮，如图 1-18 所示。

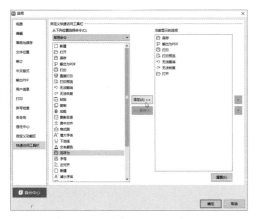

图 1-17　选择要添加的命令

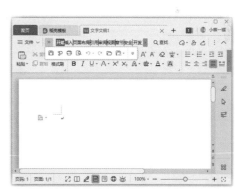

图 1-18　工具按钮添加成功

技能
拓展

　如果要删除快速访问工具栏中的工具按钮，可以在该工具按钮上单击鼠标右键，在弹出的快捷菜单中选择
【从快速访问工具栏删除】命令。

1.3 WPS Office常用组件的共性操作

WPS Office有多个组件，这些组件的功能虽然不同，但基本操作是相同的，如新建、保存和打开等操作。本节将以WPS文字为例，为大家介绍WPS Office常用组件的共性操作。

1.3.1 新建文件

文本的输入和编辑都是在文档中进行的，要进行文本输入和编辑操作必须先新建一个文档。在WPS文字中可以新建一个空白文档，也可以基于模板新建带有固定内容和格式的文档。

1. 新建空白文档

打开WPS Office后，启动每个组件都需要新建或打开相应的文件。各组件新建空白文件的操作方法都相同，具体操作步骤如下。

步骤 01 启动WPS Office，单击标签栏中的【新建标签】按钮，或在【首页】中选择【新建】选项卡，如图1-19所示。

步骤 02 打开【新建】标签页，在其中根据需要创建的文件类型单击对应的选项卡，这里单击【文字】选项卡，然后选择下方的【新建空白文档】选项，即可新建一个名为"文字文稿1"的空白文档，如图1-20所示。

图1-19 单击【新建标签】按钮

图1-20 选择【新建空白文档】选项

2. 基于模板创建文档

WPS Office为用户提供了丰富的模板，利用这些模板可快速创建各种专业的文件，具体操作步骤如下。

步骤 01 在新建文字界面下方可看到系统推荐的模板缩略图，将鼠标指针移动到需要的模板上，单击出现的【使用该模板】按钮，如图1-21所示。

步骤 02　待模板下载成功后，会自动新建一个基于该模板的文档，如图 1-22 所示。

<table>
<tr><td>图 1-21　选择模板</td><td>图 1-22　基于模板创建的文档</td></tr>
</table>

1.3.2　保存文件

对文件进行相应的编辑后，可通过保存功能将其存储到计算机中或云端，以便后续查看和使用。文件的保存分为两种情况，一种是对新建文件的保存，另一种是对已有文件编辑后进行另存。

1. 保存新建文档

在 WPS Office 中保存新建文档的具体操作如下。

步骤 01　在新建的文档中，单击快速访问工具栏中的【保存】按钮 ，如图 1-23 所示。

步骤 02　打开【另存为】对话框，设置好文档的保存路径、文件名及文件类型，然后单击【保存】按钮，即可将文档保存到指定位置，如图 1-24 所示。

<table>
<tr><td>图 1-23　单击【保存】按钮</td><td>图 1-24　保存文档</td></tr>
</table>

除了上述操作，还可以通过以下两种方式进入文档保存界面。

（1）单击【文件】菜单按钮，在弹出的下拉菜单中选择【保存】命令或【另存为】命令。

（2）按【Ctrl+S】或【Shift+F12】组合键。

 技能拓展　在【另存为】对话框中选中【把文档备份到云】复选框，将会同时将当前文档保存到云端。

2. 保存已有文档

对于已有的文档，如果对其进行了编辑，不希望改变原文档的内容，可将编辑后的文档另存为一个文档。此外，为了防止文档意外丢失，我们也可以将其另存，即对文档进行备份。

将文档另存的操作方法为：在要进行另存的文档中单击【文件】菜单按钮，在弹出的下拉菜单中选择【另存为】命令，在打开的【另存为】对话框中设置与当前文档不同的保存路径、文件名或文件类型，设置完成后单击【保存】按钮即可。

1.3.3　打开文件

若要对计算机中已有的文件进行查看或编辑，首先需要将其打开。打开已有文件主要有两种方法，一种是直接进入该文件的存储路径，然后双击文件图标将其打开；另一种是启动 WPS Office，通过【打开】命令来打开文件，具体操作步骤如下。

步骤 01　在 WPS 文字界面中单击【文件】菜单按钮，在弹出的下拉菜单中选择【打开】命令，如图 1-25 所示。也可以在 WPS Office 首页界面中单击【打开】选项卡。

步骤 02　打开【打开】对话框，找到并选中要打开的文件，单击【打开】按钮即可，如图 1-26 所示。

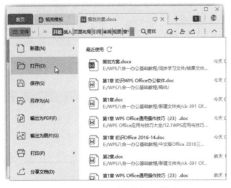

图 1-25　选择【打开】命令

图 1-26　选中并打开文件

 技能拓展　在【文件】下拉菜单中选择【打开】命令后，右侧会显示最近使用的文件列表，选择相应选项可以快速打开文件。如果要打开最近使用的其他类型的文件，可以在 WPS Office 首页界面中单击【文档】选项卡，选择【最近】选项，在显示的【最近】列表中进行选择。

经常需要使用的文件，还可以固定到【最近】列表中，只需要在列表中找到要固定的文件，并在其上单击鼠标右键，在弹出的快捷菜单中选择【固定到"常用"】或【固定至列表】命令即可。

1.3.4　关闭文件

对文件进行编辑并保存后，如果不需要再对文件进行任何操作，可将其关闭，以减少占用的系统内存。关闭文件的方法有以下几种。

（1）在要关闭的文件标签上，单击右侧的【关闭】按钮 ×。

（2）在要关闭的文件标签上单击鼠标右键，在弹出的快捷菜单中选择【关闭】命令。

（3）如果要关闭 WPS Office 中所有打开的文件，直接单击窗口右上角的【关闭】按钮 ×。

（4）如果要关闭 WPS Office 中所有打开的文件，可以在任意文件标签上单击鼠标右键，在弹出的快捷菜单中选择【全部】命令。

（5）如果要关闭 WPS Office 中所有打开的文件，可以单击【文件】菜单按钮，在弹出的下拉菜单中选择【退出】命令。

（6）如果要关闭除某个文件外的其他文件，可以在需要保留的文件标签上单击鼠标右键，在弹出的快捷菜单中选择【关闭其他】命令。

关闭文件时，如果没有对编辑操作进行保存，执行关闭操作后，系统会弹出提示对话框，询问用户是否保存对文件的更改，如图 1-27 所示。此时单击【是】按钮，可保存当前文件，同时关闭该文件；单击【否】按钮，则直接关闭文件，且不对当前文件进行保存，即文件中所做的更改都会被放弃；单击【取消】按钮：将关闭该提示对话框并返回文件。用户可以根据实际需要进行相应的操作。

图 1-27　提示对话框

1.3.5　共享文件

完成文件制作后，如果需要将文件共享给同事、朋友，让他人浏览或编辑文件，可以以链接的方式实现分享，具体操作如下。

步骤 01 打开需要分享的文件，单击功能区右上角的【分享】按钮 ，如图 1-28 所示。

> **技能拓展**
>
> 在 WPS Office 首页的【文档】选项卡中，选择【共享】选项，在右侧单击【共享给我】选项卡，在下方可以看到他人分享给"我"的文件列表；单击【我的共享】选项卡，在下方可以看到"我"分享给他人的文件列表。如果想快速找到某种类型的共享文件，还可以单击右侧的【文件类型筛选】按钮 ▽，在弹出的下拉列表中选择需要的文件类型即可。

图 1-28　单击【分享】按钮

步骤 02　打开分享文件对话框，在【复制链接】选项卡中设置分享方式，单击【创建并分享】按钮，如图 1-29 所示。

步骤 03　在新界面中即可看到已经生成了分享文件的链接。单击【复制链接】按钮，通过QQ、微信等聊天软件，将链接发送给需要分享的人即可，如图 1-30 所示。

图 1-29　单击【创建并分享】按钮

图 1-30　复制链接

课堂范例——共享文件夹，开启高效在线协作办公

现在很多工作都需要多人协同，经常需要针对某个项目分享多个文件，此时可以在WPS云文档中建立团队，将需要分享的文件放到文件夹中，直接共享文件夹。不仅可以共享团队文件夹中的文件内容，还可以设置各成员的权限，让文件共享更安全。

步骤 01　在WPS Office首页的【文档】选项卡中，选择【我的云文档】选项，在右侧列表中选择需要共享的文件夹，在右侧侧边栏中单击【共享】选项，如图 1-31 所示。

步骤 02　打开【共享文件夹】对话框，可以看到其中提供了文件夹链接，单击【复制】按钮复制该链接，再通过QQ、微信发送给好友，即可邀请他们加入共享文件夹团队，如图 1-32 所示。

图 1-31　单击【共享】选项

图 1-32　复制链接

步骤 03　邀请好友加入后，在【我的云文档】列表中选择共享的文件夹，在右侧侧边栏中单击【成员管理】选项，如图 1-33 所示。

步骤 04　打开【金山文档】标签页，可以看到该文件夹中包含的文件，以及参与文件共享的成员，单击【邀请成员】按钮，如图 1-34 所示。

图 1-33　单击【成员管理】选项

图 1-34　单击【邀请成员】按钮

步骤 05　在弹出的对话框中可以看到成员列表。单击某个成员右侧的【允许编辑】或【可查看】右侧的下拉按钮，在弹出的下拉列表中可以将该成员权限更改为管理员、允许编辑或可查看，如图 1-35 所示。

图 1-35 设置成员权限

温馨
提示
　　当不再需要参与某个文件的共享协作时，可以选择该文件，在右侧侧边栏中单击【退出共享】或【取消共享】选项，这样该文件将不会再出现在云文档列表中，用户也不会再接收到该文件更新的提示信息。

📖 课堂问答

问题1：如何对文件进行加密保护？

答：对文件进行加密保护的具体操作步骤如下。

步骤01　打开要保护的文件，单击【文件】菜单按钮，在弹出的下拉菜单中选择【文档加密】命令，在子菜单中选择【密码加密】命令。

步骤02　打开【密码加密】对话框，在【打开权限】栏中设置打开文件的密码，在【编辑权限】栏中设置编辑文件的密码，单击【应用】按钮。

步骤03　保存并关闭该文件后，再次打开时，会自动打开【文档已加密】对话框，必须输入正确的密码才能打开文件。

问题2：如何更改文件的默认保存格式？

答：更改文件默认保存格式的具体操作步骤如下。

步骤01　在WPS文字操作界面中单击【文件】菜单按钮，在弹出的下拉菜单中选择【选项】命令。

步骤02　打开【选项】对话框，切换到【常规与保存】选项卡，在右侧的【保存】栏中的【文件保存默认格式】下拉列表中选择需要的格式，单击【确定】按钮即可。

问题3：如何让WPS Office自动备份文件？

答：让WPS Office自动备份文件的具体操作步骤如下。

步骤01　打开【选项】对话框，单击左下角的【备份中心】按钮。

步骤02　在打开的对话框中单击【设置】按钮，然后在右侧启用【备份至本地】功能，在下方根据需要选择合适的单选按钮，完成备份方式的设置。

> **温馨提示**　设置文件自动保存后，就算未及时保存文件的最终版本，若遇到意外情况，只要重新启动 WPS Office，就会提示打开备份中心选择恢复文件，恢复已经备份的内容，这样即使文件内容有丢失，也不会丢失很多。

知识能力测试

本章讲解了 WPS Office 的特色功能和常用组件的界面及共性操作，为对知识进行巩固和考核，安排了相应的练习题。

一、填空题

1. 启动 WPS Office 能看到 _____、_____ 两个界面。

2. 在 WPS 表格中，数据编辑栏位于表格编辑区正上方，由 _____、_____ 和 _____ 3 部分组成，用于显示和编辑当前单元格中的数据或公式。

二、选择题

1. 在 WPS Office 中，（　　　）文件可以被编辑处理。

A. 文字和海报　　　　B. 表格和表单　　　　C. PDF 和流程图　　　　D. 演示文稿和思维导图

2. 在新建的 WPS 文字文档中，按快捷键（　　　）可以打开【另存为】对话框对文件进行保存操作。

A.【Ctrl+A】　　　　B.【Ctrl+S】　　　　C.【Shift+C】　　　　D.【Shift+S】

3. 在 WPS Office 中打开了某种类型的文件，如果想新建一个同类型的空白文件，按快捷键（　　　）可快速新建。

A.【Ctrl+N】　　　　B.【Shift+N】　　　　C.【N】　　　　D.【Enter】

三、简答题

1. 在 WPS Office 中，保存文件有哪几种方法？

2. 在 WPS Office 中，关闭文件有哪几种方法？

WPS Office

第2章
WPS文字的文档录入与编辑

文字文档是日常学习和工作中最常见、最常使用的文件类型，利用文字处理软件实现对文字文档的创建、编辑、美化、排版等操作是学生和职场人士的必备技能。WPS文字是一款功能强大的文字处理和排版工具，本章将详细介绍WPS文字中文本输入、选择、复制、移动、查找和替换等基本操作，以及审阅、修订、打印文档的方法。

学习目标

- 学会文字和符号的输入方法
- 熟练掌握文本的移动和复制方法
- 熟练掌握文本的查找和替换操作
- 熟练掌握文本的撤销和恢复方法
- 学会审阅和打印文档

2.1　输入文本

WPS 文字最基本的功能就是文字处理，本节主要介绍文本和符号的输入方法。

2.1.1　定位文本插入点

启动 WPS 文字后，在文档编辑区中不停闪动的光标"|"就是文本插入点，文本插入点所在的位置即为输入文本的位置。在 WPS 文字文档中可通过以下几种方式定位文本插入点。

1. 通过鼠标定位

使用鼠标定位文本插入点是最常用的方法，分为在空白文档中操作和在已有内容的文档中操作两种情况。

- 在空白文档中定位文本插入点：在新建的空白文档中，文本插入点在文档的开始处，此时我们可以直接输入文本内容。
- 在已有内容的文档中定位文本插入点：若文档中已有内容，如文字、图片等，当需要在某一具体位置输入文本时，可以将鼠标指针指向该处，当鼠标指针呈"I"形状时单击鼠标左键即可定位。

2. 通过键盘定位

使用键盘定位文本插入点主要有以下几种方法。

- 按方向键（↑、↓、→或←），文本插入点将向相应的方向移动。
- 按【Home】键，文本插入点将移动至当前行的行首位置；按【End】键，文本插入点将移动至当前行的行末位置。
- 按【Page Up】键，文本插入点将向上移动一页；按【Page Down】键，文本插入点将向下移动一页。
- 按【Ctrl+Home】组合键，文本插入点将移动至整篇文档的开头位置；按【Ctrl+End】组合键，文本插入点将移动至整篇文档的末尾位置。

2.1.2　输入/删除文本内容

定位好文本插入点后，切换到中文输入法，就可以进行文本输入了。在文本输入过程中，文本插入点将自动向右移动，当一行文本输入完后，文本插入点将自动跳转到下一行。

在文本输入过程中，经常会遇到一行文字未输入满就需要开始输入一个新段落的情况，此时可直接按【Enter】键进行换行，同时上一段的段末会出现段落标记↵，效果如图 2-1 所示。

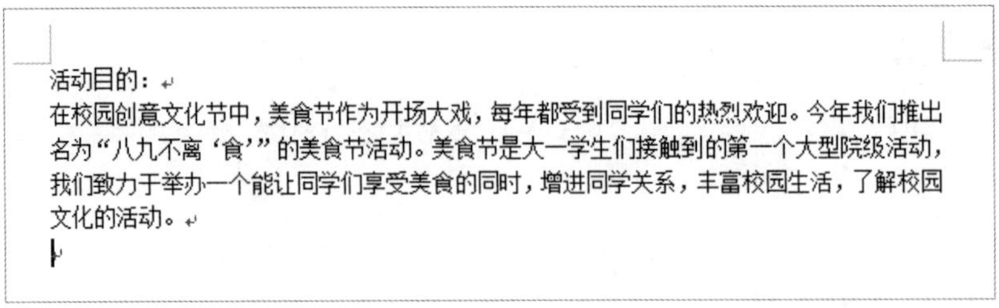

活动目的：
在校园创意文化节中，美食节作为开场大戏，每年都受到同学们的热烈欢迎。今年我们推出名为"八九不离'食'"的美食节活动。美食节是大一学生们接触到的第一个大型院级活动，我们致力于举办一个能让同学们享受美食的同时，增进同学关系，丰富校园生活，了解校园文化的活动。

图 2-1　输入文本内容

如果需要在已有内容的文档的任意位置输入文本，可通过"即点即输"功能实现，操作方法为：将鼠标指针指向需要输入文本的位置，当鼠标指针呈"I"形状时单击鼠标左键，即可在当前位置定位文本插入点，此时便可以输入需要的文本内容了。

编辑文档时，难免会遇到不小心输入错误或多余内容的情况，此时就需要删除文本。按键盘上的【Backspace】键，可以删除文本插入点前的一个字符；按键盘上的【Delete】键，可以删除文本插入点后的一个字符。图 2-2、图 2-3、图 2-4 所示分别为未删除文本、按【Backspace】键删除和按【Delete】键删除的效果。

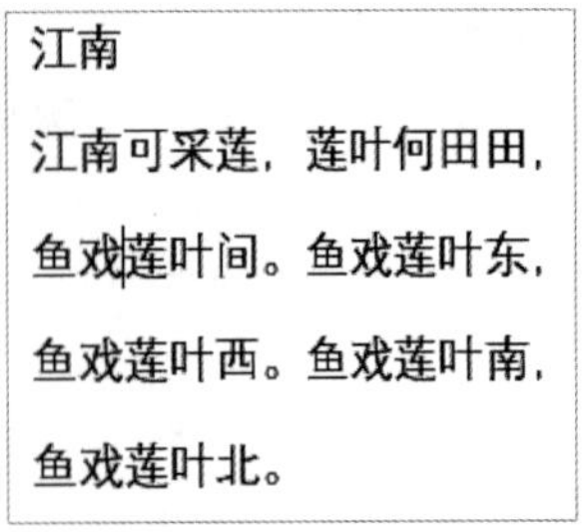

江南	江南	江南
江南可采莲，莲叶何田田，鱼戏莲叶间。鱼戏莲叶东，鱼戏莲叶西。鱼戏莲叶南，鱼戏莲叶北。	江南可采莲，莲叶何田田，鱼莲叶间。鱼戏莲叶东，鱼戏莲叶西。鱼戏莲叶南，鱼戏莲叶北。	江南可采莲，莲叶何田田，鱼戏叶间。鱼戏莲叶东，鱼戏莲叶西。鱼戏莲叶南，鱼戏莲叶北。

图 2-2　原文 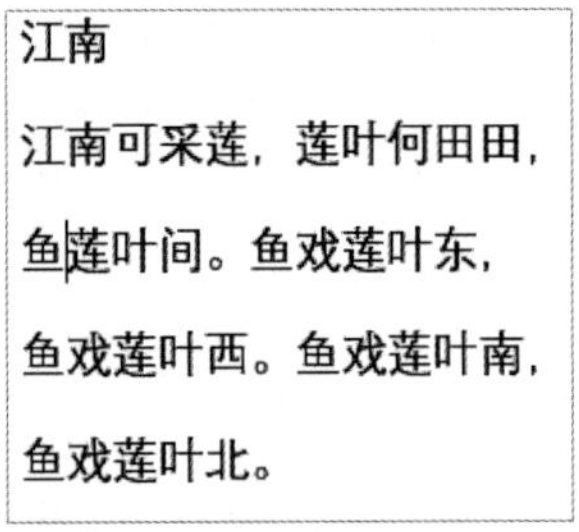　　　　图 2-3　按【Backspace】键删除 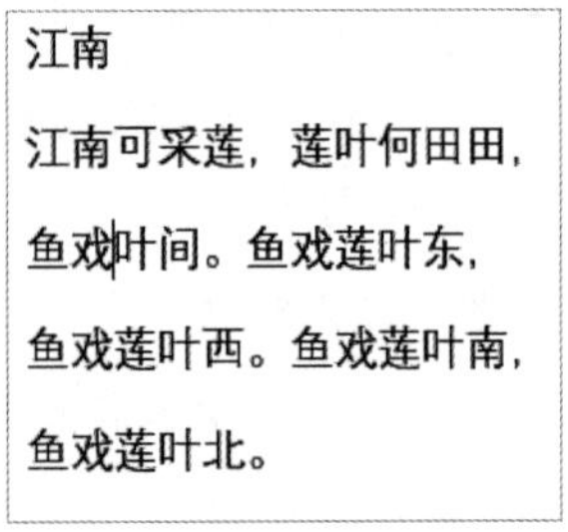　　　　图 2-4　按【Delete】键删除

技能拓展

WPS 文字中还有一些删除文本的组合键，如按【Ctrl+Delete】组合键，可删除文本插入点后的一个单词或短语；按【Ctrl+Backspace】组合键，可删除文本插入点前的一个单词或短语。

2.1.3　在文档中插入符号

无论是中文还是英文，都需要用标点符号来对语句进行分隔。此外，我们还可能遇到需要输入特殊符号的情况。

1. 输入普通符号

在 WPS 文字中编辑文档时，通过键盘可以快速输入普通符号。

- 在英文状态下，按键盘上对应的键，可输入","、"."、"/"、"'"、"["等符号，按住【Shift】键的同时按键盘上对应的键，可输入"<"、">"、":"、"""、"?"等符号。
- 在中文状态下，按键盘上对应的键，可输入"，"、"。"、"、"、"'"、"【"等符号，按住【Shift】

键的同时按键盘上对应的键，可输入"《""《""》"":""""""？"等符号。

2. 输入特殊符号

在编辑文档的过程中，除了输入文本和普通符号，有时还需要输入特殊符号，此时可通过下面的操作实现。

步骤01 将文本插入点定位在需要插入特殊符号的位置，切换到【插入】选项卡，单击【符号】下拉按钮，在弹出的下拉列表中提供了常用的符号和不同分类的符号，这里在【符号大全】栏中选择要插入的符号，如图 2-5 所示。

步骤02 返回文档即可看到插入的特殊符号，如图 2-6 所示。

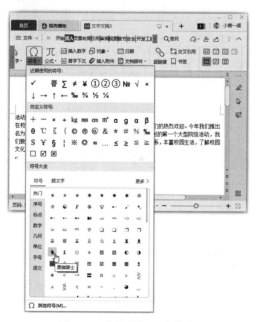

图 2-5　选择要插入的符号

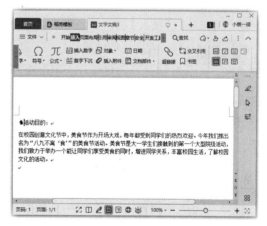

图 2-6　插入特殊符号

技能拓展 单击【符号】按钮，将打开【符号】对话框，其中提供的符号更多。在其中的【字体】下拉列表中选择需要的符号类型，然后在下方的列表框中选中要插入的特殊符号，单击【插入】按钮即可插入。

课堂范例——输入古诗内容

下面结合前面讲解的知识，演示一个制作古诗文档的案例，具体操作方法如下。

步骤01 新建一个空白的 WPS 文字文档，切换到中文输入法，输入需要的文本，需要换行时就按【Enter】键。

步骤02 单击输入法中的【中/英文标点】图标，切换到英文输入状态，输入"[]"，如图 2-7 所示。

步骤 03　继续输入其他文本，将文本插入点定位在一个新行中，单击【插入】选项卡中的【符号】按钮，如图 2-8 所示。

图 2-7　输入普通符号

图 2-8　单击【符号】按钮

步骤 04　打开【符号】对话框，在【字体】下拉列表中选择【Wingdings】选项，在下方选择要插入的符号，单击【插入】按钮，如图 2-9 所示。

步骤 05　即可看到文档中已经插入了选择的符号，单击【符号】对话框中的【关闭】按钮关闭该对话框，如图 2-10 所示。继续在文档中输入其他文本内容，完成后以"江南"为名保存该文档。

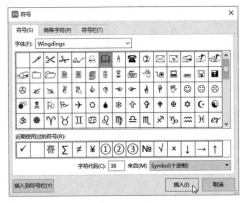

图 2-9　选择要插入的符号

图 2-10　关闭对话框

2.2　编辑文本

　　在文档中输入文本后，往往需要对其进行相应的编辑操作，包括选择文本、移动文本、复制文本、查找和替换文本等，下面就一起来学习吧。

2.2.1　选择文本

在WPS文字文档中输入文本内容后，如果需要对文本进行格式设置或复制等操作，首先需要选择文本。在WPS文字中，文本的选择包括选择部分文本和选择全部文本两种情况，下面分别介绍。

1.选择部分文本

在文档编辑过程中，使用鼠标选择文本是常用的操作，主要分为以下几种情况。

- 选择任意文本：将文本插入点定位到需要选择的文本起始处，接着按住鼠标左键并拖曳，至需要选择的文本结尾处释放鼠标即可将其选中，此时被选择的文本将以灰色背景显示，如图2-11所示。
- 选择词语：双击需要选择的词语即可，如图2-12所示。

图 2-11　选择任意文本　　　　　　　　　　图 2-12　选择词语

- 选择一行：将鼠标指针指向需要选择的某行左侧的空白处，当鼠标指针呈幻形状时，单击鼠标左键即可选中该行全部内容，如图2-13所示。
- 选择一个段落：将鼠标指针指向需要选择的某个段落左侧的空白处，当鼠标指针呈幻形状时，双击鼠标左键即可选中当前段落，如图2-14所示。此外，将文本插入点定位到某个段落的任意位置，然后连续单击鼠标左键2次，也可选中该段落。

图 2-13　选择一行　　　　　　　　　　　图 2-14　选择一个段落

- 选择不相邻文本：拖曳鼠标选中第一个文本区域，接着按住【Ctrl】键，拖曳鼠标选择其他不相邻的文本，选择后释放【Ctrl】键即可，如图2-15所示。
- 选择垂直文本：按住【Alt】键，接着按住鼠标左键拖曳出一块矩形区域，选择完成后释放【Alt】键，即可将所选区域中的文本全部选中，如图2-16所示。

图 2-15　选择不相邻文本　　　　　　　　图 2-16　选择垂直文本

2. 选择全部文本

在 WPS 文字中，如果需要一次性选择全部文本，可通过下面几种方法实现。

- 在【开始】选项卡中单击【选择】按钮，在弹出的下拉列表中选择【全选】命令即可，如图 2-17 所示。
- 按【Ctrl+A】组合键即可。
- 将鼠标指针指向编辑区左侧空白处，当鼠标指针呈 ⤢ 形状时，按住【Ctrl】键，同时单击鼠标左键即可。
- 将鼠标指针指向编辑区左侧空白处，当鼠标指针呈 ⤢ 形状时，连续单击鼠标左键 3 次即可，如图 2-18 所示。

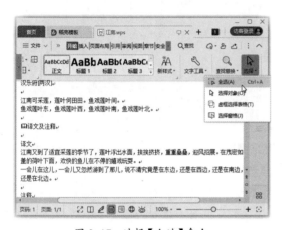

图 2-17　选择【全选】命令

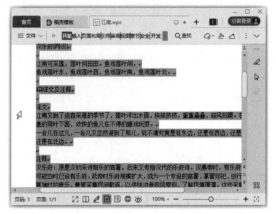

图 2-18　连续单击鼠标左键 3 次选择全文

2.2.2　复制和移动文本

在文档编辑过程中，经常会遇到需要重复输入部分内容，或者将某些文本移动到其他位置的情况，此时通过复制或移动操作可以大大提高文档的编辑效率。

1. 复制文本

当需要输入与前面某部分文本相同的文本时，重新输入比较麻烦，这时只需通过复制操作就可以快速达到相同的效果。复制文本有以下 3 种方法。

- 通过快捷菜单复制：选择需要复制的文本后，单击鼠标右键，在弹出的快捷菜单中选择【复制】命令，如图 2-19 所示，然后将光标定位到目标位置，再单击鼠标右键，在弹出的快捷菜单中选择【粘贴】命令，如图 2-20 所示。

图 2-19　选择【复制】命令

图 2-20　选择【粘贴】命令

- 通过按钮复制：选择需要复制的文本后，选择【开始】选项卡，单击【复制】按钮，如图 2-21 所示，然后将光标定位到目标位置，再单击【粘贴】按钮，如图 2-22 所示。

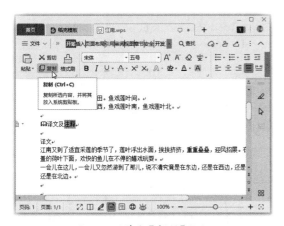

图 2-21　单击【复制】按钮

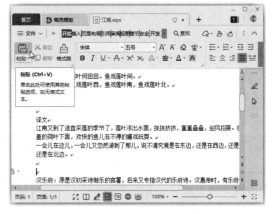

图 2-22　单击【粘贴】按钮

- 通过鼠标和键盘结合复制：选择需要复制的文本后，按住【Ctrl】键并按住鼠标左键拖曳到目标位置即可。

2. 移动文本

在文档编辑过程中，如果需要将某个词语或段落移动到其他位置，可通过移动文本功能来实现。移动文本与复制文本相似，其区别在于复制文本后，原位置的文本依然存在，而移动文本后，原位置的文本不再存在。移动文本有以下 3 种方法。

- 通过快捷菜单移动：选择文本后，单击鼠标右键，在弹出的快捷菜单中选择【剪切】命令，然后在目标位置粘贴文本。
- 通过按钮移动：选择文本后，单击【开始】选项卡中的【剪切】按钮，如图 2-23 所示，然后在目标位置粘贴文本，如图 2-24 所示。
- 拖曳鼠标移动：选中文本后按住鼠标左键并进行拖曳，至目标位置释放鼠标，可以快速实现文本的移动操作。

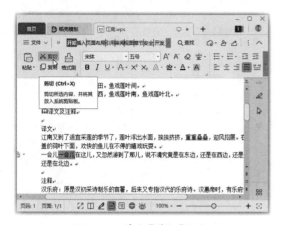
图 2-23 单击【剪切】按钮

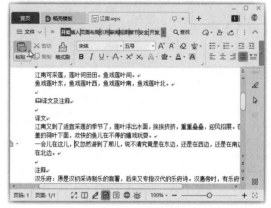
图 2-24 单击【粘贴】按钮

技能拓展 使用快捷键可以更快地完成复制和移动文本的操作，【复制】命令的快捷键为【Ctrl+C】，【粘贴】命令的快捷键为【Ctrl+V】，【剪切】命令的快捷键为【Ctrl+X】。

3. 选择性粘贴

在复制和移动文本时都会使用到【粘贴】操作，默认的粘贴操作会保留原始文本的所有属性，但在一些情况下，并不需要保留所有属性。例如，在复制网页内容时，如果直接执行粘贴操作，不仅文本格式很多，而且还有图片，甚至会出现一些隐藏的内容。如果只需要复制文本的部分属性或将文本转换为图片格式等，就需要用到【选择性粘贴】功能。

WPS文字提供的【选择性粘贴】功能可用于实现更灵活的粘贴操作。单击【粘贴】下拉按钮，在弹出的下拉列表中选择相应选项，如图 2-25 所示，或选择【选择性粘贴】命令，在打开的对话框中进行设置，如图 2-26 所示。

图 2-25 【粘贴】下拉列表

图 2-26 【选择性粘贴】对话框

WPS文字提供了多种粘贴方式，包括【带格式粘贴】【匹配当前格式】【只粘贴文本】【图片】

等方式，不同的粘贴方式对应不同的文本编辑需求，其作用分别如下。

- 带格式粘贴：粘贴时将所复制的文本中的格式也一并粘贴到新文本中。例如，对图 2-27 中的图片和文本进行剪切后粘贴到对应的位置后还是保留了图片和文本的全部属性，效果如图 2-28 所示。

图 2-27　剪切前的图片和文本

图 2-28　【带格式粘贴】粘贴效果

- 匹配当前格式：将所复制的文本自动调整成当前文本格式进行粘贴，如图 2-29 所示。
- 只粘贴文本：自动清除所复制文本中的图片、表格等，仅粘贴不带任何格式（如字体、字号等）的纯文本内容，如图 2-30 所示。

图 2-29　【匹配当前格式】粘贴效果

图 2-30　【只粘贴文本】粘贴效果

- 图片（Windows 元文件）：将复制的内容作为增强型图元文件进行粘贴，如图 2-31 所示。

图 2-31　【图片】粘贴效果

技能拓展　在【粘贴】下拉列表中选择【粘贴更早复制的内容】选项，将调出历史复制的多条内容。

2.2.3　查找和替换文本

如果要查找文档中某个出现了多次的关键字，或发现文档中某个字或词语全部输入错误，可以使用查找与替换功能来快速定位或对其进行修改。

1. 查找文本

查找文本功能不仅可以帮助用户快速核对某个文本是否存在于当前文档中，同时也能帮助用户在当前文档中找到指定文本及该文本所在位置。查找文本主要有以下两种方法。

- 通过【查找和替换】窗格查找：在WPS文字操作界面左侧的窗格中单击【查找和替换】选项卡按钮 🔍，打开【查找和替换】窗格，在文本框中输入要查找的内容，单击【查找】按钮，文档中将突出显示查找到的全部内容，如图2-32所示。
- 通过对话框查找：单击【开始】选项卡中的【查找替换】按钮，或按【Ctrl+F】组合键，打开【查找和替换】对话框，在【查找内容】文本框中输入需要查找的文本，单击【查找上一处】或【查找下一处】按钮即可依次查看找到的上一处或下一处内容，如图2-33所示。

> **温馨提示**
>
> 在【查找和替换】窗格中，单击文本框下方的【高级查找】超链接，将打开【查找和替换】对话框，在其中可以设置更精确的查找条件，如区分大小写、全字匹配等。

图 2-32　通过【查找和替换】窗格查找

图 2-33　通过对话框查找

2. 替换文本

在输入文本后，如果发现文档中某个字或词语全部输入错误，可以通过WPS文字的【替换】功能进行替换，以避免逐一修改的烦琐。替换文本也有两种方法。

- 通过【查找和替换】窗格替换：打开【查找和替换】窗格，在文本框中输入需要查找的文本，单击文本框下方的【替换】折叠按钮 替换✕，在显示出的文本框中输入要替换为的文本，单击【替换】按钮进行逐个查找与替换。如果无须替换，则需要单击下方显示的【上一条】按钮⌃或【下一条】按钮⌄进行切换，如图2-34所示。单击【全部替换】按钮会直接将查找到的所有内容进行替换。
- 通过对话框替换：单击【开始】选项卡中的【查找替换】下拉按钮，在弹出的下拉菜单中选择【替换】命令，或按【Ctrl+H】组合键，打开【查找和替换】对话框的【替换】选项卡，在

【查找内容】文本框中输入需要查找的文本，在【替换为】文本框中输入要替换为的文本，可以逐个单击【替换】按钮进行查找与替换。如果无须替换，直接单击【查找下一处】或【查找上一处】按钮。如果需要全部替换，直接单击【全部替换】按钮即可，如图 2-35 所示。替换完成后，将会弹出一个提示对话框，说明已经完成对文档的搜索和替换工作，并告知替换的数量，如图 2-36 所示，单击【确定】按钮即可完成替换工作。

图 2-34　通过【查找和替换】窗格替换

图 2-35　通过对话框替换

通过 WPS 文字中的【高级搜索】【特殊格式】功能可以对文本进行高级查找和替换，如图 2-37 所示。例如，可以设定仅替换某一样式、替换段落标记等。高级设置可以让文本的查找和替换更加方便、灵活，实用性也更强。

图 2-36　替换完成后的提示对话框

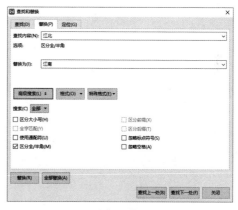

图 2-37　替换功能的高级设置

3. 快速替换多余空格、空行

WPS 文字中独有的【文字工具】可以对多余空格、空行、换行符等实现一键替换，避免了进入替换功能的高级设置界面进行设置的烦琐操作。只需要单击【开始】选项卡中的【文字工具】下拉按钮，在弹出的下拉菜单中根据文档排版的要求选择对应命令即可，如图 2-38 所示。如果需要删除选中文本中的空段或空格等，可以在下拉菜单中选择【删除】命令，然后在弹出的下级子菜单中选择相关选项。

图 2-38　利用【文字工具】快速排版文档

温馨提示

使用WPS提供的【文字工具】功能不仅可以实现常规的替换操作，还可以对格式混乱的文档进行快速清理与排版，不仅节省时间，且有效避免了人工查找容易出现的遗漏等情况，是非常实用的工具。

技能拓展

在【查找和替换】对话框的【替换】选项卡中，如果要替换空行，需要单击【特殊格式】按钮，在弹出的下拉列表中选择【段落标记】选项，设置查找内容为"^P^P"，替换内容为"^P"。如果文档中有连续的多个空行，需要进行多次替换，才能全部清除。此外，还有一些常用的通配符，如"^$"表示任意英文字母，"^?"表示任意单个字符，"^#"表示任意数字，"^g"表示图形等。

课堂范例——编辑"矿泉水营销方案"文档

用WPS文字输入文档内容时，所有的关注点都可以先放在内容的编写上，等到文档内容编写完成后，再对文档内容进行美化，对格式等进行加工编辑。例如，下面对编写好的"矿泉水营销方案"文档进行初步编辑加工。

步骤01 打开"素材文件\第2章\矿泉水营销方案.wps"，将文本插入点定位在正文最前方，单击【开始】选项卡中的【文字工具】按钮，在弹出的下拉菜单中选择【删除】命令，在弹出的下级子菜单中选择【删除空格】命令，如图2-39所示，即可删除文档中的所有空格。

步骤02 选中要移动的文本段落，按住鼠标左键并将其拖曳至目标位置，如图2-40所示。

图 2-39　删除空格

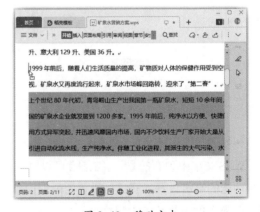

图 2-40　移动文本

> **温馨提示**
> 对于规范的文档，正文段落每段段首都需要空两个字符，也就是首行缩进两个字符，而在制作文档时，很多新手都选择通过按空格键的方式来实现，这种操作是不规范的，还容易出错。正确的做法是通过设置段落格式为"首行缩进"来完成。此外，有些人还会用输入空格的方式来实现对齐，如右对齐，这也是不可取的。其实，在 WPS 文字中，空格的主要作用是对文档中的某些内容进行区分或空出位置，供用户填写内容等。

步骤 03　释放鼠标即可对选中的文本段落快速实现移动操作，如图 2-41 所示。

步骤 04　将文本插入点定位在正文最前方，按【Ctrl+H】组合键，打开【查找和替换】对话框的【替换】选项卡，在【查找内容】文本框中输入英文状态下的"?"，在【替换为】文本框中输入中文状态下的"？"，单击【全部替换】按钮，如图 2-42 所示。

图 2-41　查看文本移动后的效果

图 2-42　设置替换内容

步骤 05　替换完成后会打开如图 2-43 所示的提示对话框，提示替换了 6 处内容，单击【确定】按钮关闭对话框。

步骤 06　返回【查找和替换】对话框，在【查找内容】文本框中输入英文状态下的";"，在【替换为】文本框中输入中文状态下的"；"，单击【全部替换】按钮，如图 2-44 所示。

图 2-43　完成替换操作

图 2-44　设置其他替换内容

步骤 07　完成替换操作后，继续在返回的【查找和替换】对话框的【查找内容】文本框中输入中文状态下的"，"，在【替换为】文本框中输入英文状态下的"."，这里并不需要全部替换，所以单击【查找下一处】按钮，如图 2-45 所示，如果发现查找到的内容不需要修改，就继续单击【查找下一处】按钮。

步骤08 直到查找到需要替换的内容，单击【替换】按钮，如图 2-46 所示。

图 2-45　依次查找内容　　　　　　　　　　图 2-46　单击【替换】按钮

步骤09 将查找到的内容进行替换后，会跳转到下一处查找到的内容，如图 2-47 所示，该处并不需要替换，所以单击【查找下一处】按钮。

步骤10 使用相同的方法完成该文档的所有查找和替换，单击【查找和替换】对话框中的【关闭】按钮关闭对话框，如图 2-48 所示。

图 2-47　查找其他内容　　　　　　　　　　图 2-48　关闭对话框

2.3　审阅与修订文档

文档制作完成后，最好检查一遍，避免出现低级错误。在日常工作中，有些文件还需要相关人员共同参与制作或修订，并通过领导审阅后才能执行，这就涉及在制作好的文件中进行一些批示、修改。在修改他人的文档时，为了便于沟通交流，可以启用审阅修订模式。

2.3.1 智能拼写检查

在撰写稿件或文章时，难免会因为一时疏忽而写错一些单词，因此需要进行检查。WPS文字中的【拼写检查】功能可以根据文本的拼写和语法要求对选中的文本或当前文档进行智能检查，并将检查结果实时呈现，帮助用户避免错误。进行拼写检查的具体操作步骤如下。

步骤 01 打开"素材文件\第 2 章\简历.wps"，单击【审阅】选项卡中的【拼写检查】按钮，如图 2-49 所示。

步骤 02 如果发现文档中存在拼写错误，将打开【拼写检查】对话框，在【检查的段落】列表框中会对存在拼写错误的单词进行标红处理，如果不需要修改，单击【忽略】按钮，如图 2-50 所示，即可自动跳转到检查到的下一处错误。

图 2-49 单击【拼写检查】按钮

图 2-50 忽略检查到的错误

步骤 03 如果单词确实存在拼写错误，在【更改建议】列表框中选择需要修改为的内容，或直接在【更改为】文本框中手动输入要修改为的内容，单击【更改】按钮，如图 2-51 所示。

步骤 04 最后一处拼写错误处理完毕后，会打开如图 2-52 所示的提示对话框，单击【确定】按钮关闭对话框即可。

图 2-51 更改检查到的错误

图 2-52 关闭检查功能

2.3.2 校对文档

制作的文档中除了单词拼写错误，还可能存在一些其他常见错误。但在制作论文、报告等拥有较多文字的文档时，逐字逐句对文档进行校对检查比较不便。这时就可以使用校对功能对文档中的内容进行校对，具体操作方法如下。

步骤 01 打开"素材文件\第 2 章\行政管理制度手册.wps"，单击【审阅】选项卡中的【文档校对】按钮，如图 2-53 所示。

步骤 02 打开【WPS 文档校对】对话框，单击【开始校对】按钮，如图 2-54 所示。

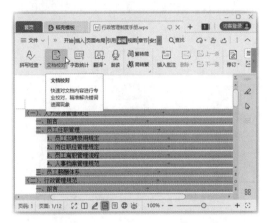

图 2-53　单击【文档校对】按钮　　　　　　　　图 2-54　开始校对

步骤 03 系统会根据文档内容自动选择关键词领域，这样可以使校对结果更准确，如果需要添加关键词领域，可以单击加号按钮自行添加，这里直接单击【下一步】按钮，如图 2-55 所示。

步骤 04 系统开始扫描文档内容并进行校对，最终得出检测结果，其中包括错词和错误类型，单击【马上修正文档】按钮，如图 2-56 所示。

图 2-55　选择关键词领域　　　　　　　　图 2-56　单击【马上修正文档】按钮

步骤 05 窗口右侧显示【文档校对】窗格，其中列出了错误的原因、错误的内容及修改建议。单击各项错误，可自动跳转到错误段落，并用颜色标明错误的内容；如果确认内容有误，可单击【替换错误】按钮，用系统提供的建议修改错误内容，如图 2-57 所示。

步骤 06　完成该处修改后，会自动跳转到下一处错误的内容。如果确认无误，可单击【忽略错词】按钮，忽略该条错误，如图 2-58 所示。完成文档修改后，单击窗格右上角的【退出校对】按钮即可。

图 2-57　用系统提供的建议修改错误内容

图 2-58　忽略检查到的错误

温馨提示　如果需要对检查出的同类型错误进行一次性处理，可以单击【忽略同类错词】或【替换同类错词】按钮进行统一忽略或替换。如果没有依次对每条错误进行处理，则在单击【退出校对】按钮时，会打开提示对话框。

2.3.3　添加批注

在审阅他人编写的文档时，为了方便查看关于文档内容的变更，可以在文档中插入批注信息，将自己对文档某处的疑问和意见写在批注中。

如果需要为文档的某段内容添加批注，只需将光标定位于该段文本，然后单击【审阅】选项卡中的【插入批注】按钮，在批注框中输入批注信息即可，如图 2-59 所示。

添加批注后，如果根据批注中的内容进行了修改，可以单击批注后面的 ≡ 按钮，如图 2-60 所示，在弹出的下拉列表中选择【解决】选项，随后该批注标记为【已解决】，且批注内容会变成灰色；如果需要对该批注做回复说明，可在弹出的下拉列表中选择【答复】选项，然后在输入框内输入需要回复的内容，该批注将以对话形式显示，更加直观明确，如图 2-61 所示；如果不需要某批注，可以在其上单击鼠标右键，在弹出的快捷菜单中选择【删除批注】命令删除该批注。如果需要删除文档中的全部批注，可以单击【审阅】选项卡中的【删除】下拉按钮，在弹出的下拉列表中选择【删除文档中的所有批注】选项。

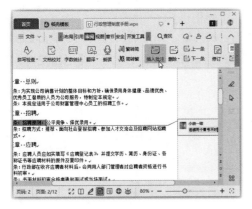

图 2-59　添加批注　　　　图 2-60　处理批注　　　　图 2-61　答复批注

2.3.4　修订文档

在查看他人编写的文档时，如果不是存在明显的错误，直接在文档中进行修改是不礼貌的。同时为了便于创作者了解他人对该文档进行了哪些编辑操作，可以启用修订模式对文档进行编辑。

1. 进入修订模式修订文档

当文档进入修订模式后，WPS 文字会自动记录文档中所有内容的变更痕迹，并把当前文档中的修改、删除、插入等每一个痕迹及相关内容都标记出来。

通常情况下，文档在编辑时是默认关闭修订模式的。如果需要标记修订过程及修订内容，需要进入修订模式，具体操作步骤如下。

步骤 01　单击【审阅】选项卡中的【修订】按钮，如图 2-62 所示，当该按钮显示为深色即表明修订模式已启用。

步骤 02　在修订模式下，文档中删除的内容会显示于右侧的页边空白处，新加入的内容会以有颜色的下划线和字体颜色标注出来。所有修订动作都会在右侧的修订窗格中记录，并显示修订者的用户名，如图 2-63 所示。

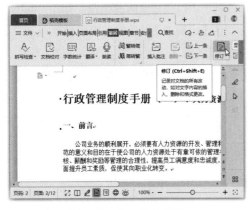

图 2-62　进入修订模式　　　　图 2-63　修订文档

2. 设置修订选项、标记和显示状态

用户也可以根据自己的需求对文档修订选项、标记和显示状态进行设置，方便查看不同用户进行的修订或不同的修订项，主要包括以下4种设置。

- 设置修订选项：单击【审阅】选项卡中的【修订】下拉按钮，如图 2-64 所示，在弹出的下拉列表中选择【修订选项】选项，然后在打开的【选项】对话框中根据浏览习惯和文档修订的具体要求设置【标记】【批注框】【打印】3 个选项区内的设置即可，如图 2-65 所示。

图 2-64　【修订】下拉列表　　　　　　　　　　　　图 2-65　设置选项

- 更改修订者名称：在【修订】下拉列表中选择【更改用户名】选项，在弹出的【选项】对话框中输入新名称即可。
- 设置修订显示状态：文档的修订显示状态主要包括4种类型，分别是【显示标记的最终状态】【最终状态】【显示标记的原始状态】【原始状态】。在【审阅】选项卡中单击【修订状态】按钮，在弹出的下拉列表中选择需要的方式即可，如图 2-66 所示。
- 设置显示标记：用户可以根据文档修订需要添加/减少显示的标记项目。单击【审阅】选项卡中的【显示标记】按钮，会弹出如图 2-67 所示的下拉列表，在下拉列表中可以设置显示的修订标记类型及显示方式。

图 2-66　设置修订显示状态　　　　　　　　　　　图 2-67　设置显示标记

3. 接受与拒绝修订

当文档完成修订后，文档的创作者需要对修订和批注的内容进行最终审阅，并确定是否接受修订和文档的最终版本。确定文档的最终版本需要创作者对修订和批注进行拒绝或接受。该过程中主

要需要进行以下 3 种操作。

- 查看修订和批注内容：单击【审阅】选项卡中的【上一条】或【下一条】按钮，即可依次定位到文档中的修订或批注内容。
- 对单条修订进行管理：单击【审阅】选项卡中的【拒绝】或【接受】按钮，可以对选定的当前修订内容接受或拒绝。
- 对多文档中的所有修订或批注进行管理：若要接受或拒绝当前文档中的所有修订，可以通过单击【接受】和【拒绝】下拉按钮，在弹出的下拉列表中选择【接受对文档所做的所有修订】或【拒绝对文档所做的所有修订】来实现，如图 2-68 和图 2-69 所示。

图 2-68　接受对文档所做的所有修订　　　　图 2-69　拒绝对文档所做的所有修订

2.4　打印文档

在日常工作中，有些文档在制作完成后，还需要打印出来。如果要按当前设置打印文档的全部内容，直接单击快速访问工具栏中的【打印】按钮 即可。如果只需要打印文档的部分内容或要采用其他打印方式，则在打印文档之前，还需要对打印选项进行设置。

温馨提示　在打印之前，设置文档页面布局也是必要的步骤。这部分内容将在第 3 章进行讲解。

2.4.1　打印文档页面中的部分内容

某些情况下，并不需要打印文档的所有内容，可以选择文档中要打印的部分内容，然后执行以下操作。

步骤 01　选择需要打印的内容，然后单击【文件】菜单按钮，在弹出的下拉菜单中选择【打印】命令，如图 2-70 所示。

步骤 02　打开【打印】对话框，在【页码范围】栏中选中【所选内容】单选按钮，单击【确定】按钮即可，如图 2-71 所示。

图 2-70　选择【打印】命令

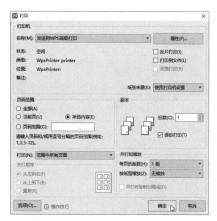

图 2-71　选中【所选内容】单选按钮

2.4.2　打印文档中的指定页

用户也可以打印文档中指定页码的内容，可以是单页、连续几页的内容或间隔几页的内容。例如，要打印第 2~5 页的内容，可以打开【打印】对话框，在【页码范围】栏中选中【页码范围】单选按钮，并在后面的文本框中输入"2-5"；单击【确定】按钮即可，如图 2-72 所示。

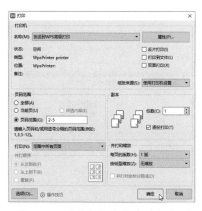

图 2-72　设置打印文档中的指定页

> **技能拓展**
> 如果为文档设置了页面背景色和图像，在打印时默认不打印出来，需要在【打印】对话框中单击【选项】按钮，然后在打开的【选项】对话框中选中【打印背景色和图像】复选框，单击【确定】按钮后进行打印即可。

2.4.3　手动进行双面打印

默认情况下，打印出来的文档都是单面的，这样比较浪费纸张，如果要解决这个问题，可通过双面打印来实现，具体操作方法如下。

步骤 01　单击【文件】菜单按钮，在弹出的下拉菜单中选择【打印】命令，在弹出的下级子菜单中选择【打印预览】命令，如图 2-73 所示。

步骤 02　进入打印预览状态，在【方式】下拉列表中选择【手动双面打印】选项，如图 2-74 所示。

图 2-73 选择【打印预览】命令

图 2-74 选择【手动双面打印】选项

步骤 03 单击【直接打印】按钮,如图 2-75 所示。

步骤 04 待所有奇数页打印完成后,将弹出提示对话框,如图 2-76 所示,按照提示将打印好一面的纸张放回打印机送纸器中,然后单击【确定】按钮,即可在纸张的背面打印偶数页。

图 2-75 直接打印

图 2-76 按照提示打印偶数页

📢 课堂问答

问题 1: 如何输入内容的上标或下标?

答:编辑 WPS 文字文档时,可能会遇到需要输入平方数或分子式等的情况,此时就涉及上标和下标符号的输入,方法很简单:选中要设置为上标或下标的数字或符号,在【开始】选项卡中单击【上标】按钮 x 或【下标】按钮 x_2 即可。例如,输入【H2O】,选中数字【2】,单击【下标】按钮 x_2,内容即会变为【H_2O】。

问题 2: 如何插入当前日期或时间?

答:在日常工作中,用户撰写通知、请柬等文档时,如果需要插入当前日期或时间,可以通过下面的方法来快速插入。

步骤 01 将文本插入点定位到需要插入日期或时间的位置,单击【插入】选项卡中的【日期】按钮,如图 2-77 所示。

步骤02 打开【日期和时间】对话框，在【可用格式】列表框中选择一种合适的日期或时间格式，单击【确定】按钮即可，如图 2-78 所示。

图 2-77　单击【日期】按钮

图 2-78　设置日期或时间格式

问题 3: 如何使用通配符进行模糊查找?

答: 编辑文档时，可能会遇到要查找或替换的内容不能确定的情况，如果只是模糊知道其中的内容，就要用到通配符来代替一个或多个字符进行模糊查找。通配符主要有"?"与"*"两个，并且需要在英文状态下输入。其中，"?"代表一个字符，"*"代表多个字符。打开【查找和替换】对话框，单击【高级搜索】按钮，在展开的区域中选中【使用通配符】复选框，然后在【查找】选项卡中输入查找内容，不确定的内容以英文状态下的"?"或"*"代替即可。

🖼 上机实战——编辑并打印"策划书"文档

为了让读者巩固本章知识点，下面讲解一个技能综合案例，使读者对本章的知识有更深入的了解。

效果展示

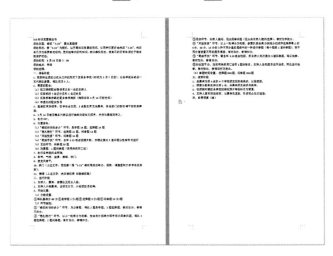

◆ 思路分析 ◆

对于非正式的文本型文档，输入文本内容后即可完成操作。本例通过输入文本并替换错误内容快速完成编辑操作，过程中还使用了【插入符号】功能插入带圈编号，最后按常规方式打印输出。

◆ 制作步骤 ◆

步骤01 在标签栏中单击【新建标签】按钮 ✚，如图 2-79 所示。

步骤02 打开【新建】标签页，单击【文字】选项卡，然后选择下方的【新建空白文档】选项，如图 2-80 所示，即可新建一篇空白文档。

图 2-79　单击【新建标签】按钮

图 2-80　新建空白文档

步骤03 单击【文件】菜单按钮，在弹出的下拉菜单中选择【保存】命令，如图 2-81 所示。

步骤04 打开【另存为】对话框，设置好文档的保存路径及文件类型，输入文件名"知识竞赛策划书"，然后单击【保存】按钮，如图 2-82 所示。

步骤05 切换到合适的输入法，根据需要输入文档内容，效果如图 2-83 所示。

步骤06 内容输入完成后，可以对自己常犯错的部分进行查找替换。这里将文本插入点定位在文档内容最前方，按【Ctrl+H】组合键，打开【查找和替换】对话框的【替换】选项卡，在【查找内容】文本框中输入英文状态下的""，在【替换为】文本框中输入中文状态下的""，单击【查找下一处】按钮，如图 2-84 所示。

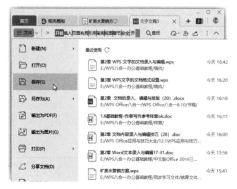

图 2-81　保存文档

图 2-82　设置保存参数

图 2-83　输入文档内容

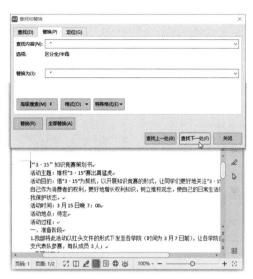

图 2-84　查找内容

步骤 07 跳转到第一处查找到的内容位置，判断后确定需要替换，单击【替换】按钮，如图 2-85 所示。

步骤 08 此时可以看到该处内容已经被替换，并自动跳转到下一处查找到的内容位置，如图 2-86 所示。使用相同的方法判断每一处查找到的内容是否需要进行替换。

图 2-85　替换当前内容

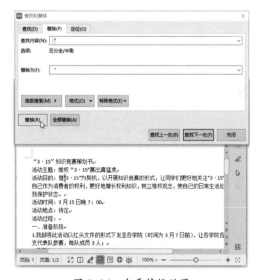

图 2-86　查看替换效果

步骤 09 完成当前内容的查找和替换操作后，在【查找和替换】对话框的【替换】选项卡中，在【查找内容】文本框中输入英文状态下的""""，在【替换为】文本框中输入中文状态下的""""，单击【全部替换】按钮，如图 2-87 所示，在弹出的提示对话框中单击【确定】按钮关闭对话框。

步骤 10 将文本插入点定位在需要插入带圈编号的位置，单击【插入】选项卡中的【符号】下拉按钮，在弹出的下拉列表中选择需要插入的"①"符号，如图 2-88 所示。

图 2-87　替换文档中的所有内容

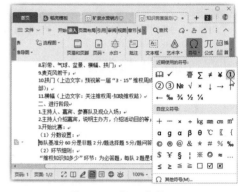

图 2-88　插入符号

步骤 11　使用相同的方法继续在其他需要插入带圈编号的位置插入对应的编号，并检查文档中的其他错误，完成编辑后单击快速访问工具栏中的【打印】按钮，如图 2-89 所示。

步骤 12　打开【打印】对话框，这里只在【副本】栏中设置打印份数为"3"，单击【确定】按钮开始打印即可，如图 2-90 所示。

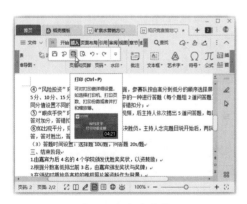

图 2-89　打印文档

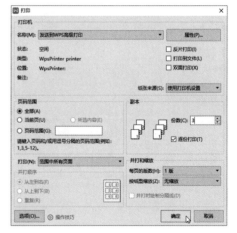

图 2-90　设置打印参数

同步训练——编辑"租赁协议"文档

为了增强读者的动手能力，下面安排一个同步训练案例，让读者达到举一反三、触类旁通的学习效果。

图解流程

思路分析

生活中很多常用的文档重在具体内容的制作，对格式的要求并不严谨，但对内容的准确度要求很高，还常常需要打印输出。本例先输入所有内容，然后进行编辑加工，最后打印输出。

关键步骤

步骤01 新建空白文档，并按需求输入内容，也可以打开"素材文件\第2章\仓库租赁协议.wps"，对照着输入文本内容，如图2-91所示。

步骤02 从头到尾查看文档内容，并对有误的地方进行编辑加工。这个过程中如果发现了一些相同的错误，可以通过查找替换进行快速修改，如图2-92所示。

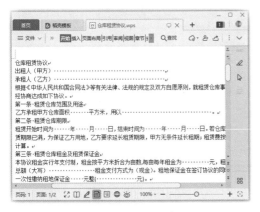

图 2-91 输入文本

图 2-92 替换错误内容

步骤03 单击【审阅】选项卡中的【拼写检查】按钮，对文档内容进行拼写检查，如图2-93所示。

步骤04 单击【审阅】选项卡中的【文档校对】按钮，如图2-94所示。按照提示一步步操作，待系统扫描文档内容并进行校对，最终得出检测结果后，单击【马上修正文档】按钮。

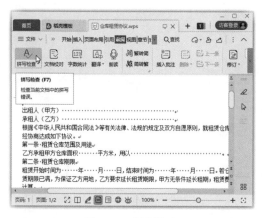

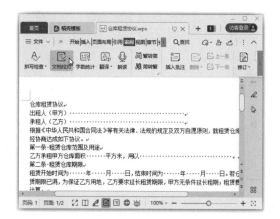

图 2-93　拼写检查　　　　　　　　　　图 2-94　校对文档

步骤 05　对文档内容进行智能校对后，对检查出的问题进行判断，做出修改与否的决定，如图 2-95 所示。

步骤 06　完成编辑后单击快速访问工具栏中的【打印】按钮，如图 2-96 所示。在打开的【打印】对话框中按需设置打印参数，单击【确定】按钮开始打印。

图 2-95　判断是否进行修改　　　　　　　图 2-96　打印文件

知识能力测试

本章讲解了输入、选择、移动、复制、查找、替换等文本编辑操作，还介绍了拼写检查、校对、批注和修订等审阅文档的操作，以及打印文档的方法。为对知识进行巩固和考核，安排相应的练习题。

一、填空题

1. 在 WPS 文字中，选中文本内容后，按＿＿＿＿＿组合键可以快速复制当前内容，将光标定位到目标位置，按＿＿＿＿＿组合键可以快速粘贴内容。

2. 在 WPS 文字中，按＿＿＿＿＿组合键可以快速将文本插入点移动至文档开头；按＿＿＿＿＿组合键可以快速将文本插入点移动至文档末尾。

3. 编辑文档时，按_____组合键可以撤销上一步操作，按_____组合键可以恢复被撤销的上一步操作。

二、选择题

1. 按住（　　）键，接着按住鼠标左键在文档中拖曳出一块矩形区域，完成后释放按键，即可将所选区域中的文本全部选中。

A.【Alt】　　　　　　B.【Ctrl】　　　　　　C.【Shift】　　　　　　D.【Tab】

2. 将鼠标指针指向编辑区左侧空白处，当指针呈"⤢"形状时，连续单击鼠标左键（　　）次，可以选中整篇文档。

A. 2　　　　　　　　B. 3　　　　　　　　C. 4　　　　　　　　D. 5

3. 使用通配符查找文档内容时，（　　）表示任意英文字母。

A. ^?　　　　　　　B. ^P　　　　　　　C. ^$　　　　　　　D. ^#

三、简答题

1. 请简单回答移动文本和复制文本的区别是什么。

2. 在键盘上可以看到很多常用的标点符号，如何输入这些常用标点符号？

WPS Office

第3章
WPS文字的文档格式设置

　　如果希望制作出的文档更加规范、条理更加清晰，在完成内容的输入后，还需要对其进行必要的格式设置，如设置字体格式、设置段落格式、应用样式及页面设置等。本章将介绍文档格式的设置方法。

学习目标

- 熟练掌握字体格式的设置方法
- 熟练掌握段落格式的设置方法
- 熟练掌握项目符号和编号的设置方法
- 熟练掌握样式的应用方法
- 熟练掌握页面的设置方法

3.1　设置字体格式

在文字文档中输入文本后，默认显示的字体为宋体，字号为五号，字体颜色为黑色。如果用户对 WPS 文字默认的字体格式不满意，可以根据需要自定义设置字体格式。

3.1.1　设置字体、字号和颜色

对文字的字体、字号和颜色的设置方法大同小异，下面分别进行介绍。

1. 设置字体

设置字体主要有以下 3 种方法。

- 通过浮动工具栏设置：选中需要设置格式的文本后，会自动显示浮动工具栏，单击【字体】下拉按钮，在弹出的下拉列表中可以选择需要的字体，如图 3-1 所示。
- 通过【开始】选项卡设置：在【开始】选项卡中单击【字体】下拉按钮，在弹出的下拉列表中选择需要的字体即可，如图 3-2 所示。
- 通过单击右键设置：使用鼠标右击选中的文本，在弹出快捷菜单的同时也会显示出浮动工具栏，单击【字体】下拉按钮，在弹出的下拉列表中可以选择需要的字体，如图 3-3 所示。

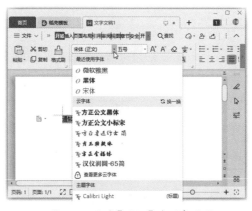

图 3-1　通过浮动工具栏设置　　　图 3-2　通过【开始】选项卡设置　　　图 3-3　通过单击右键设置

技能拓展

使用鼠标右击选中的文本，在弹出的快捷菜单中选择【字体】命令，或单击【开始】选项卡中的【字体】按钮，打开【字体】对话框，在其中可以设置更详细的字体格式，如在【中文字体】下拉列表中选择字体，设置完成后单击【确定】按钮即可。

2. 设置字号

字号是指文字的大小，WPS文字中的字号有两种标准：一种是用"一号""二号"等表示，最大是初号，最小是八号，数字越大，文字越小；另一种是用"5""10"等表示，最小的是"5"，数字越大，文字越大。

设置字号的方法与设置字体的方法类似，主要有以下3种。

- 通过浮动工具栏设置：选中需要设置格式的文本后，在自动显示的浮动工具栏中单击【字号】下拉按钮，在弹出的下拉列表中选择需要的字号，如图3-4所示。
- 通过【开始】选项卡设置：在【开始】选项卡中单击【字号】下拉按钮，在弹出的下拉列表中选择需要的字号即可，如图3-5所示。
- 通过单击右键设置：使用鼠标右击选中的文本，在弹出快捷菜单的同时也会显示出浮动工具栏，单击其中的【字号】下拉按钮，在弹出的下拉列表中选择需要的字号。

图3-4　通过浮动工具栏设置

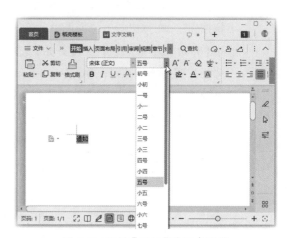

图3-5　通过【开始】选项卡设置

3. 设置颜色

颜色是指文字显示的颜色，WPS文字提供了4种颜色主题，分别是主题颜色、标准色、渐变填充、渐变色推荐，用户可以按照自己的喜好或需要选择和匹配相关色系。设置文字颜色的方法有以下3种。

- 通过浮动工具栏设置：选中需要设置格式的文本后，在自动显示的浮动工具栏中单击【字体颜色】按钮右侧的下拉按钮，在弹出的下拉列表中选择需要的颜色，如图3-6所示。如果没有合适的颜色，还可以选择【其他字体颜色】命令，在打开的【颜色】对话框中进行自定义选择，可以直接利用鼠标在色谱图中选择颜色，也可以直接输入RGB值来调用颜色，如图3-7所示。
- 通过【开始】选项卡设置：在【开始】选项卡中单击【字体颜色】按钮右侧的下拉按钮，在弹出的下拉列表中选择需要的颜色即可，如图3-8所示。

- 通过单击右键设置：使用鼠标右击选中的文本，在弹出快捷菜单的同时也会显示出浮动工具栏，单击其中的【字体颜色】按钮 ▲·右侧的下拉按钮 ▾，在弹出的下拉列表中选择需要的颜色即可。

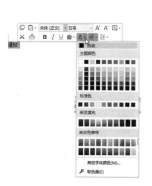 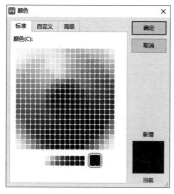 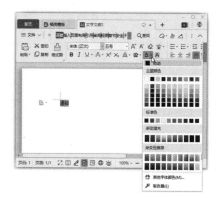

图 3-6　通过浮动工具栏设置　　　图 3-7　【颜色】对话框　　　图 3-8　通过【开始】选项卡设置

技能拓展　为了更方便地设置字体颜色，WPS文字中还提供了【取色器】功能。只需要在【字体颜色】下拉列表中选择【取色器】命令，然后通过单击就可以提取页面中的任意一种颜色，并将所选文本设置成这种颜色。

3.1.2　设置字形

除了设置字体、字号、颜色，还可以通过对文本字形的设置，使文本显示得更为突出。WPS文字提供了多个命令按钮用于对文本的字形进行设置，如加粗、倾斜、下划线及字符底纹等。

下面以在【开始】选项卡中设置字形为例来讲解。首先在文档中选中要设置字形的文本，然后在【开始】选项卡中单击相应的命令按钮即可。字形设置的相关按钮都位于【字体】和【字号】下拉列表附近，如图 3-9 所示，主要的字形设置按钮名称和功能介绍如表 3-1 所示。

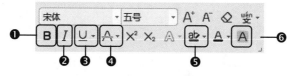

图 3-9　设置字形的命令按钮

表 3-1　设置字形的命令按钮功能介绍

按钮	功能介绍	示例
❶【加粗】按钮	将选中的文本加粗显示	**文本加粗显示示例**
❷【倾斜】按钮	将选中的文本倾斜显示	*文本倾斜显示示例*

续表

按钮	功能介绍	示例
❸【下划线】按钮	为选中的文本添加下划线。单击【下划线】按钮右侧的下拉按钮，在弹出的下拉列表中有不同样式的下划线可以选择。选择【下划线颜色】命令，会打开【颜色】对话框，可以设置下划线的颜色	文本下划线显示示例
❹【删除线】按钮	在所选文本的中间画一条直线。单击【删除线】按钮右侧的下拉按钮，在弹出的下拉列表中选择【着重号】选项，可以在所选文本的下方标识着重号以便阅读者重点查阅	文本删除线显示示例 文本着重号显示示例
❺【突出显示】按钮	为选中的文本添加颜色底纹以突显文字内容，单击【突出显示】按钮右侧的下拉按钮，在弹出的下拉列表中可以选择具体使用的颜色	文本突出显示示例
❻【字符底纹】按钮	为选中的文本添加灰色底纹	文本字符底纹示例

3.1.3 设置字符间距

字符间距是指各字符间的距离，通过调整字符间距可使文字排列得更紧凑或更疏松。通过设置字符间距可以让文档的版面更加协调，具体操作步骤如下。

步骤 01 选中要设置字符间距的文本，单击【字体】按钮 ⌐，如图 3-10 所示。

图 3-10　单击【字体】按钮

步骤 02 打开【字体】对话框，切换到【字符间距】选项卡，在【间距】下拉列表中选择间距类型，如【加宽】，然后在右侧的【值】微调框中设置间距大小，设置完成后单击【确定】按钮，如图 3-11 所示。

步骤 03 设置完成后，返回文字文档即可查看效果，如图 3-12 所示。

图 3-11 设置字符间距

图 3-12 查看设置效果

📖 课堂范例——为"绩效考核实施办法"文档设置字体格式

文本内容输入完成后，可以通过设置字体格式来美化文档，并对重点内容进行突出显示。例如，下面对编写好的"绩效考核实施办法"进行字体格式设置。

步骤 01 打开"素材文件\第3章\绩效考核实施办法.wps"，选择第一行文本，在自动显示的浮动工具栏中单击【加粗】按钮 **B**，如图 3-13 所示，即可加粗文本。

步骤 02 保持当前文本的选中状态，单击【开始】选项卡中的【字体】下拉按钮 ，在弹出的下拉列表中选择需要的字体，如【黑体】，如图 3-14 所示。

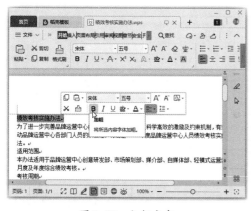

图 3-13 加粗文本

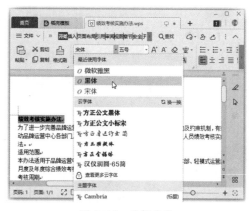

图 3-14 选择字体

步骤 03 保持当前文本的选中状态，单击【开始】选项卡中的【字号】下拉按钮 ，在弹出的下拉列表中选择需要的字号，如【二号】，如图 3-15 所示。

步骤 04 按住【Ctrl】键的同时选择多处需要设置相同格式的文本，单击【加粗】按钮，并设置字号为【四号】，然后单击【突出显示】按钮 右侧的下拉按钮，在弹出的下拉列表中选择需要使用的颜色，如【绿色】，如图 3-16 所示。

图 3-15　选择字号

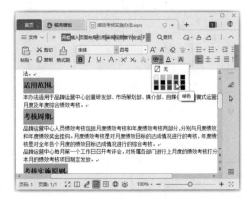

图 3-16　选择突出显示颜色

步骤 05　保持当前文本的选中状态，单击【字体颜色】按钮 A· 右侧的下拉按钮，在弹出的下拉列表中选择需要的字体颜色，如【白色，背景 1】，如图 3-17 所示。

步骤 06　选择需要重点强调的文本内容，设置字体颜色为红色，单击【下划线】按钮 U·，即可为其添加默认的下划线样式，如图 3-18 所示。

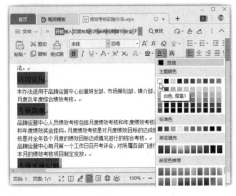

图 3-17　选择字体颜色

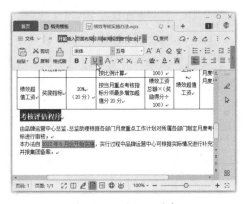

图 3-18　添加下划线

3.2　设置段落格式

对文档进行排版时，通常会以段落为基本单位进行操作。段落的格式设置主要包括缩进、对齐方式、行间距、段间距等，通过合理设置段落格式，可使文档结构清晰、层次分明。

3.2.1　设置段落缩进

为了增强文档的层次感，提高可阅读性，可为段落设置合适的缩进。段落的缩进方式有左缩进、右缩进、首行缩进和悬挂缩进 4 种。

- 左缩进：是指最左边的文本与页面左边距的缩进量，如图 3-19 所示。

- 右缩进：是指最右边的文本与页面右边距的缩进量，如图 3-20 所示。
- 首行缩进：是指一段文本中第一行的首字的起始位置与页面左边距的缩进量。中文段落普遍采用首行缩进方式，一般缩进两个字符，如图 3-21 所示。
- 悬挂缩进：是指段落中除首行以外的其他行与页面左边距的缩进量，如图 3-22 所示。悬挂缩进适用于一些较为特殊的场合，如报刊和杂志等。

图 3-19　左缩进

图 3-20　右缩进

图 3-21　首行缩进

图 3-22　悬挂缩进

在设置段落缩进前需要将文本插入点定位到段落中或选择整个段落，具体设置方法有以下两种。

- 通过【开始】选项卡设置：在【开始】选项卡中单击【增加缩进量】按钮 可以增加段落的缩进量；单击【减少缩进量】按钮 可以减少段落的缩进量，如图 3-23 所示。
- 使用【段落】对话框设置：单击【开始】选项卡中的【段落】按钮 ，打开【段落】对话框，在【缩进】栏中可以设置各种缩进量。【文本之前】和【文本之后】数值框用于设置左缩进和右缩进，在【特殊格式】下拉列表中可以选择【首行缩进】或【悬挂缩进】，然后在其后的【度量值】数值框中设置具体的缩进量，如图 3-24 所示。

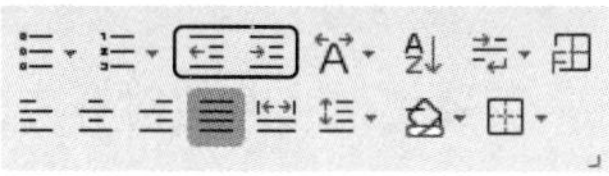

图 3-23　通过【开始】选项卡设置

图 3-24　使用【段落】对话框设置

3.2.2 设置对齐方式

对齐方式是指段落在文档中的相对位置，段落的对齐方式有左对齐、右对齐、居中对齐、两端对齐和分散对齐 5 种。

- 左对齐：段落各行文本靠左对齐，效果如图 3-25 所示。
- 右对齐：段落各行文本靠右对齐，效果如图 3-26 所示。

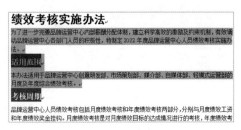 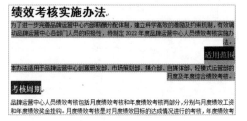

图 3-25　左对齐　　　　　　　　　　　　　图 3-26　右对齐

- 居中对齐：段落文本位于页面中间，效果如图 3-27 所示。
- 两端对齐：段落同时与左边距和右边距对齐，并根据需要增加字间距，效果如图 3-28 所示。

 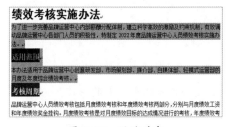

图 3-27　居中对齐　　　　　　　　　　　　图 3-28　两端对齐

- 分散对齐：段落同时靠左边距和右边距对齐，并根据需要增加字间距，效果如图 3-29 所示。

> **温馨提示**　从表面上看，【左对齐】方式与【两端对齐】方式没有什么区别，但当行尾输入了较长的英文单词无法在该行放置而被迫换行时，这两种方式的区别就体现出来了：使用【左对齐】方式，文字会按照不满页宽的方式进行排列；使用【两端对齐】方式，将增加词间距来填补出现的空隙。两种对齐方式的区别如图 3-30 所示。

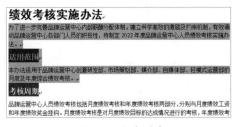 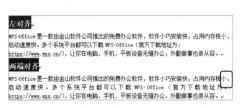

图 3-29　分散对齐　　　　　　　　　图 3-30　【左对齐】和【两端对齐】效果对比

默认情况下，文本文档中默认的段落对齐方式为两端对齐，若要更改为其他对齐方式，可通过下面的方法实现。

- 使用浮动工具栏设置：选择段落后，在浮动工具栏中有一个 ▤ 按钮，单击该按钮右侧的下拉按钮，在弹出的下拉列表中选择需要的对齐方式即可，如图 3-31 所示。
- 使用【开始】选项卡设置：在【开始】选项卡中单击 ▤ ▤ ▤ ▤ ▤ 按钮，可分别将段落对齐方式设置为左对齐、居中对齐、右对齐、两端对齐和分散对齐，如图 3-32 所示。
- 使用【段落】对话框设置：在【段落】对话框的【对齐方式】下拉列表中可选择不同的对齐方式。

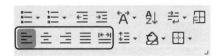

图 3-31　使用浮动工具栏设置　　　　　　　图 3-32　使用【开始】选项卡设置

温馨提示

按【Ctrl+E】组合键，可快速让所选段落居中对齐。

3.2.3　设置间距和行距

为了使整个文档看起来疏密有致，可为段落设置合适的间距或行距。其中间距是指相邻两个段落之间的距离，分为段前间距、段后间距；行距是指段落中行与行之间的距离。

快速设置行距的方法为：选中要设置行距的段落，单击【开始】选项卡中的【行距】按钮 ▤，在弹出的下拉列表中选择需要的行距，如图 3-33 所示。

此外，还可以通过【段落】对话框更精确地设置段落间距和行距，其中【段前】和【段后】数值框分别用于设置段前间距和段后间距，单击【行】按钮右侧的下拉按钮，还可以将【行】切换为其他单位；【行距】下拉列表中提供了多种行距选项，如果需要精确设置行距值，可以选择【固定值】选项，然后在其后的【设置值】数值框中设置行距。

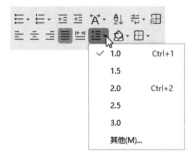

图 3-33　设置行距

3.2.4　使用【段落布局】按钮设置段落格式

WPS文字中提供了便捷的段落布局工具，使用它可以快速设置段落格式。

将文本插入点定位在段落中，该段落左侧就会出现【段落布局】按钮 ▤，如图 3-34 所示，单击该按钮，就会显示出段落选中框，整个段落被灰色阴影覆盖，且上、下、左、右各有一个圆形按钮，在文本每行的起始处有一个黑色的空心竖线图标，表明该段落已处于【段落布局】设置状态。

　　此时，通过拖曳上、下、左、右的圆形按钮即可快速设置段落的段前和段后间距，通过拖曳黑色的空心竖线图标 ▌即可快速调整缩进方式及数值，这些效果都是实时呈现的，如图3-35所示。设置完成后，双击灰色段落外的任意位置，或单击右上角的【退出段落布局】按钮 ⊗，或按【Esc】键，退出【段落布局】设置状态即可。

图3-34　单击【段落布局】按钮

图3-35　拖曳设置段落格式

　　相比传统的段落格式设置方式，使用【段落布局】按钮设置段落格式更便捷，显示效果也能实时预览，达到"所见即所得"的效果，但该方法并不能设置得很精确，适合在对一些有特殊版式要求的文档排版时使用，如图文混排的宣传文章。

技能拓展　　如果将文本插入点定位在段落中，没有显示出【段落布局】按钮 📄，可以单击【开始】选项卡中的【显示/隐藏编辑标记】按钮 ☰· 右侧的下拉按钮，在弹出的下拉列表中选择【显示/隐藏段落布局按钮】选项，就能显示出【段落布局】按钮了。

3.2.5　智能调整文档格式

图3-36　【文字工具】下拉列表

　　通过【文字工具】可以进行特殊内容的删除操作，它是一个智能的格式整理工具，使用它可以对格式混乱的文档进行快速清理与排版，从而实现网络文本与严谨文本的转换，不仅节省时间，且可以有效避免人工查找时的遗漏等情况。

　　单击【开始】选项卡中的【文字工具】按钮，在弹出的下拉列表中可以看到其中罗列了很多段落格式相关的设置选项，如图3-36所示。选择【段落重排】选项，可以删除所有的段落标记，重新排列段落；选择【转为空段分割风格】选项，可以在各段落前后添加空行，快速将严谨文本转换为网络文本；选择【换行符转为回车】选项，可以将换行符替换为段落标记，将网络文本转换为严谨文本；选择【智能格式整理】选项，可以从多个方面对不规范的文本进行处理。

课堂范例——为"通知函"文档设置段落格式

在 WPS 中设置段落格式，需要注意设置的先后顺序。首先可以通过【文字工具】对文档格式进行规范处理，然后设置大部分段落的统一格式，最后对需要特别处理的段落进行格式设置。例如，下面对"通知函"进行段落格式设置。

步骤 01　打开"素材文件\第 3 章\通知函.wps"，单击【开始】选项卡中的【文字工具】按钮，在弹出的下拉列表中选择【智能格式整理】选项，如图 3-37 所示，对基础的格式进行自动处理。

步骤 02　选择需要重新设置段落缩进格式的"敬礼"段落，单击【开始】选项卡中的【段落】按钮 ，如图 3-38 所示。

图 3-37　智能格式整理

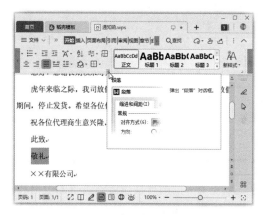

图 3-38　单击【段落】按钮

步骤 03　打开【段落】对话框，在【缩进】栏中的【特殊格式】下拉列表中选择【(无)】选项，设置为无缩进，单击【确定】按钮，如图 3-39 所示。

步骤 04　选择需要重新设置段落对齐方式的最后两个落款段落，单击【开始】选项卡中的【右对齐】按钮 ，如图 3-40 所示。

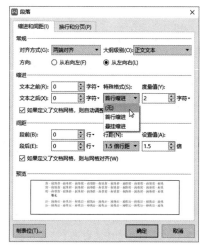

图 3-39　设置段落缩进

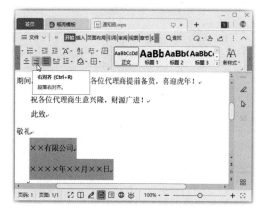

图 3-40　设置段落对齐方式

步骤 05 按【Ctrl+A】组合键全选所有内容，单击【开始】选项卡中的【行距】按钮 ，在弹出的下拉列表中选择需要的行距，这里选择【2.5】，如图 3-41 所示。

步骤 06 将文本插入点定位在标题段落中的任意位置，单击左侧出现的【段落布局】按钮 ，如图 3-42 所示。

图 3-41　设置行距

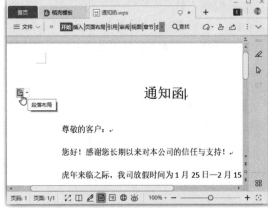

图 3-42　单击【段落布局】按钮

步骤 07 此时，整个段落被灰色阴影覆盖。拖曳黑色的空心竖线图标 到最左侧，取消缩进设置。拖曳上下的圆形按钮调整段落的段前和段后间距到合适大小，如图 3-43 所示。

步骤 08 设置完成后，双击灰色段落外的任意位置，如图 3-44 所示，即可退出【段落布局】设置状态。

> **技能拓展**
>
> 单击【段落布局】按钮 ，在弹出的下拉列表中选择【清除段落布局】选项，可以将原有的段落格式清除；选择【隐藏段落布局按钮】选项，可以隐藏【段落布局】按钮 。

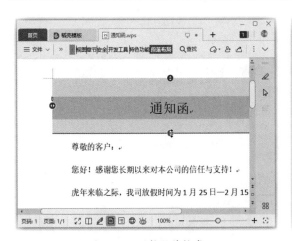

图 3-43　调整段落格式

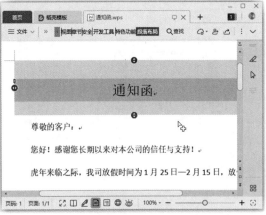

图 3-44　退出【段落布局】设置状态

3.3 设置项目符号和编号

在文档中添加编号或项目符号，可以更清晰地展示文本之间的结构与关系，在制作一些规章制度、管理条例时特别实用。

3.3.1 添加项目符号

项目符号是指添加在段落前的符号，一般用于并列关系的段落。为段落添加项目符号，可以使文本更加直观、清晰，具体操作如下。

步骤 01　打开"素材文件\第 3 章\企业宣传文案.wps"，选中需要添加项目符号的段落，在【开始】选项卡中单击【项目符号】按钮 ≡ 右侧的下拉按钮，在弹出的下拉列表中选择需要的项目符号样式，如图 3-45 所示。

步骤 02　选择在线项目符号样式后，即可开始下载该项目符号样式，并在下载完成后为所选段落应用该样式，效果如图 3-46 所示。

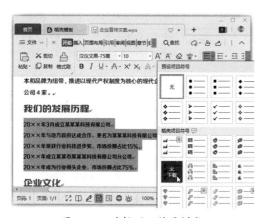

图 3-45　选择项目符号样式

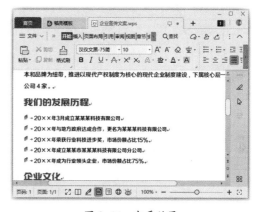

图 3-46　查看效果

3.3.2 添加编号

默认情况下，在以"1."" 一、"" 第一"或"A."等文本开始的段落中，按【Enter】键切换到下一段时，将自动添加"2."" 二、"" 第二"或"B."等文本，自动产生连续的编号。如果需要为已经输入好的段落添加编号，可通过【编号】按钮实现，具体操作如下。

技能拓展

在刚出现下一个编号时，按【Ctrl+Z】组合键或再次按【Enter】键，可以取消自动产生的编号。

步骤 01　打开"素材文件\第 3 章\仓库租赁协议.wps"，选中需要添加编号的段落，在【开始】

选项卡中单击【编号】按钮 ☰▾ 右侧的下拉按钮，在弹出的下拉列表中选择需要的编号样式，如图3-47所示。

步骤 02 即可在所选的段落前添加编号，选择第二处需要添加编号的段落，使用相同的方法添加相同样式的编号，如图3-48所示。

图 3-47 选择编号样式

图 3-48 添加编号

步骤 03 添加编号后会发现，此处的段落编号会沿上一次添加的编号数继续编号，但此处需要从1开始编号。在添加的编号上单击鼠标右键，在弹出的快捷菜单中选择【重新开始编号】命令，如图3-49所示。

步骤 04 此时便会从1开始编号，用相同的方法为文档中的其他段落添加编号，完成后的效果如图3-50所示。

图 3-49 重新开始编号

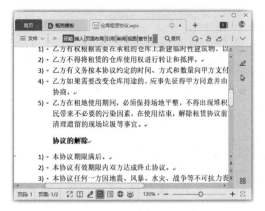

图 3-50 添加编号

步骤 05 选择文档中需要添加其他样式编号的多处段落，在【开始】选项卡中单击【编号】按钮 ☰▾ 右侧的下拉按钮，在弹出的下拉列表中选择【自定义编号】命令，如图3-51所示。

步骤 06 打开【项目符号和编号】对话框，单击【自定义】按钮，如图3-52所示。

图 3-51 选择【自定义编号】命令　　　　　　　图 3-52 单击【自定义】按钮

步骤 07 打开【自定义编号列表】对话框，在【编号样式】下拉列表中选择与需要定义的编号样式最接近的样式，本例选择【一,二,三,...】选项，此时【编号格式】文本框中将出现"①"字样，在"①"前面输入"第"，在后面输入"条、"，单击【确定】按钮，如图 3-53 所示。

步骤 08 返回文档，即可看到所选段落应用自定义的编号样式的效果，如图 3-54 所示。

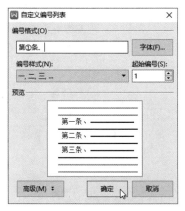

图 3-53 自定义编号　　　　　　　　　　图 3-54 查看自定义编号样式效果

温馨
提示

选择段落后，直接单击【项目符号】或【编号】按钮，将为段落添加默认样式的项目符号或编号。

3.4 使用样式编排文档

样式是文档中文本的格式模板，在样式中已经预设了文字和段落的格式。将某种样式应用到文字或段落上，可以让该文字或段落快速具有这种样式所定义的全部格式，从而快速完成文档版面的管理及后期的调整。

3.4.1 使用样式

利用样式，可以便捷、高效地统一文档格式，辅助构建文档纲要，简化文档格式的编辑和修改操作，节省调整文档版式的耗时。后期还可以借助样式，实现文档目录的自动生成。

WPS文字自带了一个样式库，编辑文档时可以将某种样式快速应用到文本中，从而省去一些重复性操作。使用样式应首先选中需要应用样式的文本，或者将文本插入点定位于需要应用样式的段落中，具体的操作方法有以下两种。

- 通过快捷样式库：单击【开始】选项卡，在【样式】列表框中选择需要的样式，或者单击【样式】列表框右下角的 按钮，展开快捷样式库，从中选择需要的样式，如图 3-55 所示。
- 通过【样式和格式】窗格：单击【开始】选项卡中的【样式和格式】按钮 ，打开【样式和格式】窗格，如图 3-56 所示。在【样式和格式】窗格的列表框中可以看到样式的预览效果，选择所需样式，即可将该样式应用到所选文本或段落中。

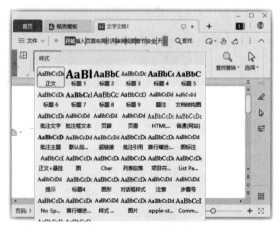

图 3-55 快捷样式库

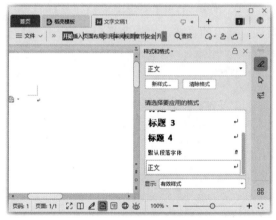

图 3-56 【样式和格式】窗格

温馨提示　单击窗口右侧侧边栏中的【样式和格式】按钮 ，可以快速展开【样式和格式】窗格。

3.4.2 自定义样式

WPS文字为用户提供了多种样式，如果快捷样式库中的样式无法满足当前文档的需求，还可以自定义需要的样式，并将其保存。自定义样式的具体操作步骤如下。

步骤 01　单击【开始】选项卡中的【新样式】按钮，如图 3-57 所示。

步骤 02　打开【新建样式】对话框，在其中定义新样式的名称、样式类型、样式基于等，单击【格式】按钮，在弹出的下拉列表中选择不同的选项，可以进一步设置样式的【字体】【段落】【制表位】【边框】【编号】【快捷键】【文本效果】等格式，如图 3-58 所示，设置完成后单击【确定】按钮即可完成新样式的创建。

图 3-57　单击【新样式】按钮

图 3-58　设置样式的各种格式

3.4.3　修改样式

如果为文档中的某些内容应用了相同的样式，需要统一进行格式修改，则不必一处一处地进行修改，直接修改相应的样式即可。修改后，文档中所有应用该样式的文本或段落的格式也将相应变更。修改样式主要是在【修改样式】对话框中完成，【修改样式】对话框与【新建样式】对话框中的内容几乎一致，操作也相同，这里不再赘述。打开【修改样式】对话框主要有以下两种方法。

- 通过快捷样式库：单击【开始】选项卡，在【样式】列表框中需要修改的样式上单击鼠标右键，在弹出的快捷菜单中选择【修改样式】命令，如图 3-59 所示。
- 通过【样式和格式】窗格：在【样式和格式】窗格中找到需要修改的样式选项，单击其名称后的下拉按钮，在弹出的下拉列表中选择【修改】选项，如图 3-60 所示。

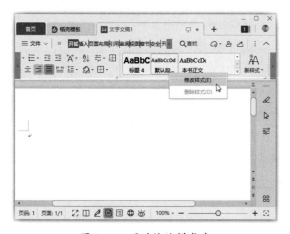

图 3-59　通过快捷样式库

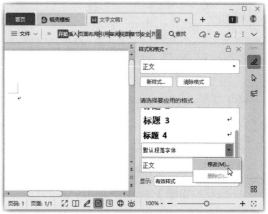

图 3-60　通过【样式和格式】窗格

3.4.4 清除和删除样式

如果对应用的样式不满意，可以选择应用了样式的内容，单击【开始】选项卡中的【新样式】下拉按钮，在弹出的下拉列表中选择【清除格式】选项，或在【样式和格式】窗格中单击【清除格式】按钮，让该部分内容恢复到普通的【正文】样式。

如果对某个样式不满意，以后也不再需要，可以直接将该样式删除。在快捷样式库中需要删除的样式选项上单击鼠标右键，在弹出的快捷菜单中选择【删除样式】命令，或在【样式和格式】窗格中单击样式名称后的下拉按钮，在弹出的下拉列表中选择【删除】选项。

课堂范例——使用样式编排"企业接待管理制度"文档

使用样式对文档内容进行格式设置更为方便，设置过程中可以先设置使用得比较多的样式，如正文样式，然后再对其他特殊格式进行设置。下面对"企业接待管理制度"文档中的内容应用样式，具体操作步骤如下。

步骤01 打开"素材文件\第3章\企业接待管理制度.wps"，选择需要设置为一级标题样式的所有内容，单击【开始】选项卡，在样式列表框中选择【标题1】样式，如图3-61所示。

步骤02 所有选择的内容都将应用【标题1】样式，效果如图3-62所示。

图 3-61 应用样式

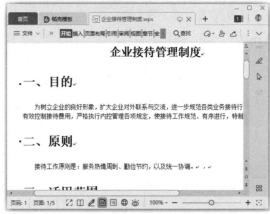

图 3-62 查看效果

步骤03 选择需要突出显示的内容，单击窗口右侧侧边栏中的【样式和格式】按钮，在打开的【样式和格式】窗格中最下方的【显示】下拉列表中选择【所有样式】选项，然后在列表框中选择【要点】选项，即可为所有选择的内容应用【要点】样式，如图3-63所示。

步骤04 在列表框中找到【标题1】样式，单击其后的下拉按钮，在弹出的下拉列表中选择【修改】选项，如图3-64所示。

图 3-63　应用样式

图 3-64　修改样式

步骤 05　打开【修改样式】对话框，在【字号】下拉列表中选择【四号】选项，单击【格式】按钮，在弹出的下拉列表中选择【段落】选项，如图 3-65 所示。

步骤 06　打开【段落】对话框，根据需要设置段落间距后，单击【确定】按钮，如图 3-66 所示。

图 3-65　选择【段落】选项

图 3-66　设置段落格式

步骤 07　返回【修改样式】对话框，单击【确定】按钮，如图 3-67 所示。

步骤 08　修改完毕后，该文档中所有已经应用【标题 1】样式的文本都会自动更改为修改后的样式，效果如图 3-68 所示。

图 3-67　确认样式修改设置

图 3-68　修改样式后的效果

3.5 页面设置

将文档制作好后，用户可以根据实际需要对页面的格式进行相应设置，主要包括设置纸张大小、纸张方向、页边距等。

温馨提示

为了更好地实现页面布局效果，可以在开始编辑文档之前，就先将页面的相关内容设置好。这样在编辑文档的过程中就可以查看文档最终的排版效果，并注意某些内容的排版布局。

3.5.1 设置纸张大小和方向

纸张的大小和方向决定了文档在排版时页面的布局方式及美观度，根据文档的不同要求设置合适的纸张大小和方向，可以让文档的版面更加整洁、美观和清晰。

每一种纸型的高度与宽度都有标准的规定，如 16 开的大小是 18.4 厘米×26 厘米。常用的纸张大小一般为 A4、16 开、32 开和 B5 等。WPS 文字中提供了常用的纸张大小，设置时单击【页面布局】选项卡中的【纸张大小】按钮，在弹出的下拉列表中进行选择即可，如图 3-69 所示。如果需要设置的页面大小比较特殊，可以在下拉列表中选择【其他页面大小】命令，在打开的对话框中进行具体数值的设置。

WPS 文字提供了【纵向】和【横向】两种纸张方向供用户选择，默认为【纵向】，如果需要更改纸张方向，在【页面布局】选项卡中单击【纸张方向】按钮，在弹出的下拉列表中选择【纵向】或【横向】选项即可完成设置，如图 3-70 所示。更改纸张方向时，相关内容也会随之更改，如封面、页眉页脚、样式等。

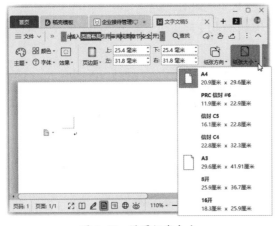

图 3-69　设置纸张大小

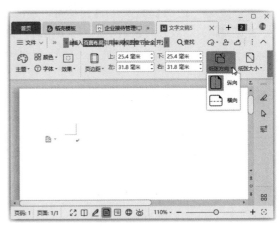

图 3-70　设置纸张方向

3.5.2　设置页边距

用户在设置页面属性的过程中可以通过设置页边距控制版心大小（文档的版心是指文档正文内容可以显示的区域）。页边距是指页面中文字与页面上、下、左、右边线的距离，页面的四个角上有 ⌐ 符号，表示文字的边界。设置页边距主要有以下 3 种方法。

- 通过【页边距】下拉列表：单击【页面布局】选项卡中的【页边距】按钮，在弹出的下拉列表中即可选择常见的页边距，如图 3-71 所示。
- 通过输入数值：如果没有符合要求的选项，单击【页面布局】选项卡后，在【页边距】按钮右侧的【上】【下】【左】【右】4 个数值框中输入数字，可以快速设置文档页边距。
- 通过对话框：在【页边距】下拉列表中选择【自定义页边距】命令，在打开的【页面设置】对话框中进行自定义设置，如图 3-72 所示。在【页边距】栏中的【上】【下】【左】【右】数值框中可以设置页边距大小，通过【装订线位置】下拉列表可以选择装订线位置，还可以通过【装订线宽】数值框来调整装订线的宽度；在【预览】栏中的【应用于】下拉列表中可以指定页边距设置的应用范围，既可以应用于整篇文档，也可以只应用于插入的位置。

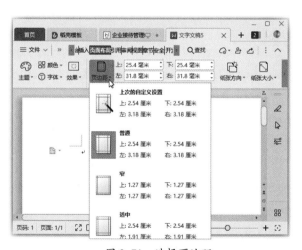

图 3-71　选择页边距

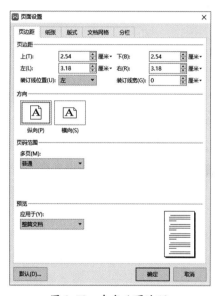

图 3-72　自定义页边距

3.5.3　设置分栏

分栏排版被广泛应用于报刊、杂志、图书和广告单等印刷品中。当文档中文字过多或文本排列较紧密不便阅读时，可以使用分栏排版的方式使版面分成多个板块，不仅文档阅读起来更方便，文档的版面也更具观赏性。

设置分栏时首先需要选中文档中要分栏的文本内容，然后单击【页面布局】选项卡中的【分栏】

按钮，在弹出的下拉列表中选择所需的分栏方式即可，如图 3-73 所示。如果下拉列表中的预定义分栏方式不满足分栏需求，可以选择下拉列表中的【更多分栏】选项，打开【分栏】对话框，如图 3-74 所示。【预设】栏中有【偏左】【偏右】样式，在【栏数】数值框中可以设置所需的分栏数，在【宽度和间距】栏中可以设置每一栏的【宽度】和【间距】。如果选中【栏宽相等】复选框，WPS 文字会自动计算栏宽；选中【分隔线】复选框，会在栏间自动插入分隔线，使分栏更加清晰、明了。

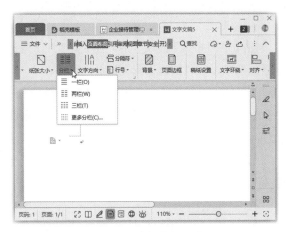

图 3-73　选择分栏方式

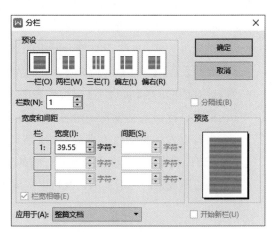

图 3-74　设置分栏

<h3>3.5.4　添加页面背景效果</h3>

WPS 文字为用户提供了丰富实用的页面背景设置功能，用户利用这些功能可以很便捷地为文档设置颜色填充背景、图片背景、水印等，从而针对不同应用场景制作出专业、美观的文档。

- 设置颜色填充背景：单击【页面布局】选项卡中的【背景】按钮，在弹出的下拉列表中的【主题颜色】【标准色】【渐变填充】【渐变色推荐】栏中通过选择即可为文档的背景应用纯色、渐变色，如图 3-75 所示。

- 设置图片背景：在【背景】下拉列表中选择【图片背景】命令，即可打开【填充效果】对话框，如图 3-76 所示。单击【选择图片】按钮即可进入【选择图片】对话框，在其中可以选择图片作为当前文档的填充背景；单击【纹理】选项卡，可以选择 WPS 文字中自带的纹理样式作为文档的背景，也可以将本地存储的纹理样式和图片设置为文档背景；单击【图案】选项卡，可以用 WPS 文字中自带的 48 种纹理样式作为文档背景。

- 设置水印：在【背景】下拉列表中选择【水印】命令，可以在弹出的下级子菜单中选择 WPS 文字预置的水印样式，如图 3-77 所示。也可以选择【插入水印】命令，打开自定义水印对话框进行设置，添加的水印可以是文字效果、图片效果、图文结合效果。当文档需要保密或涉及版权保护时，可以为其添加水印。

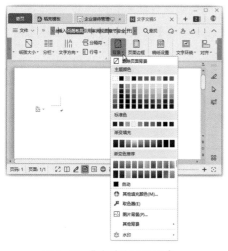

图 3-75 【背景】下拉列表

图 3-76 设置图片背景

图 3-77 设置水印

课堂范例——制作"工作证"证件卡

在制作特殊文档时，页面设置会影响整体的效果。下面通过制作工作证，巩固本小节讲解的知识，具体操作步骤如下。

步骤 01 打开"素材文件\第 3 章\工作证.wps"，单击【页面布局】选项卡中的【纸张大小】按钮，在弹出的下拉列表中选择【其他页面大小】命令，如图 3-78 所示。

步骤 02 打开【页面设置】对话框，根据需要在【纸张】选项卡的【宽度】和【高度】数值框中分别输入纸张的宽度和高度，如图 3-79 所示。

步骤 03 单击【页边距】选项卡，在【页边距】栏中的【上】【下】【左】【右】数值框中分别设置 4 个页边距的大小，完成后单击【确定】按钮，如图 3-80 所示。

图 3-78 选择【其他页面大小】命令

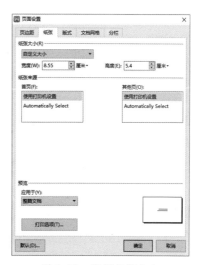

图 3-79 设置纸张大小

步骤04 返回WPS文字文档，即可看到自定义页面后的效果。目前所有内容分布在两页中，不符合制作需求。全选所有内容，单击【开始】选项卡中的【减小字号】按钮A，统一减小所有内容的字体大小，直到所有内容显示在一页中，如图3-81所示。

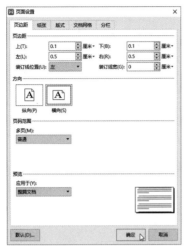

图 3-80　自定义页边距

图 3-81　调整字体大小

步骤05 单击【页面布局】选项卡中的【背景】按钮，在弹出的下拉列表中选择需要填充的页面背景颜色，如图3-82所示。

步骤06 选择最后两行文字，单击【页面布局】选项卡中的【分栏】按钮，在弹出的下拉列表中选择【两栏】选项，如图3-83所示。

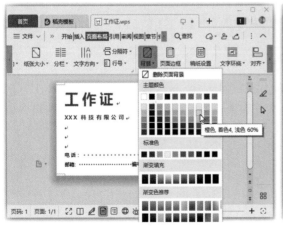

图 3-82　设置页面背景颜色

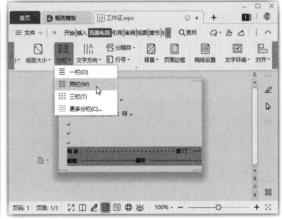

图 3-83　设置分栏格式

步骤07 返回WPS文字文档，即可看到分栏后的效果。这里因为文本后面有很多空格内容，在默认对齐方式下会显示不全，需要单击【开始】选项卡中的【左对齐】按钮进行调节，如图3-84所示。

图 3-84　查看分栏效果

技能
拓展

　　在【背景】下拉列表中选择【取色器】选项，当鼠标指针变成 🖊 形状后，移动鼠标到需要提取颜色的位置，此时鼠标上方会出现一个预览框，预览框的下方显示当前的颜色及RGB值。确认无误后单击鼠标，当前颜色即可被应用为文档的背景色。

3.6　页眉和页脚设置

　　页眉就是页面的顶部区域，页脚就是页面的底部区域。通过在页眉、页脚中插入文本、形状、图片及其他文档部件等，可以让阅读者快速了解该文档的相关信息。通常情况下，页眉用来显示公司LOGO、单位名称、书名、章节等，页脚用来显示页码、日期等。

3.6.1　插入页眉和页脚

　　要为文档插入页眉和页脚，首先单击【插入】选项卡中的【页眉和页脚】按钮，如图 3-85 所示。进入页眉页脚编辑状态后，文本插入点将自动定位到页眉处，可以直接输入文本，然后像编辑普通文本一样，在【开始】选项卡中设置文本的字体、字号、颜色、对齐方式等格式；也可以插入图片、形状、图标等对象进行装饰和美化。页脚同样也可以用这些方法来设计。

　　此外，WPS 文字中内置了多种实用的页眉页脚样式，套用这些内置样式，可以快速制作出专业文档。进入页眉页脚编辑状态后，会显示【页眉和页脚】选

图 3-85　进入页眉页脚编辑状态

项卡，单击其中的【配套组合】按钮，在弹出的下拉列表中有多种统一设计好的页眉页脚组合，选择相应选项即可快速应用页眉页脚效果，如图 3-86 所示；单击【页眉】按钮，在弹出的下拉列表中有多种页眉效果，如图 3-87 所示；单击【页脚】按钮，在弹出的下拉列表中有多种页脚效果，如图 3-88 所示。

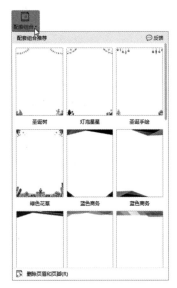

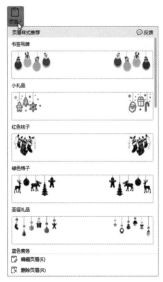

图 3-86　页眉页脚配套效果　　　　　图 3-87　页眉效果　　　　　图 3-88　页脚效果

技能
拓展
　　默认情况下，设置的页眉页脚效果会应用于整个文档。部分文档的首页有特殊的制作要求，如首页为封面、提要等，此时可以为首页设置不同的页眉页脚。单击【页眉和页脚】选项卡中的【页面设置】按钮 ，打开【页面设置】对话框，在【版式】组中选中【首页不同】复选框，再返回文档中重新设置首页的页眉页脚效果即可。若选中【奇偶页不同】复选框，还可以为奇数页和偶数页的页眉页脚设置不同效果。

3.6.2　插入页码

　　对于长文档来说，为了便于打印后的排列和阅读，应为其添加页码。页码一般添加在文档的页眉或页脚位置，可以随着文档页数的增加或减少而自动更新。WPS 文字内置的页眉页脚样式中，许多样式自带了页码样式，插入该样式即可自动添加页码。

　　对于没有页码样式的文档，或是新建的空白文档，可以进入页眉页脚编辑状态，然后通过以下 3 种方式进行添加。

- 选择预置的页码样式：单击【页眉和页脚】选项卡中的【页码】按钮，在弹出的下拉列表中可以看到 WPS 文字提供的预设页码样式，如图 3-89 所示，选择相应选项即可调用页码样式。
- 快速添加页码：将鼠标指针移动至页眉或页脚的位置，双击即可快速进入插入页码状态，并在页眉或页脚的位置出现【插入页码】按钮。单击该按钮即可打开页码设置界面，如图 3-90 所示，可对【样式】【位置】及【应用范围】等进行设置。
- 通过对话框设置页码：在【页码】下拉列表中选择【页码】选项，打开【页码】对话框，如图 3-91 所示。在其中可以设置页码的样式和位置，以及是否包含章节号和页码的应用范围。在【页码编号】栏中还可以设置是否继续前一节的编号及修改某一节的起始页码。

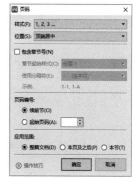

图 3-89　选择预设的页码样式　　　图 3-90　快速添加页码　　　图 3-91　通过对话框设置页码

温馨提示

在插入了页码的文档中进入页眉页脚编辑状态，会在页码区域显示【重新编号】【页码设置】【删除页码】按钮。通过【重新编号】按钮可以设置该页的起始页码；通过【页码设置】按钮可以设置页码的呈现形式、页码在页眉页脚中的位置，以及页码在文档中的应用范围；通过【删除页码】按钮，可以选择删除页码的范围。完成页眉页脚的编辑后，需要单击【页眉和页脚】选项卡中的【关闭】按钮退出页眉页脚编辑状态。

课堂范例——为"公司保密制度"文档设置页眉和页脚

为文档设置合适的页眉和页脚，可以增加文档的专业性。下面为公司保密制度文档设置页眉和页脚，具体操作方法如下。

步骤 01　打开"素材文件\第 3 章\公司保密制度.docx"，将鼠标指针移动至页眉或页脚的位置，双击即可快速进入页眉页脚编辑状态，如图 3-92 所示。

步骤 02　单击【页眉和页脚】选项卡中的【配套组合】按钮，在弹出的下拉列表中选择一种设计好的页眉页脚组合样式，如图 3-93 所示。

图 3-92　进入页眉页脚编辑状态　　　图 3-93　设置页眉页脚效果

步骤 03 即可看到为每一页添加的页眉页脚效果，在页眉占位符处输入页眉内容，这里输入公司名称，并根据需要设置好页眉的字体格式，如图 3-94 所示。

步骤 04 将文本插入点定位在页脚中，单击出现的【插入页码】按钮，在展开的界面中设置页码样式、位置和应用范围，单击【确定】按钮，如图 3-95 所示。

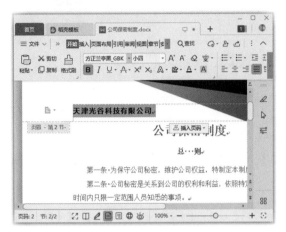

图 3-94 输入页眉内容

图 3-95 设置页码格式

步骤 05 将文本插入点定位到首页的页眉或页脚中，单击【页眉和页脚】选项卡中的【页眉页脚选项】按钮，如图 3-96 所示。

步骤 06 打开【页眉/页脚设置】对话框，选中【首页不同】复选框，单击【确定】按钮，如图 3-97 所示。

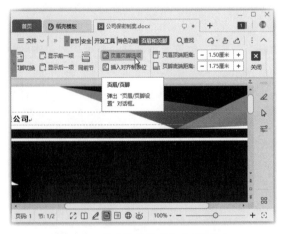

图 3-96 单击【页眉页脚选项】按钮

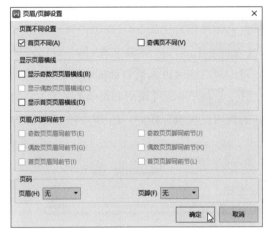

图 3-97 设置首页不同效果

温馨提示 必须先将文本插入点定位到首页中，再设置首页页眉页脚效果不同的选项，否则将会取消其他页面的页眉页脚效果。

步骤 07　即可看到首页中已经没有页眉页脚了，单击【页眉和页脚】选项卡中的【关闭】按钮，退出页眉页脚编辑状态即可，如图 3-98 所示。

步骤 08　返回文档中，即可看到为该文档设置的页眉页脚效果，如图 3-99 所示。

图 3-98　退出页眉页脚编辑状态

图 3-99　查看页眉页脚效果

课堂问答

问题 1：如何使用【格式刷】工具？

答：编辑文档时，经常会出现需要复制文本格式的情况，此时使用【格式刷】按钮可以快速执行相关操作。选中要复制格式的文本，单击【开始】选项卡中的【格式刷】按钮，此时鼠标指针呈 ＡＩ 形状，按住鼠标左键，拖曳鼠标选择需要设置相同格式的文本，即可快速应用所选格式。如果需要为多处文本设置相同的格式，则双击【格式刷】按钮，格式设置完成后，按【Esc】键退出即可。

问题 2：如何一次性清除所有格式？

答：如果要清除文档中的所有格式，可以先按【Ctrl+A】组合键全选文档内容，然后单击【开始】选项卡中的【清除格式】按钮 。

问题 3：如何快速改变文档中的颜色、字体等格式？

答：每个文档都应用了一个主题，通过修改主题就可以快速改变文档中的颜色、字体等。为文档设置主题的具体方法为，单击【页面布局】选项卡中的【主题】按钮，在弹出的下拉列表中选择一种主题即可，如图 3-100 所示。此外，还可以通过单击【颜色】【字体】【效果】按钮，单独调整文档中的配色、字体样式、效果等，如图 3-101、图 3-102、图 3-103 所示。

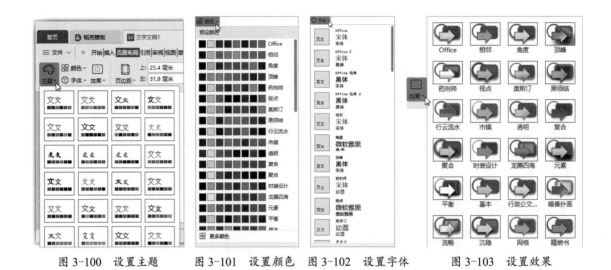

图 3-100　设置主题　　　图 3-101　设置颜色　图 3-102　设置字体　　　图 3-103　设置效果

📷 上机实战——为"邀请函"文档设置格式

为了让读者巩固本章知识点，下面讲解一个技能综合案例，使读者对本章的知识有更深入的了解。

效果展示

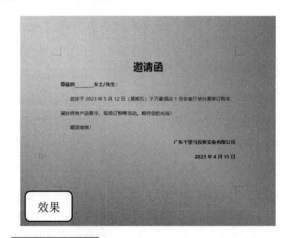

思路分析

邀请函文档通常为纯文本型文档，这类文档需要将内容清晰地列出来才能达到效果，同时其页面设置又要比较个性化。本例通过设置页面格式、文字和段落格式，对文档进行个性化设计。

制作步骤

步骤01　打开"素材文件\第 3 章\邀请函.wps"，单击【页面布局】选项卡中的【页面设置】按钮┘，如图 3-104 所示。

步骤 02 打开【页面设置】对话框，在【页边距】选项卡中设置页边距数值，如图3-105所示。

图 3-104　单击【页面设置】按钮

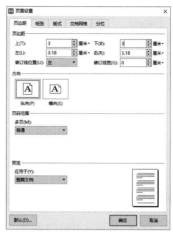

图 3-105　设置页边距

步骤 03 单击【纸张】选项卡，在【宽度】和【高度】数值框中分别输入需要的纸张宽度和高度值，单击【确定】按钮，如图3-106所示。

步骤 04 单击【页面布局】选项卡中的【背景】按钮，在弹出的下拉菜单中选择【其他背景】命令，在弹出的下级子菜单中选择【渐变】命令，如图3-107所示。

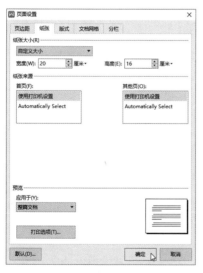

图 3-106　设置纸张大小

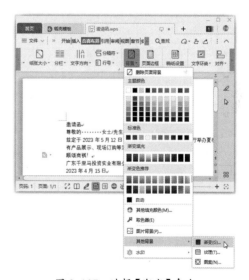

图 3-107　选择【渐变】命令

步骤 05 打开【填充效果】对话框，在其中选中【双色】单选按钮，再单独对颜色和渐变参数进行设置，完成后单击【确定】按钮，如图3-108所示。

步骤 06 选中所有文本内容，在【开始】选项卡中设置字体为【微软雅黑】，颜色为【浅绿】，如图3-109所示。

图 3-108　设置页面渐变背景

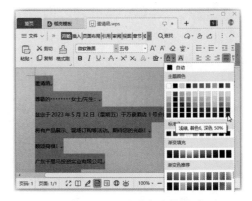

图 3-109　设置字体格式

步骤 07　选中标题文本内容，设置字号和加粗格式，单击【居中对齐】按钮，如图 3-110 所示。

步骤 08　选中需要填写的内容，在【开始】选项卡中单击【下划线】按钮，如图 3-111 所示。

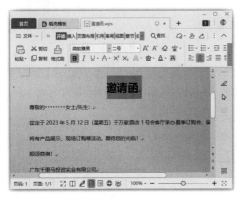

图 3-110　设置标题文本格式

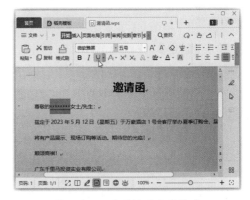

图 3-111　设置填写内容格式

步骤 09　选择正文内容，单击【开始】选项卡中的【段落】按钮，如图 3-112 所示。

步骤 10　打开【段落】对话框，在【缩进】栏中设置首行缩进 2 个字符，单击【确定】按钮，如图 3-113 所示。

图 3-112　单击【段落】按钮

图 3-113　设置段落缩进格式

步骤 11 选择最后两段内容，单击【右对齐】按钮，如图 3-114 所示。

步骤 12 选择开头和落款的段落，单击【加粗】按钮突出这些内容，如图 3-115 所示。

图 3-114　设置段落右对齐

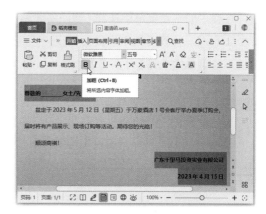

图 3-115　突出重点内容

同步训练——为"劳动合同书"文档设置格式

为了增强读者的动手能力，下面安排一个同步训练案例，让读者达到举一反三、触类旁通的学习效果。

图解流程

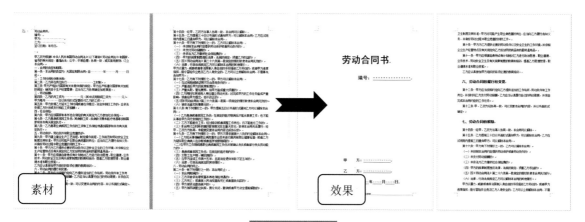

素材　　　　　效果

思路分析

劳动合同书中包含很多条款，制作时一般会设计一个纯文本的封面，然后罗列各种具体的条款项目，最后是落款。设置格式时要注意区分各大项条款的分界，将文档整体设置得层次分明。本例首先对封面内容的字体和段落格式进行大方向的调整，然后为正文内容设置合适的段落格式，对各个标题内容进行样式化管理，通过修改样式快速实现风格统一。

关键步骤

步骤 01 打开"素材文件\第 3 章\劳动合同书.wps"，单击【开始】选项卡中的【文字工具】按钮，在弹出的下拉菜单中选择【智能格式整理】命令，如图 3-116 所示。

步骤 02 检查文档中的其他错误，手动进行修改，单击【插入】选项卡中的【分页】按钮，在弹出的下拉菜单中选择【分页符】命令，如图 3-117 所示。

图 3-116　智能格式整理

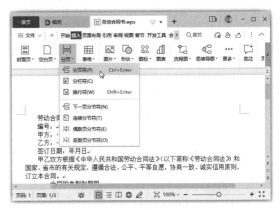

图 3-117　插入分页符

步骤 03 为首页中的各文本设置合适的字体格式，如图 3-118 所示。

步骤 04 单击段落左侧出现的【段落布局】按钮 ，根据需要拖曳鼠标调整首页中各段落的段落格式，如图 3-119 所示。

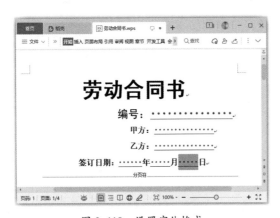

图 3-118　设置字体格式

图 3-119　设置段落格式

步骤 05 为正文中的一级标题设置合适的字体和段落格式，通过【格式刷】功能复制格式到其他一级标题上，如图 3-120 所示。

步骤 06 选择任意一个一级标题，单击【开始】选项卡中的【新样式】按钮，根据所选段落创建样式。然后在样式列表框中选择该样式并单击鼠标右键，在弹出的快捷菜单中选择【修改样式】命令，在打开的对话框中重新设置样式，并查看统一修改样式后的效果，如图 3-121 所示。

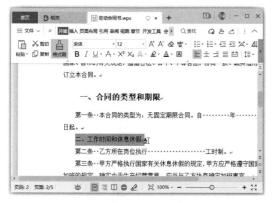

图 3-120 复制格式

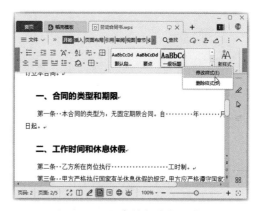

图 3-121 新建样式并修改样式

知识能力测试

本章讲解了字体、段落和页面等相关设置，为对知识进行巩固和考核，安排相应的练习题。

一、填空题

1. 在 WPS 文字中，默认显示的字体为_____，默认显示的字号为_____，默认的字体颜色为_____。

2. 在 WPS 文字中，段落的对齐方式有_____、_____、_____、_____和_____5 种。

3. 为了增强文档的层次感，可以设置段落缩进，WPS 文字中的段落缩进方式有_____、_____、_____和_____4 种。

二、选择题

1. 在 WPS 文字中按（　　）组合键，可以快速将所选段落居中对齐。

A.【Ctrl+J】　　　　　　B.【Ctrl+E】　　　　　　C.【Ctrl+L】　　　　　　D.【Ctrl+R】

2. 在【开始】选项卡中单击【字号】下拉列表框可以设置字号，通过此方法可以设置的最大字号为（　　）。

A. 初号　　　　　　B. 72 磅　　　　　　C. 100 磅　　　　　　D. 120 磅

3. 在 WPS 文字中，默认的段落对齐方式是（　　）。

A. 居中对齐　　　　　　B. 左对齐　　　　　　C. 两端对齐　　　　　　D. 分散对齐

三、简答题

1. 如果一篇文档中既有中文又有英文，如何快速修改文章中部分内容的字体格式？

2. 找到一个图片排版效果后，如果要为文档中的文本设置该图片上采用的字体颜色，应该如何操作？

WPS Office

WPS文字并不仅仅用于处理文字，图片、图标、形状、艺术字、文本框等对象的应用在文档编辑中同样具有举足轻重的地位。这些元素使用恰当不仅能使打印输出的文档图文并茂、可读性更好，还能使内容讲解更生动，更具有说服力、观赏性。本章具体介绍图文混排的相关操作。

学习目标

- 熟练掌握图片的使用方法
- 熟练掌握形状的绘制方法
- 了解艺术字的制作方法
- 熟练掌握文本框的绘制方法
- 熟练掌握智能图形和关系图的制作方法

4.1 使用图片

制作办公文档时，有时会遇到需要用插图配合文字解说的情况，这就需要使用WPS文字的图片编辑功能。此外，插入图片还可以减少文档的单调感，使文档内容更丰富。

在WPS文字中，用户可以插入图片、图标、屏幕截图等类型的图片文件，从而制作出一篇具有吸引力的精美文档。

4.1.1 插入图片

在工作中人们更喜欢直白地传达各种信息，所以经常会使用"图片＋文字"组合的方式来传递信息。WPS中提供了3种插入图片的方法，下面分别介绍。

1.插入计算机中的图片

在WPS文字文档中可以插入计算机中已经保存的图片，只需要将文本插入点定位在需要插入图片的位置，然后单击【插入】选项卡中的【图片】按钮，如图4-1所示，在打开的【插入图片】对话框中选择指定文件夹内的图片后单击【打开】按钮，即可完成在文档中插入图片的操作，如图4-2所示。

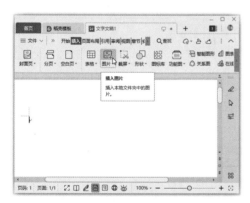

图4-1 单击【图片】按钮

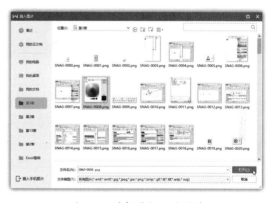

图4-2 选择要插入的图片

2.插入网络中的图片

WPS拥有非常丰富的办公素材文件库，此功能需联网使用。单击【图片】下拉按钮，在弹出的下拉列表中可以看到推荐的一些网络图片，单击即可将其插入当前文本插入点位置，如图4-3所示。

如果有明确的图片搜索需求，可以在【图片】下拉列表的文本框中输入需要搜索的图片的关键字，单击其后的【搜索】按钮 Q，如图4-4所示。窗口右侧会显示出【图片库】窗格，其中展

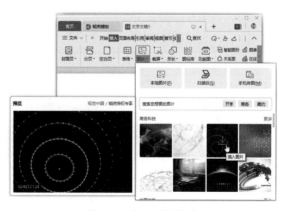

图4-3 插入网络图片

示的是根据关键字搜索到的图片，选择需要的图片，即可将其插入文档中，如图4-5所示。

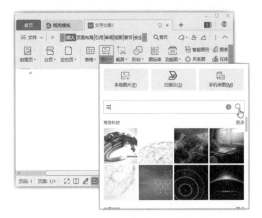
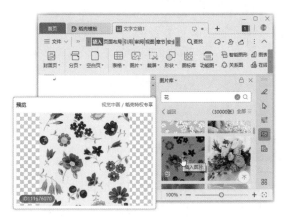

图 4-4　输入搜索图片的关键字　　　　　图 4-5　选择要插入的图片

3.通过手机传图插入图片

如果要在文档中插入手机中保存的图片，使用WPS文字也可以在不下载的前提下，直接将手机内的图片插入文档中，此功能同样需要联网使用，具体操作步骤如下。

步骤01 将文本插入点定位在文档中需要插入图片的位置，单击【插入】选项卡中的【图片】下拉按钮，在弹出的下拉列表中选择【手机传图】选项，如图4-6所示。

步骤02 此时将弹出对话框并显示二维码，如图4-7所示。

步骤03 打开手机中的微信App，使用【扫一扫】功能扫描二维码后，即可登录WPS小程序。点击小程序中的【选择图片】按钮，如图4-8所示。

步骤04 在弹出的列表中选择【拍摄】或【从相册选择】，这里点击【从相册选择】选项，如图4-9所示。

步骤05 此时将进入相册或打开手机拍照功能，这里选择需要上传的相册图片，然后点击【完成】按钮，如图4-10所示。

图 4-6　选择【手机传图】选项　　　　　图 4-7　显示二维码

步骤 06　上传完成后将显示如图 4-11 所示的效果，退出小程序即可。

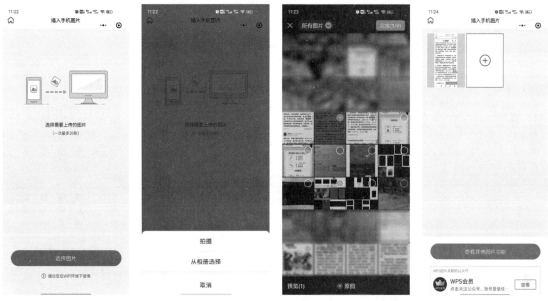

图 4-8　扫描二维码 　　图 4-9　选择上传图 　　图 4-10　选择要上传的图片 　　图 4-11　上传图
　进入小程序 　　　　　　片的方式 　　　　　　　　　　　　　　　　　　　　　　片

步骤 07　返回计算机中的文档，在弹出的对话框中即可看到已经上传的图片，如图 4-12 所示。
双击该图片即可将其插入文档，效果如图 4-13 所示。

图 4-12　双击插入图片

图 4-13　查看文档中插入图片的效果

4.1.2　插入图标

图标具有简约、美观的特性。在制作风格活泼的文档时，可以添加一些图标。WPS Office 中内
置了大量不同行业及用途的图标，用户可以直接插入使用，具体操作步骤如下。

步骤 01　将文本插入点定位在文档中需要插入图标的位置，单击【插入】选项卡中的【图标库】

按钮，如图 4-14 所示。

步骤 02 打开图标库对话框，其中不同样式的图标按照行业和用途进行了分类，用户可以根据需要在上方单击相应的图标类型选项卡，然后在下方选择需要的图标集合，如图 4-15 所示。也可以在对话框内直接输入关键字搜索所需图标。

图 4-14 单击【图标库】按钮

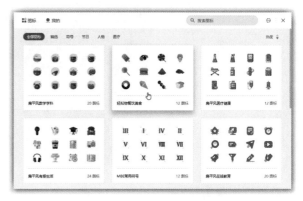

图 4-15 选择需要的图标集合

步骤 03 在新界面中即可展开选择的集合中的图标，选择需要插入的图标，如图 4-16 所示。此时即可将选择的图标插入文档中，效果如图 4-17 所示。

图 4-16 选择需要插入的图标

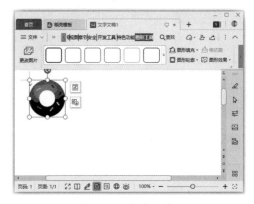

图 4-17 查看效果

4.1.3 插入屏幕截图

在日常工作和生活中，如果需要对计算机界面或文档内容页面进行截屏，可以使用WPS文字内置的截屏功能快速截屏并插入，同时还可以按照选定的范围及设定的图形进行截取，具体操作步骤如下。

步骤 01 将文本插入点定位到需要插入截屏的位置，单击【插入】选项卡中的【截屏】按钮，如图 4-18 所示。

步骤 02 进入截屏状态，此时整个计算机界面都呈现为灰色，拖曳鼠标指针选择需要截取的画面范围，然后单击【完成】按钮，如图 4-19 所示，即可将截取的图片插入文档中。

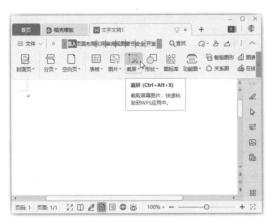

图 4-18　单击【截屏】按钮

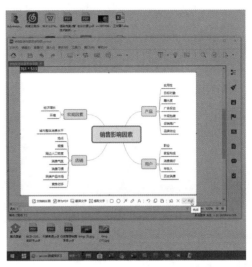

图 4-19　截取界面效果

技能
拓展

单击【插入】选项卡中的【截屏】下拉按钮，在弹出的下拉列表中可以设置截取的形状，快速截取窗口，实
现屏幕录制等。

4.1.4　设置图片效果

将图片插入文档后，需要对图片的大小、显示效果等进行各种设置，使文档中的图片更加美
观。这些设置可以在【图片工具】选项卡中完成，【图片工具】选项卡会在选中图片后自动显示在功
能区中。

1. 调整图片的大小

插入图片后，往往需要调整其大小，调整图片大小即拉伸或收缩图片对象。调整图片大小的方
法有 3 种，分别如下。

- 通过鼠标调整图片大小：选择插入的图片后，图片四周将显示 8 个控制点，如图 4-20 所示，
  用鼠标拖曳控制点即可快速调整图片的大小。如果要在一个或多个方向上增加或减小图片
  大小，可拖曳图片各边上中间的控制点；如果要在保持图片长宽比例的前提下整体放大或
  缩小图片，可拖曳图片各角上的控制点。
- 精确设置图片大小：对于编排要求比较高的文档，常常需要精确设置文档中图片的大小，
  这时可以在【图片工具】选项卡的【高度】或【宽度】数值框中输入数值并按【Enter】键，系
  统会根据输入的高度值或宽度值自动调整图片大小，如图 4-21 所示。
- 精确缩放图片比例：单击【图片工具】选项卡中的【大小和位置】按钮，打开【布局】对话框，在【大小】选项卡中的【缩放】区域中选中【锁定纵横比】复选框，然后设置高度和宽度的百分比进行等比例缩放，如图4-22所示。

图4-20　通过鼠标调整图片大小　　　　图4-21　精确设置图片大小　　　　图4-22　精确缩放图片比例

2. 裁剪图片

图片插入文档后可以对其进行裁剪，将图片中不需要的部分隐藏起来，只保留需要的部分。WPS文字中提供了3种裁剪方式，分别如下。

- 自由裁剪图片：选择图片后，单击右侧出现的快捷工具按钮组中的【裁剪图片】按钮口，如图4-23所示，或单击【图片工具】选项卡中的【裁剪】按钮，如图4-24所示，此时鼠标指针将变为形状，图片周围的8个控制点上也会出现黑色裁剪标记，如图4-25所示。将鼠标指针移动到这些裁剪标记上会变成对应的裁剪形状，拖曳裁剪标记即可裁剪图片，如图4-26所示。在合适位置释放鼠标，被裁剪的部分会显示为灰色，如图4-27所示。确认裁剪后，在图片外的任意位置单击或按【Esc】键即可退出裁剪状态。此时文档中只保留裁剪后的图片，如图4-28所示。

图4-23　单击【裁剪图片】快捷按钮　　　　　　图4-24　单击【裁剪】按钮

图 4-25　图片裁剪标记　图 4-26　拖曳鼠标裁剪图片　图 4-27　查看裁剪效果　图 4-28　退出裁剪状态

- 将图片裁剪为形状：选择图片后，单击右侧出现的快捷工具按钮组中的【裁剪图片】按钮囗，显示如图 4-29 所示的下拉列表，在【按形状裁剪】选项卡下选择需要的形状选项，或单击【图片工具】选项卡中的【裁剪】下拉按钮，然后选择需要的形状选项，如图 4-30 所示。此时会根据所选形状对图片进行裁剪（这里以椭圆形为例进行裁剪），不过会将图片以最大显示区域裁剪为选择的形状，如图 4-31 所示。如果需要调整裁剪区域，可以将鼠标指针移动到裁剪标记上进行调节，如图 4-32 所示。在合适位置释放鼠标，将被裁剪的部分会显示为灰色，如图 4-33 所示。确认裁剪后，在图片外的任意位置单击鼠标或按【Esc】键即可退出裁剪操作。此时文档中只保留裁剪后的图片，如图 4-34 所示。

图 4-29　选择需要的裁剪形状选项　　　　　图 4-30　单击【裁剪】下拉按钮

图 4-31　将图片裁　　图 4-32　拖曳鼠标　　图 4-33　查看裁剪效果　　图 4-34　退出裁剪状态
　　　剪为形状　　　　　　调整裁剪区域

温馨提示　　将图片裁剪为形状时，调整图片裁剪区域的过程中，还可以用鼠标拖曳图片来确认要裁剪的区域。

- 按比例裁剪图片：选择图片后，单击右侧出现的快捷工具按钮组中的【裁剪图片】按钮囗，在【按比例裁剪】选项卡下选择需要的裁剪比例选项，如图 4-35 所示，或单击【图片工具】选项卡中的【裁剪】下拉按钮，然后选择需要的裁剪比例选项，如图 4-36 所示。此时会根据所选比例对图片进行裁剪（这里以 1:1 为例进行裁剪），不过会以图片中心进行裁剪，如图 4-37 所示。如果需要调整裁剪区域，可以用鼠标拖曳图片来调整要裁剪的区域，如图 4-38 所示。在合适位置释放鼠标，将被裁剪的部分会显示为灰色，如图 4-39 所示。确认裁剪后，在图片外的任意位置单击鼠标或按【Esc】键即可退出裁剪状态。此时文档中只保留裁剪后的图片，如图 4-40 所示。

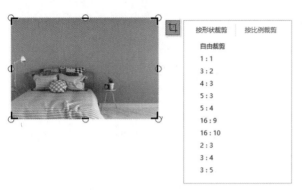

图 4-35　选择需要的裁剪比例选项　　　　　　图 4-36　单击【裁剪】下拉按钮

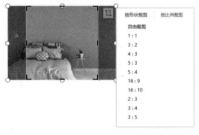　　　

图 4-37　按比例裁剪图片　　　图 4-38　拖曳鼠标　　图 4-39　查看裁剪　　图 4-40　退出裁剪
　　　　　　　　　　　　　　　　调整裁剪区域　　　　效果　　　　　　　状态

技能拓展 裁剪图片后，若要还原为之前的状态，可在【图片工具】选项卡中单击【重设大小】按钮，将图片还原为裁剪前的大小。

3. 调整图片的对比度、亮度

有时选择的图片效果并不完美，为了配合制作需求，还要调整图片的亮度和对比度等。这类简单的图片效果处理可以直接在 WPS 中完成，选择插入的图片后单击【图片工具】选项卡中的【增加对比度】按钮 或【降低对比度】按钮 ，可以增加或降低图片的对比度；单击【增加亮度】按钮 或【降低亮度】按钮 ，可以增加或降低图片的亮度。

例如，对图 4-41 分别进行增加对比度、降低对比度、增加亮度和降低亮度后的效果如图 4-42、图 4-43、图 4-44 和 4-45 所示。

图 4-41 原图

图 4-42 增加对比度

图 4-43 降低对比度

图 4-44 增加亮度

图 4-45 降低亮度

4. 去除图片背景

对于插入文档中的图片，为了使图片与文档背景融为一体，有时需要将图片的背景删除，这时可以使用 WPS 文字提供的抠除背景、设置透明色两种功能满足去除图片背景的需求。

通常情况下，对于主体和背景色比较接近的图片，可以使用抠除背景功能去除图片背景，具体操作步骤如下。

步骤 01 选中需要去除背景的图片，单击【图片工具】选项卡中的【抠除背景】按钮，如图 4-46 所示。或单击图片右侧出现的快捷工具按钮组中的【抠除图片】按钮 。

步骤 02 打开【抠除背景】对话框，在预览图片上用鼠标单击需要抠除的部分，如图 4-47 所示。

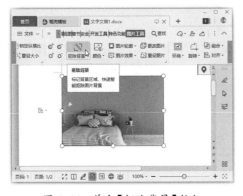

图 4-46 单击【抠除背景】按钮

图 4-47 单击添加抠除点

步骤 03 此时，与单击处类似的颜色将被覆盖上红色，代表要抠除的区域，如图 4-48 所示。在对话框右侧的【当前点抠除程度】条上拖曳滑块调整当前抠除点的影响范围。

步骤 04 继续用相同的方法单击需要抠除的部分，并调整每一个抠除点的影响范围，单击【长按预览】按钮，查看当前的抠除背景效果，如图 4-49 所示。对抠除背景效果满意后，可以单击【完成抠图】按钮，完成抠除图片背景操作。

图 4-48　调整抠除点的影响范围

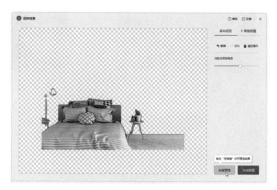
图 4-49　预览抠除背景效果

　　如果图片中主体和背景色对比强烈且明显，背景色又是纯色填充，建议使用【设置透明色】功
能来去除图片背景。只需要在选择图片后，单击【图片工具】选项卡中的【抠除背景】下拉按钮，在
弹出的下拉列表中选择【设置透明色】选项，如图 4-50 所示。然后用鼠标单击图片上需要删除的背
景，如图 4-51 所示，即可将单击处的颜色设置为透明色，实现去除背景，如图 4-52 所示。

图 4-50　选择【设置透明色】选项

图 4-51　设置透明色

图 4-52　查看去除背景效果

5. 设置图片颜色

　　WPS 文字中插入的图片还可以进行简单的颜色效果设置。选择图片后，单击【图片工具】选项
卡中的【颜色】按钮，在弹出的下拉列表中通过选择不同选项，可以对图片的【灰度】【黑白】【冲
蚀】进行处理，如图 4-53 所示。对图片进行【灰度】【黑白】【冲蚀】处理后的效果分别如图 4-54、
图 4-55、图 4-56 所示。

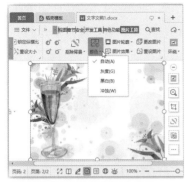

图 4-53　【颜色】下拉列表　　图 4-54　灰度效果　　图 4-55　黑白效果　　图 4-56　冲蚀效果

6. 设置图片效果

WPS 文字内置了多种图片效果样式，如阴影、倒影、发光、柔化边缘、三维旋转等，通过设置图片效果可以让图片变得更具感染力。选择图片后，单击【图片工具】选项卡中的【图片效果】按钮，在弹出的下拉列表中选择不同选项，可以在弹出的下级子菜单中选择具体的图片效果，图 4-57 所示为选择【阴影】选项后看到的下级子菜单。

对图 4-58 所示的图片设置阴影、倒影、发光、柔化边缘、三维旋转后的效果分别如图 4-59、图 4-60、图 4-61、图 4-62、图 4-63 所示。

图 4-57　设置图片阴影效果

图 4-58　原图　　　　　　图 4-59　阴影效果　　　　　　图 4-60　倒影效果

图 4-61　发光效果　　　　图 4-62　柔化边缘效果　　　　图 4-63　三维旋转效果

在【图片效果】下拉列表中选择【更多设置】命令，如图 4-64 所示，或单击右侧侧边栏中的【属性】按钮 ，可以打开【属性】窗格，在其中可以设置更加详细的图片效果参数，还可以在同一张图片上添加多种图片效果，如图 4-65 所示。

图 4-64　选择【更多设置】命令

图 4-65　在同一张图片上添加多种图片效果

7. 设置图片轮廓

如果想强调图片，还可以为图片添加轮廓。选择图片后，单击【图片工具】选项卡中【图片轮廓】按钮右侧的下拉按钮，在弹出的下拉列表中即可对图片轮廓进行设置，主要包括【轮廓颜色】【线型】【虚线线型】【图片边框】等，如图 4-66 所示。

为图片轮廓设置轮廓颜色、线型、虚线线型、图片边框后的效果分别如图 4-67、图 4-68、图 4-69、图 4-70 所示。

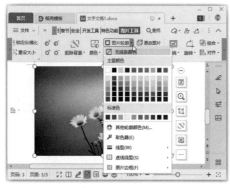

图 4-66　设置图片轮廓

图 4-67　设置轮廓颜色效果

图 4-68　设置线型效果

图 4-69　设置虚线线型效果

图 4-70　设置图片边框效果

对图片进行编辑后,单击【图片工具】选项卡中的【重设图片】按钮,将恢复当前所选图片的初始插入状态,取消插入图片后对其进行的一切调整。

8. 旋转图片

在文档中插入图片后,还可以调整图片放置的角度,使图片更契合版面外观。旋转图片主要有以下 3 种方法。

- 通过鼠标调整图片放置角度:选择插入的图片后,图片上方将显示一个旋转手柄 ,将鼠标指针移动到该手柄处,鼠标指针将变为 形状,按住鼠标左键并进行拖曳,可以旋转该图片,旋转时,鼠标指针显示为 形状,如图 4-71 所示,拖曳到合适角度后释放鼠标即可。
- 特殊旋转图片:对于需要 90° 旋转、水平翻转、垂直翻转的图片,可以在选择图片后,单击【图片工具】选项卡中的【旋转】按钮,在弹出的下拉列表中选择需要的旋转方式,如图 4-72 所示。
- 精确旋转图片:单击【图片工具】选项卡中的【大小和位置】按钮 ,打开【布局】对话框,在【大小】选项卡中的【旋转】数值框中可以输入精确的旋转角度,如图 4-73 所示。

图 4-71 通过鼠标调整图片放置角度　　图 4-72 特殊旋转图片　　图 4-73 精确旋转图片

4.1.5 设置图片环绕方式

为了让文字和图片排列美观,需要为文档中的图片设置环绕方式。WPS文字提供了嵌入型、四周型环绕、紧密型环绕、衬于文字下方、浮于文字上方、上下型环绕和穿越型环绕 7 种文字环绕方式,不同的环绕方式可以为读者带来不一样的视觉感受。

在文档中插入的图片默认为嵌入型,该类图片的展现方式与文字相同,只能从一个段落标记拖曳到另一个段落标记,拖曳位置相对受限。若将图片插入包含文字的段落中,该行的行高将以图片的高度为准,如图 4-74 所示。

如果要更改图片的环绕方式,需要选择图片,单击【图片工具】选项卡中的【文字环绕】按钮,在弹出的下拉列表中进行选择即可，如图 4-75 所示。

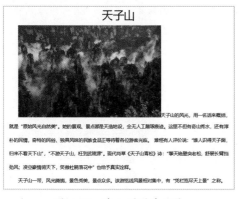

图 4-74　嵌入型图片效果

图 4-75　设置图片的环绕方式

将图片设置为【嵌入型】以外的任意一种环绕方式，图片将以不同形式与文字结合在一起，从而实现不同的排版效果。

- 四周型环绕：文字围绕在图片周围，图片和文字之间形成一个方形的间隙，如图 4-76 所示，可以将图片拖曳至文档的任意位置。常用于新闻稿、宣传单及其他带有大面积空白的文档中。
- 紧密型环绕：文字会紧密围绕着图片的轮廓，并在文字和图片之间形成一个与图片大小相同的间隙，如图 4-77 所示，可以将图片拖至文档的任意位置。常用于版面紧凑且可以使用不规则图片的文档中。

图 4-76　四周型环绕效果

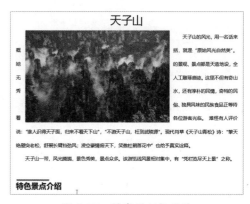

图 4-77　紧密型环绕效果

- 衬于文字下方：将图片插入文字层下方的图片层中，如图 4-78 所示，可以将图片拖曳至文档中的任意位置。视觉效果为文字书写在图片上方，常用于水印或文档背景图片。
- 浮于文字上方：将图片插入文字层上方的图片层中，如图 4-79 所示，可以将图片拖曳至文档中的任意位置。视觉效果为图片遮挡部分文字，常用于一些有特殊版面及安全要求的文档中。

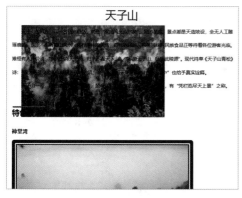

图 4-78　衬于文字下方效果

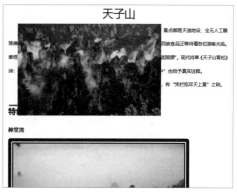

图 4-79　浮于文字上方效果

- 上下型环绕：文字位于图片的上方或下方，如图 4-80 所示，可以将图片拖曳至文档中的任意位置。可以突出图片，常用于一些图片意义大于文字意义的文档中。
- 穿越型环绕：文字围绕着图片的环绕顶点，如图 4-81 所示，可以将图片拖曳至文档中的任意位置。视觉效果与【紧密型环绕】相同。

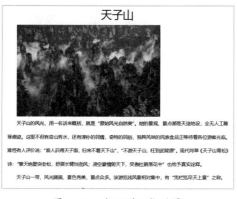

图 4-80　上下型环绕效果

图 4-81　穿越型环绕效果

课堂范例——插入图片美化"感谢信"文档

在为文档插入图片进行美化时，首先需要选择合适的图片，然后根据版式设计需要对图片尺寸大小、显示效果、背景、颜色、轮廓、摆放位置、环绕方式等进行设置。例如，下面在"感谢信"文档中插入图片进行美化。

步骤 01　打开"素材文件\第 4 章\感谢信 .wps"，将文本插入点定位在需要插入图片的位置，然后单击【插入】选项卡中的【图片】按钮，如图 4-82 所示。

步骤 02　在打开的【插入图片】对话框中选择指定文件夹内的所需图片，单击【打开】按钮，如图 4-83 所示，即可完成在文档中插入图片的操作。

图 4-82　单击【图片】按钮

图 4-83　选择要插入的图片

步骤 03　选中插入的图片，单击【图片工具】选项卡中的【设置透明色】按钮，如图 4-84 所示。

步骤 04　将鼠标指针移动到图片上需要去除的背景颜色处并单击，如图 4-85 所示，即可将单击处的颜色设置为透明色。

图 4-84　单击【设置透明色】按钮

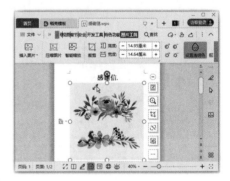

图 4-85　设置透明色

步骤 05　保持图片的选中状态，单击右侧出现的快捷工具按钮组中的【裁剪图片】按钮，如图 4-86 所示。

步骤 06　此时鼠标指针将变为 形状，拖曳鼠标调整图片上下方的裁剪标记，裁剪图片至如图 4-87 所示的效果，然后在图片外的任意位置单击鼠标或按【Esc】键退出裁剪状态。

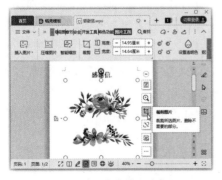

图 4-86　单击【裁剪图片】按钮

图 4-87　裁剪图片

4.2　使用形状

通过WPS文字提供的绘制形状功能，可以在文档中"画"出各种样式的形状，如线条、椭圆和旗帜等，并可以进行相应的效果设置。

4.2.1　使用绘图画布

在文档中插入图片和形状对象时，尤其是需要用多个形状组成图形或需要在图片上绘制一些形状时，建议先创建绘图画布，然后在绘图画布中进行操作。绘图画布在绘图区域和文档的其他位置之间提供了一个边界，利用绘图画布能够将绘制的各个部分组合起来，移动绘图画布时，其上的内容会跟随移动，不会发生错位。删除绘图画布时，绘图画布上的所有图片和形状也将一并删除。

插入绘图画布的操作也很简单，只需要将文本插入点定位在要插入绘图画布的位置，单击【插入】选项卡中的【形状】按钮，然后在弹出的下拉列表中选择【新建绘图画布】选项即可，如图4-88所示。此时便会在文档中插入一个绘图画布，如图4-89所示。

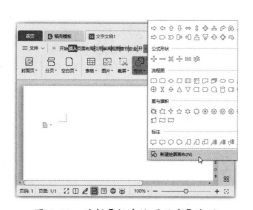

图4-88　选择【新建绘图画布】选项

图4-89　插入绘图画布

> 温馨
> 提示
> 　在绘图画布中可以插入图片、形状、图标、流程图和线条等，并可以任意拖曳位置，但不能越过绘图画布。
> 默认情况下，绘图画布没有背景和边框，但用户也可以在【绘图工具】选项卡中对绘图画布进行格式设置。

4.2.2　绘制形状

单击【插入】选项卡中的【形状】按钮，在弹出的下拉列表中即可选择预先设置好的形状，如图4-90所示。选择形状后，鼠标指针将变成＋形状，在文档的适当位置按住鼠标左键并拖曳，即可绘制以拖曳的起始位置和终止位置为对角顶点的形状，如图4-91所示。

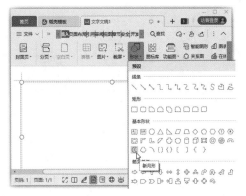

图 4-90　选择形状

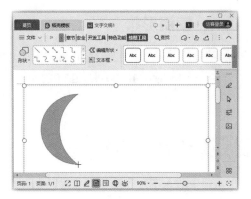

图 4-91　绘制形状

> **技能拓展**　绘制形状的过程中，配合使用【Shift】键可以绘制出特殊图形。例如，绘制箭头时按住【Shift】键，可以沿水平、垂直或按15°角递增与递减绘制；绘制矩形形状的同时按住【Shift】键不放，可以绘制出一个正方形。绘制矩形、圆形等其他形状时，按住【Ctrl】键可以以当前绘制位置为中心点向四周绘制。

4.2.3　设置形状效果

绘制形状后，为了让其更加适应文档，需要对其进行设置，如更改其形状或颜色等。

1. 更改形状的形状

如果对绘制的形状不满意，可以将其删除重新绘制，或者通过下面的方法进行更改。

- 更改形状：选中要更改的形状，在【绘图工具】选项卡中单击【编辑形状】按钮，在弹出的下拉列表中选择【更改形状】命令，然后在弹出的下级子菜单中根据需要选择形状，如图 4-92 所示，即可看到更改形状后的效果，如图 4-93 所示。

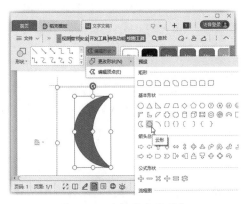

图 4-92　选择更改的形状

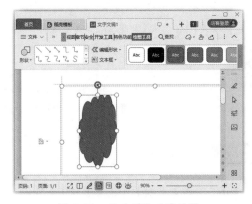

图 4-93　更改形状后的效果

- 编辑形状：如果只是需要对形状的轮廓微调，可以在【编辑形状】下拉列表中选择【编辑顶点】命令，此时会进入顶点编辑状态，如图 4-94 所示。将鼠标指针移动到形状的任意顶点处，鼠标指针会变为 形状，如图4-95所示。按住鼠标左键并拖曳，即可调整该顶点的位置，同时影响顶点相邻的线条，如图4-96所示。释放鼠标左键即可确定该顶点的新位置，同时会改变形状轮廓。拖曳鼠标时还可以看到控制顶点与相邻线显示效果的控制柄，用鼠标拖曳控制柄的位置，可以调整线条的显示效果，如图4-97所示。确认形状效果后单击形状外的任意空白处，如图4-98所示，即可退出顶点编辑状态，如图4-99所示。

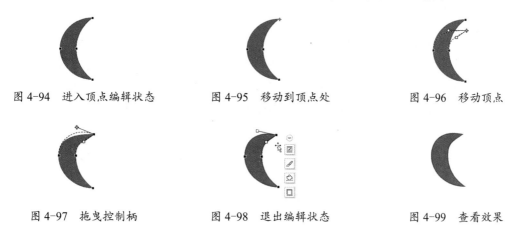

图 4-94　进入顶点编辑状态　　　图 4-95　移动到顶点处　　　图 4-96　移动顶点

图 4-97　拖曳控制柄　　　图 4-98　退出编辑状态　　　图 4-99　查看效果

2. 更改形状的颜色

默认情况下，WPS文字中添加的形状的填充颜色为蓝色，如果对默认填充颜色不满意，也可以进行更改，更改方式主要有以下几种。

- 选择预置形状效果：在【绘图工具】选项卡的列表框中有一些预置形状效果，如图4-100所示。选中形状后，在该列表框中选择需要的形状效果，即可快速改变形状的整体效果。
- 设置形状填充效果：选中形状，在【绘图工具】选项卡中单击【填充】按钮右侧的下拉按钮，在弹出的下拉菜单中可以直接改变形状的填充颜色，还可以用渐变、图片或纹理、图案来填充形状，如图4-101所示。

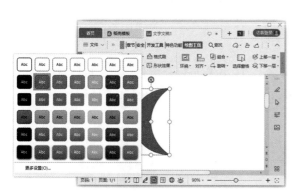

图 4-100　选择预置形状效果

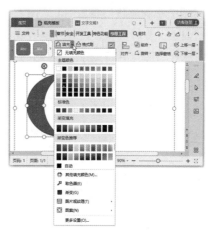

图 4-101　设置形状填充效果

　　默认情况下，WPS 文字中添加的形状的边框为深蓝色，单击【绘图工具】选项卡中的【轮廓】按钮可以改变形状的轮廓颜色、样式等；单击【形状效果】按钮，可以改变形状的阴影、倒影、发光、柔化边缘、三维旋转等。这些操作与图片的编辑操作相似，这里不再赘述。

4.2.4　为形状添加文字

　　有时需要在形状中添加文字。例如，在流程图中添加步骤编号，在图片中添加浮于图片上方的文字说明，在判断矩阵中添加判断条件等。要在形状中添加文字，可以在绘制的形状的空白位置单击鼠标右键，在弹出的快捷菜单中选择【添加文字】命令，如图 4-102 所示。此时会在形状中心位置定位文本插入点，输入所需文字即可，如图 4-103 所示。输入的文字可以像普通文字一样，在【开始】选项卡或浮动工具栏中设置文字的字体和段落格式。

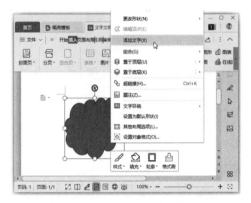
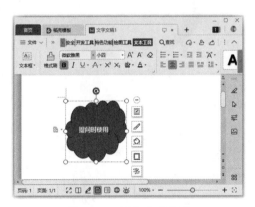

图 4-102　选择【添加文字】命令　　　　　图 4-103　添加文字效果

4.2.5　形状的相关编辑操作

　　在文档中绘制形状后将激活【绘图工具】选项卡，在其中可以对插入的形状进行格式设置，如调整形状大小、旋转形状、设置环绕方式等，这些操作与图片的编辑操作类似，这里不再赘述，下面主要对形状与图片编辑操作的不同之处进行介绍。

1.移动形状

　　与图片不同，插入文档中的形状默认为浮于文字上方，所以可以在选择形状后按住鼠标左键，通过拖曳鼠标来移动形状的位置，如图 4-104 所示，完成移动后的效果如图 4-105 所示。

图 4-104　移动形状　　　　　　　　图 4-105　移动形状后的效果

2. 缩放形状

调整形状大小的操作也与图片有一些区别，将鼠标指针移动到形状的四个角点上进行拖曳，并不能像图片一样实现等比例缩放，如图 4-106 所示。如果想等比例缩放形状，必须在按住【Shift】键的同时拖曳角点，如图 4-107 所示。如果想以形状的中心点缩放，可以在按住【Ctrl】键的同时拖曳形状的四个角点，如图 4-108 所示。

图 4-106　缩放形状　　　　　图 4-107　等比例缩放形状　　　　　图 4-108　以中心点缩放形状

3. 排列形状

如果文档中添加了多个形状，通过肉眼观察来排列这些形状的位置是很难对齐的。此时可以使用 WPS 文字中的【对齐】功能。

选择多个形状后，会显示出【对齐】快捷按钮组，如图 4-109 所示。单击相应的按钮，即可实现所选形状的左对齐、水平居中、右对齐、顶端对齐、垂直居中、底端对齐、横向分布、纵向分布。此外，还可以通过单击【绘图工具】选项卡中的【对齐】按钮，在弹出的下拉列表中选择相应的选项来排列形状，如图 4-110 所示。

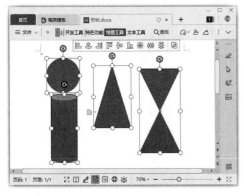

图 4-109　【对齐】快捷按钮组　　　　　　　　图 4-110　【对齐】下拉列表

4. 组合形状

如果需要对多个形状进行相同的操作，又不想影响形状之间的位置关系，可以先对形状进行组合，再进行其他操作。选择多个形状后，单击【对齐】快捷按钮组中的【组合】按钮，或者单击【绘图工具】选项卡中的【组合】按钮，在弹出的下拉列表中选择【组合】选项，如图 4-111 所示，即可将所选的多个形状组合在一起。

如果想对组合形状中的某个形状进行编辑，也可以在选中组合形状后，再次选择该形状进行单独编辑。如果不想再统一编辑组合形状，可以单击【对齐】快捷按钮组中的【取消组合】按钮 ⊞，或在【组合】下拉列表中选择【取消组合】选项，如图 4-112 所示。

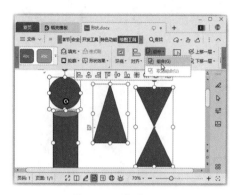

图 4-111　组合形状

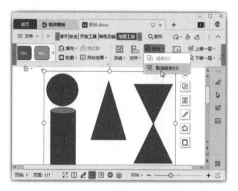

图 4-112　取消组合形状

📖 课堂范例——插入形状美化"早教机产品"文档

在编辑文档时，为了使文档更加美观，可以插入形状进行点缀。下面在 WPS 文字中插入形状美化"早教机产品"文档，具体操作如下。

步骤 01　打开"素材文件 \ 第 4 章 \ 早教机产品 .wps"，单击【插入】选项卡中的【形状】按钮，在弹出的下拉列表中选择需要的形状，这里选择【椭圆】，如图 4-113 所示。

步骤 02　此时鼠标指针呈十字形，在需要插入形状的位置按住鼠标左键，然后拖曳鼠标进行绘制，当绘制到合适大小时释放鼠标即可，如图 4-114 所示。

图 4-113　选择形状

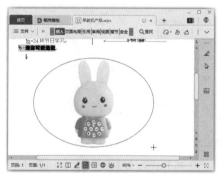

图 4-114　绘制形状

步骤 03　选择绘制的形状，单击【绘图工具】选项卡中的【填充】按钮，在弹出的下拉列表中选择【无填充颜色】选项，如图 4-115 所示，取消形状的填充颜色。

步骤 04　保持形状的选择状态，单击【绘图工具】选项卡中的【轮廓】按钮，在弹出的下拉列表中选择需要的轮廓颜色，这里选择蓝色。再次单击【轮廓】按钮，在弹出的下拉列表中选择【线型】选项，然后在下级子列表中选择需要的线型，如图 4-116 所示。

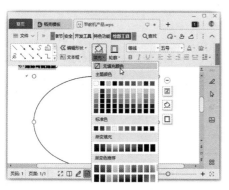

图 4-115　设置填充颜色

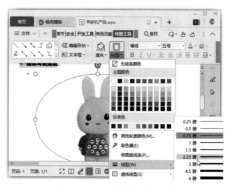

图 4-116　设置轮廓效果

步骤 05　单击【绘图工具】选项卡最前方列表框右下角的 ⊡ 按钮，在弹出的下拉列表中选择需要插入的形状，这里选择【云形标注】，如图 4-117 所示。

步骤 06　拖曳鼠标进行绘制，完成后选择该形状左下角的 ◇ 标记，并拖曳鼠标调整该标记的位置到兔子早教机的耳朵处，同时可以调整该形状，如图 4-118 所示。

图 4-117　选择形状

图 4-118　调整形状效果

步骤 07　绘制的形状中会自动添加文本插入点，单击形状即可定位到文本插入点处，输入需要的文字后，在【开始】选项卡中设置文字的效果，如图 4-119 所示。

步骤 08　同时选择云形标注形状和椭圆形状，单击【对齐】快捷按钮组中的【组合】按钮 ⊞ 组合形状，如图 4-120 所示，即可完成本例的制作。

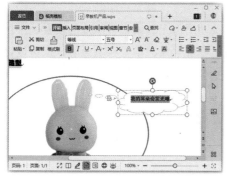

图 4-119　添加文字

图 4-120　组合形状

4.3 使用艺术字

艺术字是具有特殊效果的文字，用来输入和编辑带有色彩、阴影和发光等效果的文字。在制作广告、海报、贺卡等类型的文档时，通常会使用艺术字作为标题，以制作出强烈、醒目的外观效果。

4.3.1 插入艺术字

在 WPS 文字中插入艺术字的操作也很简单。

步骤 01 单击【插入】选项卡中的【艺术字】按钮，在弹出的下拉列表中选择需要的艺术字样式，如图 4-121 所示。如果是稻壳会员，还可以选择【艺术字】下拉列表中更加丰富的艺术字样式。

步骤 02 文档中将出现一个艺术字文本框，占位符"请在此放置您的文字"为选中状态，直接输入需要的文字内容即可，如图 4-122 所示。

图 4-121 选择艺术字样式

图 4-122 输入艺术字内容

4.3.2 编辑艺术字

艺术字在创建之初就具有特殊的文字效果，可以直接使用而无须做太多额外的设置。不过，插入艺术字后仍然可以对其字体格式进行编辑，如根据需要设置字体、字号和颜色等，也可以设置段落格式，还可以更改艺术字样式、修改文本填充、文本轮廓、文本效果等，具体操作可以在插入艺术字后显示的【文本工具】选项卡中完成。

下面为插入的艺术字添加文本效果、文本轮廓等，具体操作如下。

步骤 01 选中艺术字，切换到【文本工具】选项卡，在列表框中选择另一种艺术字样式，即可重新设置艺术字样式，如图 4-123 所示。

步骤 02　若需要更改艺术字的轮廓颜色，可以保持艺术字为选中状态，在【文本工具】选项卡中单击【文本轮廓】按钮右侧的下拉按钮，在弹出的颜色面板中选择颜色，如图 4-124 所示。

图 4-123　更改艺术字样式

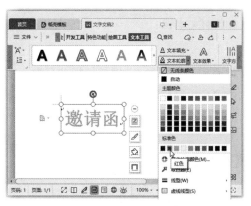

图 4-124　设置艺术字轮廓颜色

步骤 03　若需要设置艺术字的字体格式，可以保持艺术字为选中状态，在【文本工具】选项卡中进行设置，这里单击【增大字号】按钮 A⁺，调整艺术字的字体大小，如图 4-125 所示。

步骤 04　若要为艺术字添加文本效果，可以保持艺术字为选中状态，单击【文本效果】按钮，在弹出的下拉列表中选择效果类型，然后在展开的子列表中选择需要的效果样式即可。这里选择【倒影】子列表中的【半倒影，接触】选项，如图 4-126 所示。

图 4-125　设置艺术字字体格式

图 4-126　设置艺术字文本效果

4.4　使用文本框

　　文本框是一种可在文档内移动位置、调整大小的文字和图形容器。使用文本框，可以在一页文档内放置多个文字块内容，设计出较为特殊的文档版式。报纸和杂志排版常使用文本框作为视觉线索，吸引读者阅读。

4.4.1 插入文本框

WPS文字中有两种插入文本框的方式，一种是传统的绘制文本框，另一种是使用预置的文本框。

1. 绘制文本框

想要在文档任意位置插入文本，可通过绘制文本框实现。单击【插入】选项卡中的【文本框】按钮，如图4-127所示，此时鼠标指针变为十字形，按住鼠标左键并进行拖曳即可绘制文本框，在合适的位置释放鼠标即可，如图4-128所示。绘制好的文本框中会有一个文本插入点，单击文本框后输入需要的内容即可，输入后可以在【文本工具】选项卡中设置合适的字体格式，如图4-129所示。

图4-127 单击【文本框】按钮

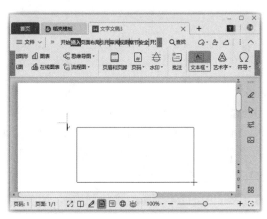

图4-128 绘制文本框

图4-129 输入内容并设置字体格式

> **技能拓展**
>
> 如果要插入竖向文本框，可以单击【文本框】下拉按钮，在弹出的下拉列表中选择【竖向】选项。插入文本框后，也会显示【绘图工具】选项卡，其中的操作与前面介绍的形状相关操作相同，这里不再赘述。

2. 插入预置文本框

WPS文字中内置了多种文本框样式，插入带样式的文本框可以更好地美化文档，只需要单击【文本框】下拉按钮，在弹出的下拉列表中选择需要的文本框样式，如图4-130所示，然后将文本框中的内容修改为需要的内容即可，如图4-131所示。

图 4-130　选择文本框样式

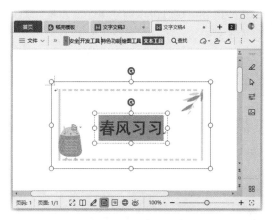

图 4-131　修改内容

4.4.2　设置文本框效果

文本框可以看作是一个形状，为其设置效果的方法与设置形状效果的方法是相同的。此外，我们还可以将文本框中的文字看作艺术字来进行效果处理。对文本框效果进行设置的相关操作都可以在【绘图工具】和【文本工具】选项卡中完成。

1. 改变文字方向

对于已经创建好的文本框，如果需要改变其中的文字排列方向，可以在选择文本框后，单击【文本工具】选项卡中的【文字方向】按钮，如图 4-132 所示。改变文本框中文字方向并调整文本框大小后的效果如图 4-133 所示，可以看到其中的文字都变为竖向排列。如果不满意改变文字方向后的效果，还可以再次单击【文字方向】按钮，切换回横向排列。

图 4-132　单击【文字方向】按钮

图 4-133　查看改变文字方向效果

2. 链接文本框

在文本框大小有限制的情况下，如果要放置到文本框中的内容过多，一个文本框可能无法完全显示这些内容。这时可以创建多个文本框，然后将它们链接起来，链接之后的多个文本框中的内容可以连续显示。

例如，要将前面制作的文本框内容分为两个文本框显示，并进行链接，具体操作如下。

步骤 01 通过拖曳鼠标调整文本框的大小，使原来的两行文字只能显示一行，如图 4-134 所示。

步骤 02 单击【绘图工具】选项卡中的【文本框】按钮，然后拖曳鼠标在右下方绘制另一个文本框，如图 4-135 所示。

图 4-134 调整文本框大小

图 4-135 绘制另一个文本框

步骤 03 选择内容未显示完全的文本框，单击【文本工具】选项卡中的【创建文本框链接】按钮，如图 4-136 所示。

步骤 04 此时，鼠标指针变为形状，将鼠标指针移动到空白文本框上，将变为形状，如图 4-137 所示，单击即可完成链接的创建。

图 4-136 单击【创建文本框链接】按钮

图 4-137 设置文本框链接

步骤 05 此时第一个文本框中未显示的内容就会链接到绘制的新文本框中，效果如图 4-138 所示。

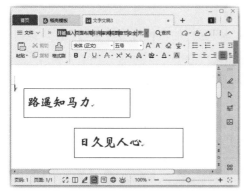

图 4-138　查看链接文本框效果

4.5　使用智能图形

为了更好地促进阅读者对文档中相关理念及知识点的理解和吸收，可以将文档中的理念观点和知识架构以图形的方式展现出来。WPS 文字中的"智能图形"可以使不易于记忆的纯文字文档变得观点清晰、架构明了、效果美观，让阅读者印象深刻。

4.5.1　插入智能图形

智能图形是信息和观点的可视化表现形式，多用于表现多个对象之间的关系，并通过图形结构和文字说明有效地传达作者的观点和信息。WPS 文字提供了多种样式的智能图形，用户可以根据需要选择合适的样式插入文档中，具体操作如下。

步骤 01　将文本插入点定位在要插入智能图形的位置，单击【插入】选项卡中的【智能图形】按钮，如图 4-139 所示。

步骤 02　打开【选择智能图形】对话框，左侧列表框中列出了所有的智能图形，选择某一图形时，右侧即会显示其预览效果并对该图形做出说明。这里选择【基本流程】图形，单击【确定】按钮，如图 4-140 所示。

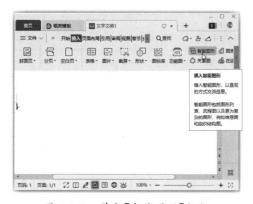

图 4-139　单击【智能图形】按钮

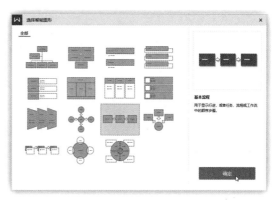

图 4-140　选择智能图形

步骤 03　所选智能图形将插入文档中，如图 4-141 所示。

步骤 04　将文本插入点定位在某个形状内，"文本"字样的占位符将被自动删除，此时可输入文本内容，输入内容后的智能图形效果如图 4-142 所示。

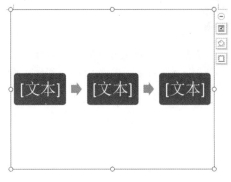
图 4-141　插入智能图形

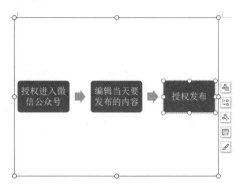
图 4-142　输入文本内容后的效果

4.5.2　编辑智能图形

插入智能图形后，会自动显示【设计】和【格式】两个选项卡，通过这两个选项卡，可以对插入的智能图形的布局、样式、颜色、排列等进行设置，也可以对该智能图形中各形状的位置进行调整。

【格式】选项卡主要是对智能图形中的各形状进行设置，设置方法与设置形状的方法类似。【设计】选项卡主要针对整个智能图形进行设置，部分操作也与前面介绍的操作类似，下面只介绍不同的操作。

- 添加项目：默认插入的智能图形中只包含指定数量的形状，如前面选择的【基本流程】图形默认显示为三个形状。用户可以根据需要在其中添加或删除形状，以调整智能图形的布局结构。如果有多余的形状，直接选中并按【Delete】键即可清除。要添加形状，可以先选择要添加形状的位置附近的形状，单击【设计】选项卡中的【添加项目】按钮，然后在弹出的下拉列表中根据需要选择添加的形状类型，如图 4-143 所示。

- 升级/降级形状：如果要更改智能图形中某形状的级别，可以选择形状后单击【升级】或【降级】按钮。

- 前移/后移形状：如果要调整智能图形中某形状的前后排列位置，可以选择形状后单击【前移】或【后移】按钮。

- 从右至左排列形状：智能图形中形状都是按照从左到右的顺序进行排列的，用户可以通过单击【从右至左】按钮调整形状的排列顺序，即将从左到右更改为从右到左。

- 布局：选中智能图形，单击【布局】按钮，在弹出的下拉列表中可以重新选择布局方式。

- 更改颜色：选中智能图形，单击【更改颜色】下拉按钮，在弹出的下拉列表中可以选择喜欢的颜色，如图 4-144 所示。

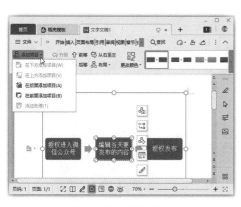

图 4-143　添加形状

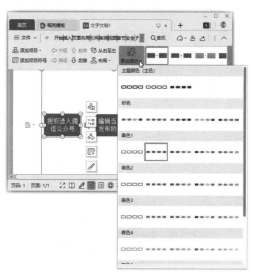

图 4-144　更改智能图形颜色

课堂范例——制作公司组织结构图

当我们要表达的内容之间具有某种关系时，使用单纯的文字说明可能非常烦琐，还不容易表达清楚。此时，使用智能图形就可以通过图形结构和文字说明更有效地传递信息。下面用智能图形制作一个公司组织结构图，具体操作步骤如下。

步骤 01　打开"素材文件\第 4 章\公司组织结构图.docx"，选中智能图形中要删除的形状，如图 4-145 所示，按键盘上的【Delete】键，可以直接将该形状删除。

步骤 02　选择【市场部】形状，单击【设计】选项卡中的【添加项目】按钮，然后在弹出的下拉列表中选择【在下方添加项目】选项，如图 4-146 所示。

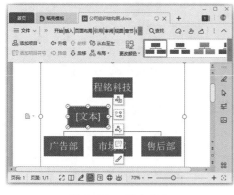

图 4-145　删除形状

图 4-146　添加形状

步骤 03　即可在【市场部】形状下方创建一个下级形状，输入【商用电脑】文本，并保持该形状的选择状态，单击【添加项目】按钮，然后在弹出的下拉列表中选择【在后面添加项目】选项，如

图 4-147 所示。

步骤 04　即可在【商用电脑】形状后面创建一个同级形状，输入【家用电脑】文本。使用相同的方法在【售后部】形状下方创建两个下级形状，并输入对应的文本。然后选择【售后部】形状，单击【布局】按钮，在弹出的下拉列表中选择【标准】选项，如图 4-148 所示。

图 4-147　添加形状

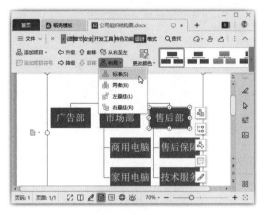
图 4-148　改变布局

步骤 05　即可改变【售后部】形状下方形状的布局效果。选择【家用电脑】形状，单击【前移】按钮，如图 4-149 所示。

步骤 06　即可将【家用电脑】形状移动到【商用电脑】形状的前面。选择整个智能图形，单击【更改颜色】按钮，在弹出的下拉列表中选择喜欢的颜色搭配方案即可，如图 4-150 所示。

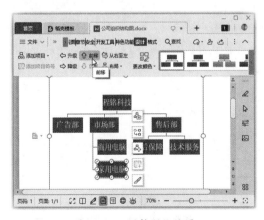
图 4-149　调整形状位置

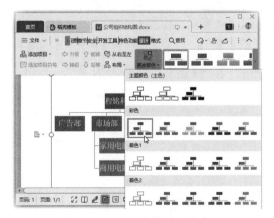
图 4-150　设置智能图形颜色

4.6 使用关系图

WPS文字中还提供了关系图，相比智能图形，关系图的效果更好，但是灵活性稍差一些。

4.6.1 插入关系图

关系图和智能图形的作用差不多，WPS文字中提供了多种类型的关系图，如组织结构图、象限、并列、流程、总分、对比等，用户可以根据需要选择类型合适的关系图，也可以根据需要插入的形状个数来快速定位合适的关系图。插入关系图的具体操作如下。

步骤 01 将文本插入点定位到需要插入关系图的位置，单击【插入】选项卡中的【关系图】按钮，如图 4-151 所示。

步骤 02 在打开的对话框中根据需要表现内容的多少和关系类型，在右侧选择关系图的分类和项目数，这里选择【并列】选项，然后在左侧选择需要的关系图样式，并单击其右下方的【插入】按钮，如图 4-152 所示。

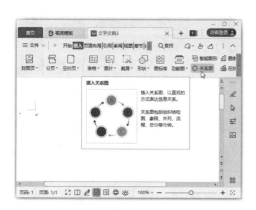

图 4-151　单击【关系图】按钮

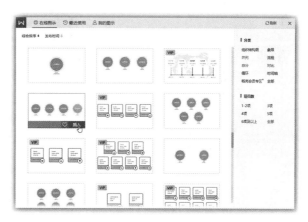

图 4-152　选择关系图样式

> **温馨提示** 智能图形中形状的多少和布局位置可以根据需要进行调整，但部分关系图不能调整，所以在选择关系图时最好把包含的项目数和效果确定下来。

步骤 03 即可在文档中插入一个所选样式的关系图，修改各形状中的文字内容即可，完成后的效果如图 4-153 所示。

图 4-153　调整形状

4.6.2 编辑关系图

插入关系图后会显示出【绘图工具】选项卡，选择关系图中的形状时则会显示出【文本工具】选项卡，相关操作与前面介绍的操作相同。而针对关系图的特殊编辑操作，都不是在这两个选项卡中完成的，而是通过关系图右侧显示出的快捷按钮来完成的。

- 更改关系图形状个数：一组关系图一般提供了多种形状个数供用户选择，当插入的关系图中形状个数需要更改时，可以在提供项中进行有限的修改。选中关系图，单击显示出的工具栏中的【更改个数】按钮，在弹出的下拉列表中选择需要的形状个数即可，如图 4-154 所示。
- 更改关系图配色：选中关系图，单击显示出的工具栏中的【更改配色】按钮，弹出的下拉列表中有关系图的不同配色，选择需要的配色即可，如图 4-155 所示。

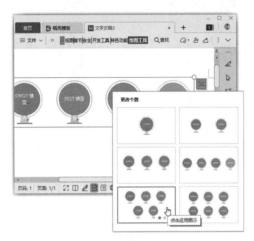

图 4-154　更改关系图形状个数

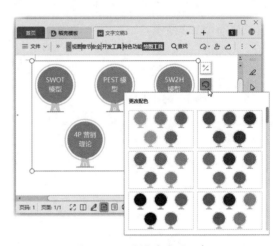

图 4-155　更改关系图配色

课堂问答

问题 1：当文档中的图片、形状较多时，如何快速选择对象？

答：如果文档中插入了多个对象，可以通过选择窗格快速、精确地选择对象。选择任意一个对象，在出现的【绘图工具】选项卡中单击【选择窗格】按钮，即可在窗口右侧显示【选择窗格】窗格，其中列出了文档中包含的所有对象。选择某个对象名称即可选择文档中对应的对象；单击某个对象名称后的图标，将隐藏或显示文档中对应的对象。

问题 2：如何改变多个对象的重叠状态？

答：文档中如果插入了多个非嵌入型的对象，而它们的位置又有部分重叠，那么位于下层的对象就会被上层的对象遮挡住。这时常常需要通过调整对象的叠放顺序，让对象合理地叠放在一起。不同的叠放顺序，产生的最终效果往往也不同。选中需要调整的对象，单击【绘图工具】选项卡中的【上移一层】或【下移一层】按钮，可以一层一层地向上或向下移动对象。若是想将对象快速移动到最顶层或最底层，可以单击【上移一层】或【下移一层】按钮右侧的下拉按钮，在弹出的下拉列表中选择【置于顶层】或【置于底层】选项。

问题 3：如何将一个图形的效果快速复制到其他图形上？

答：如果要为文档中的图形应用与另一个图形相同的效果，可以使用格式刷工具快速复制图形效果。选择已经设置好效果的图形，单击【开始】选项卡中的【格式刷】按钮，将鼠标指针移动到需要复制效果的图形上并单击，释放鼠标左键后，即可看到已经为该图形应用了相同的效果。

📷 上机实战——制作"企业宣传册"文档封面

为了让读者巩固本章知识点，下面讲解一个技能综合案例，使读者对本章的知识有更深入的了解。

企业宣传册封面上通常只有几个简单的词句，为了让页面看起来更丰富、美观，可以插入图片、形状进行美化，再用文本框或艺术字对文字进行修饰和布局。

本例首先插入一张图片并对其进行裁剪，接着插入合适的形状进行页面修饰，最后通过插入文本框来添加封面文字，得到最终效果。

制作步骤

步骤 01　启动WPS文字，新建一个空白文档，单击【插入】选项卡中的【图片】按钮，如图 4-156 所示。

步骤 02　在打开的【插入图片】对话框中选择指定文件夹内的所需图片，单击【打开】按钮，如图 4-157 所示。

图 4-156　单击【图片】按钮

图 4-157　选择要插入的图片

步骤 03　选择插入的图片，单击【图片工具】选项卡中的【环绕】按钮，在弹出的下拉列表中选择【浮于文字下方】选项，如图 4-158 所示。

步骤 04　通过拖曳鼠标调整图片的大小和位置，使其与页面宽度一致，如图 4-159 所示。

图 4-158　设置图片环绕方式

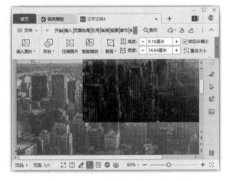

图 4-159　调整图片大小和位置

步骤 05　保持图片的选择状态，单击【图片工具】选项卡中的【裁剪】按钮，在弹出的下拉列表中选择【流程图：文档】选项，如图 4-160 所示。

步骤 06　进入裁剪状态后，保持默认裁剪，单击图片外的任意空白处，确认并退出裁剪状态，如图 4-161 所示。

图 4-160　选择裁剪形状

图 4-161　确认裁剪效果

步骤 07 选择图片，单击窗口右侧侧边栏中的【属性】按钮，显示出【属性】窗格，单击【效果】选项卡，在【发光】栏中设置发光的颜色和大小，如图4-162所示。

步骤 08 单击【插入】选项卡中的【形状】按钮，在弹出的下拉列表中选择【椭圆】选项，如图4-163所示。

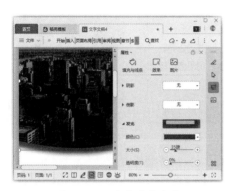

图4-162 设置图片效果

图4-163 选择插入的形状

步骤 09 拖曳鼠标在文档中绘制一个圆形，并将其拖曳到页面的左侧，如图4-164所示。

步骤 10 选择形状，单击窗口右侧侧边栏中的【属性】按钮，显示出【属性】窗格，单击【填充与线条】选项卡，在【填充】栏中设置形状要填充的颜色和透明度，在【线条】栏中选中【无线条】单选按钮，如图4-165所示。

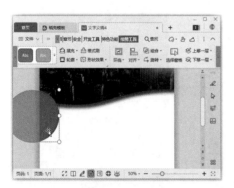

图4-164 绘制形状并移动位置

图4-165 更改形状的填充和轮廓颜色

步骤 11 复制圆形并将得到的圆形移动到页面左下角位置，在【属性】窗格的【填充】栏中调整形状的透明度，如图4-166所示。

步骤 12 单击【插入】选项卡中的【文本框】按钮，如图4-167所示。

步骤 13 拖曳鼠标在页面中的合适位置绘制一个文本框，并在其中输入文字。在【开始】选项卡中设置合适的字体格式，在【属性】窗格的【线条】栏中选中【无线条】

图4-166 复制形状并设置格式

单选按钮，如图 4-168 所示。

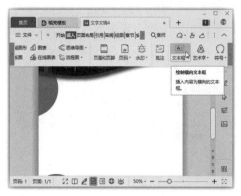

图 4-167　单击【文本框】按钮

图 4-168　绘制文本框并设置格式

🌐 同步训练——制作"产品广告文案"宣传页

为了增强读者的动手能力，下面安排一个同步训练案例，让读者达到举一反三、触类旁通的学习效果。

图解流程

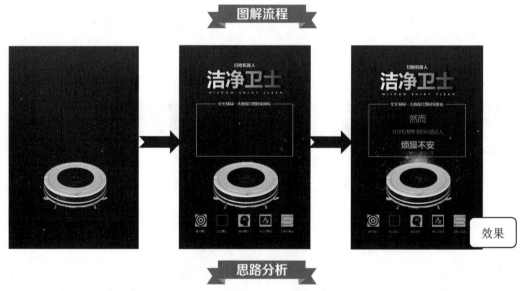

效果

思路分析

产品广告文案需要精简内容，并结合宣传的内容搭配图案，制作出一篇具有吸引力的精美文档。本例首先确定文档的页面大小，然后插入图片并进行编辑加工，再设计页面底色，添加艺术字、形状、文本框、图标等，完成制作。

关键步骤

步骤 01　新建空白文档并设置页面格式，然后插入本地图片"扫地机.jpg"，并对图片背景进行抠除，如图 4-169 所示。

步骤 02　设置图片的环绕方式为【浮于文字上方】，并移动到页面下方位置。设置页面背景为黑色渐变，在文档中插入艺术字，所选样式如图 4-170 所示。

步骤 03　修改艺术字内容并设置为【水平居中】对齐。插入矩形形状，并设置填充为【无】，轮廓线型为【2.25 磅】，轮廓颜色的 RGB 值为【23，239，246】，如图 4-171 所示。

图 4-169　抠除图片背景

图 4-170　插入艺术字

步骤 04　插入文本框，取消轮廓颜色，输入合适的内容，再复制文本框并修改内容得到其他文本，分别设置合适的文字格式和文本框效果，如图 4-172 所示。

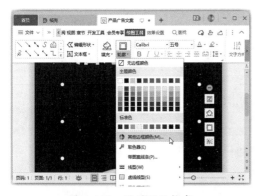

图 4-171　设置形状格式

图 4-172　插入并复制文本框，输入文字

步骤 05　插入多个图标，并设置【图片填充】为蓝绿色，统一设置高度为【1.8 厘米】，如图 4-173 所示，最后设置这些图标的对齐方式为【垂直居中】【横向分布】。

步骤 06　在各图标下插入文本框并输入对应的内容，设置字体格式为【微软雅黑】【五号】【蓝绿色】，在形状中也插入文本框输入文字，并设置合适的字体格式。最后搜索并插入合适的【光晕】图片，如图 4-174 所示。设置环绕方式为【衬于文字下方】，根据需要适度美化图片背景，使其与文档背景融为一体。

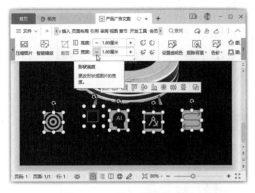

图 4-173　插入并设置图标

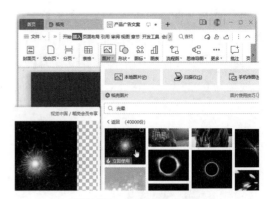

图 4-174　搜索图片并插入

知识能力测试

本章讲解了图片、形状、文本框、智能图形及关系图的使用和制作方法，为对知识进行巩固和考核，安排相应的练习题。

一、填空题

1. 要制作精美的文档，我们可以根据需要添加 ＿＿＿＿＿、＿＿＿＿＿、＿＿＿＿＿、＿＿＿＿＿、＿＿＿＿＿、＿＿＿＿＿ 等对象进行美化。

2. WPS 文字提供了绘制形状功能，在文档中可以绘制出 ＿＿＿＿＿、＿＿＿＿＿、＿＿＿＿＿、＿＿＿＿＿、＿＿＿＿＿、＿＿＿＿＿ 等多种类型的形状。

3. 在 WPS 文字中可以插入 ＿＿＿＿＿、＿＿＿＿＿、＿＿＿＿＿、＿＿＿＿＿、＿＿＿＿＿、＿＿＿＿＿ 和 ＿＿＿＿＿ 等类型的关系图。

二、选择题

1. 在 WPS 文字中绘制形状时，按住（　　　）键的同时绘制矩形，可以绘制出正方形。

A.【Shift】　　　　　　B.【Ctrl】　　　　　　C.【Tab】　　　　　　D.【Alt】

2. 在 WPS 文字中绘制的形状默认带有背景色，默认的形状背景色为（　　　）。

A. 灰色　　　　　　　B. 白色　　　　　　　C. 蓝色　　　　　　　D. 黑色

3. 裁剪图片时，调整好裁剪区域后，在该区域外单击鼠标，或按（　　　）键，即可将未框选的图片裁剪掉。

A.【Tab】　　　　　　B.【Shift】　　　　　　C.【Enter】　　　　　　D.【Esc】

三、简答题

1. 手动调整图片大小时，为什么经常出现图片"变瘦"或"变胖"的情况？

2. 当文本框中的内容过多，放置不下时，可以创建其他文本框，如何实现两个或多个文本框中内容的联动呢？

WPS Office

第5章
WPS文字的表格功能

表格可以简化文字表述，还能使排版更美观。WPS文字虽然不是专门的电子表格制作软件，但是也能制作出各种类型的办公表格。当需要展示一些简单的信息时，如简历表、课程表和通讯录等，可以在WPS文字中使用表格来完成。本章将介绍在WPS文字中创建并设置表格的相关操作。

学习目标

- 学会编辑表格的常用技巧
- 熟练掌握表格的创建方法
- 熟练掌握表格的编辑方法
- 学会美化表格

5.1 了解表格的编辑技巧

表格是WPS文字中比较特殊的对象，在使用之前，需要先了解表格的构成元素、制作思路和一些设计技巧，这些技巧会让我们在制作表格时更得心应手。

5.1.1 表格的构成元素

表格是由一系列的线条相互分割后形成行、列和单元格来规整数据、表现数据的一种特殊的对象。一般来说，表格由行、列和单元格构成。为了让他人更好地理解表格内容，有时还会加入表头、表尾。为了美化表格，也可以为表格添加边框和底纹进行修饰。图 5-1 所示为一个常规表格，其中各元素的功能介绍如表 5-1 所示。

季度	销售额	成本	利润	平均利润
第一季度	3.2 亿元	1.6 亿元	1.6 亿元	
第二季度	2.8 亿元	1.4 亿元	1.4 亿元	1.8 亿元
第三季度	3.8 亿元	1.8 亿元	2 亿元	
第四季度	4.2 亿元	2.0 亿元	2.2 亿元	

图 5-1 常规表格

温馨提示 在用于表现数据的表格中，需要分别赋予行和列不同的意义。图 5-1 所示表格中，每一行代表一条数据，每一列代表一种属性，在表格中填入数据时，应按照属性填写，避免数据混乱。

表 5-1 表格各构成元素的功能介绍

元素	功能介绍
❶单元格	表格由横向和纵向的线条构成，线条交叉后出现的可以用来放置数据的格子称为单元格，它是表格的最小单位
❷行	在表格中，横向的一组单元格称为行。在一个用于表现数据的表格中，一行可用于表现同一条数据的不同属性，也可以表现不同数据的同一种属性
❸列	在表格中，纵向的一组单元格称为列。列与行的作用相同
❹表头	用于定义表格行列意义的行或列，通常是表格的第一行或第一列。图 5-1 所示的表格中第一行的内容有季度、销售额、成本、利润、平均利润，这些内容标明了表格中每一列的数据所代表的意义，这一行即是表格的表头
❺表尾	表尾是表格中可有可无的元素，通常用于显示表格数据的统计结果，或者用于说明、注释等，位于表格的最后一行或最后一列。图 5-1 所示的表格中最后一列即为表尾

5.1.2　创建表格的思路

创建表格时需要考虑表格的结构。只有掌握了创建表格的思路，才能轻松完成表格的制作。创建表格大致可以分为以下几步。

（1）制作表格前，首先要构思表格的大致布局和样式。

（2）对于复杂的表格，可以先在草稿纸上确定需要的表格样式及行、列数。

（3）新建 WPS 文字文档，制作表格的框架。

（4）输入表格内容。

按照以上步骤操作，就可以轻松制作出令人满意的表格。

5.1.3　表格设计与优化

要制作一个布局合理、美观的表格，需要经过精心设计。

制作数据表格时，需要站在阅读者的角度去思考，怎样设计才能让表格内容表达得更清晰、更易于理解。在创建表格时，根据制作表格的难易程度，可以将表格简单分为规则表格和不规则表格。规则表格的结构方正，制作简单；而不规则表格的结构不方正也不对称，制作时需要一些特殊的技巧。下面分别介绍这两类表格的设计与优化方法。

1. 规则表格的设计

规则表格通常是一些用于表现数据的表格，设计起来相对简单，只需要设计好表头，录入数据，然后加上一定的美化效果即可。在设计表格时需要注意以下几个方面。

（1）精简表格字段

表格不适合展示字段很多的内容，如果表格中的数据字段过多，就会超出页面范围，不便于查看。另外，字段过多，也会影响阅读者对重要数据的把握。在设计表格时，我们需要分析出表格字段的主次，将一些不重要的字段删除，仅保留重要字段。

（2）注意字段顺序

在表格中，字段的顺序也很重要。设计表格时，需要分清各字段的关系，按字段的重要程度或某种方便阅读的规律来排列，每个字段放在什么位置都需要仔细推敲。

（3）行与列的内容对齐

将表格对齐可以使数据展示得更整齐。表格中单元格内部的内容，每一行和每一列也都应该整齐排列。

（4）调整行高与列宽

表格中各字段的长度可能并不相同，当各列的宽度无法统一时，可以使各行的高度一致。在设计表格时，应该注意表格中是否有特别长的数据内容，如果有，尽量通过调整列宽，使较长的内容在单元格中不换行。如果有些单元格中的内容必须换行，可以统一调整各行的高度，让每一行的高度一致，使表格更整齐，如图 5-2 所示。

故障现象	故障排除
打印时墨迹稀少，字迹无法辨认	该故障多数是由于打印机长期未使用或其他原因，造成墨水输送系统故障或喷头堵塞。排除的方法是执行清洗操作
喷墨打印机打印出的画面与计算机显示的色彩不同	这是由于打印机输出颜色的方式与显示器不一样。可通过应用软件或打印机驱动程序重新调整，使之输出期望色彩
当需要打印的文件太大时，打印机无法打印	这是由于软件故障，排除的方法是查看硬盘上的剩余空间，删除一些无用文件，或查询打印机内在容量是否可以扩容

图 5-2　行高度一致的表格

（5）美化表格

数据表格的主要功能是展示数据，美化表格也是为了更好地展示数据。美化表格的目的在于使表格中的数据更加清晰明了，不要盲目追求艺术效果。

2. 不规则表格的设计

如果要用表格来表现一系列没有太大关联的数据，且这些数据无法按行或列来表现相同的意义，就需要制作比较复杂的不规则表格。例如，要设计一个员工档案表，表格中需要展示员工的详细信息，还需要粘贴照片，这些信息之间几乎没有关联。仅使用文本来展示这些数据，远不及使用表格展示美观、清晰。在设计这类表格时，不仅需要突出数据内容，还要兼顾排版效果，具体可以通过以下几个步骤来设计。

（1）明确表格信息

在设计表格之前，首先需要确定表格中要展示哪些数据内容，先将内容列举出来，再设计表格结构。例如，员工档案表中需要包含姓名、年龄、性别、籍贯、出生日期、政治面貌等信息。

（2）分类信息

分析要展示的内容之间的关系，将有关联的、同类的信息归于一类。例如，可以将员工的所有信息分为基本信息、教育经历、工作经历三大类。

（3）按类别制作框架

根据表格内容划分出主要类别，制作出表格的大体结构。

（4）绘制草图

如果需要展示的数据内容比较复杂，为了使表格的结构更加合理，可以先在纸上绘制草图，然后再在文档中制作表格。

（5）合理利用空间

用表格展示数据，除了可以让数据更加直观、清晰，还可以有效节省空间，用尽量少的空间展示更多的数据。不规则表格的设计之所以复杂，是因为需要在有限的空间内尽可能展示更多的内容，并且要求内容整齐、美观。要满足这些需求，就需要有目的地合并或拆分单元格，并将长短不一的内容进行合理的组合。

5.2 创建表格

在WPS文字中，用户不仅可以通过拖曳鼠标和指定行列数来创建表格，还可以手动绘制表格。如果对表格的构造不熟悉，也可以通过模板创建表格。

5.2.1 拖曳鼠标创建表格

在WPS文字文档中，如果要创建的是规则表格，且行列数在 17 列 8 行以内，就可以通过在虚拟表格中拖曳鼠标来创建。

首先将文本插入点定位到需要插入表格的位置，然后单击【插入】选项卡中的【表格】按钮，在弹出的下拉菜单中有一个虚拟表格。在该表格中拖曳鼠标指针就可以选择表格的行列数。例如，将鼠标指针指向 6 列 8 行处的单元格，鼠标指针左上方的区域将呈选择状态，并显示为橙色，如图 5-3 所示。选择表格区域时，虚拟表格的上方会显示"6 行 * 8 列 表格"提示文字，表示选择的表格范围，即将要创建的表格大小。单击鼠标，即可在文档中插入一个相同行列的表格，如图 5-4 所示。

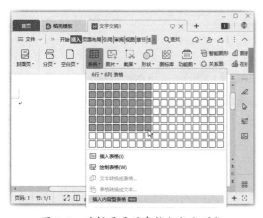

图 5-3 选择需要的表格行数和列数

图 5-4 插入表格效果

5.2.2 指定行列数创建表格

使用拖曳鼠标的方法最大只能创建 17 列 8 行的表格，而且不方便用户插入指定行列数的表格。如果要创建的是规则表格，而且在创建之前就清楚要创建的具体行列数，可以通过【插入表格】对话框来指定行列数进行创建。

首先将文本插入点定位到需要插入表格的位置，然后单击【插入】选项卡中的【表格】按钮，在弹出的下拉菜单中选择【插入表格】命令，如图 5-5 所示。打开【插入表格】对话框，分别在【列数】和【行数】数值框中设置表格的列数和行数，如图 5-6 所示，单击【确定】按钮，返回文档，即可看到已经插入了指定行列数的表格。

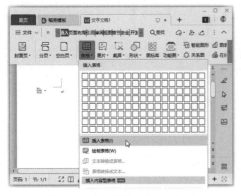

图 5-5　选择【插入表格】命令

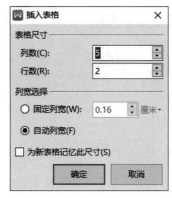

图 5-6　输入表格行列数

> **温馨提示**　在【插入表格】对话框中选中【固定列宽】单选按钮，并设置列宽值，可以创建指定列宽的表格，表格大小不会随文档版心的宽度或表格内容的多少而自动调整，当单元格中的内容过多时，会自动进行换行；选中【自动列宽】单选按钮，表格列宽会根据表格内容的多少自动调整。

5.2.3　手动绘制表格

手动绘制表格是指用画笔工具绘制表格的框线，类似于在纸上用笔绘制表格。用这种方法可以很方便地绘制出各种非方正、非对称的不规则表格。单击【插入】选项卡中的【表格】按钮，在弹出的下拉菜单中选择【绘制表格】命令，如图 5-7 所示。此时鼠标指针将变为∅形状，在合适的位置按住鼠标左键并拖曳，鼠标指针经过的位置会出现表格的虚线框，绘制出需要的行和列后释放鼠标左键即可，如图 5-8 所示。

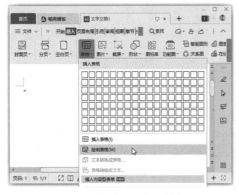

图 5-7　选择【绘制表格】命令

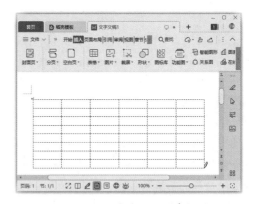

图 5-8　拖曳鼠标绘制表格

此后还可以继续拖曳鼠标在需要的位置绘制表格中的其他框线，如图 5-9 所示。如果绘制出错，可以单击【表格工具】选项卡中的【擦除】按钮，鼠标指针将变为∅形状，在需要擦除的框线上单击或拖曳即可擦除，如图 5-10 所示。

图 5-9 绘制表格框线

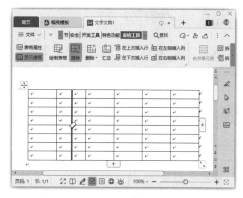
图 5-10 擦除多余表格框线

5.2.4 根据模板创建表格

WPS 文字中为用户提供了多种多样的表格模板，使用模板可以插入各种类型的表格。单击【表格】按钮，在弹出的下拉菜单的【插入内容型表格】栏中选择一种表格类型，如【汇报表】，如图 5-11 所示。在打开的模板库中选择一种与需要创建的表格接近的表格模板，并单击其下的【插入】按钮，如图 5-12 所示，即可将所选表格模板插入文档中，再稍做加工即可快速完成表格的创建。

图 5-11 选择表格类型

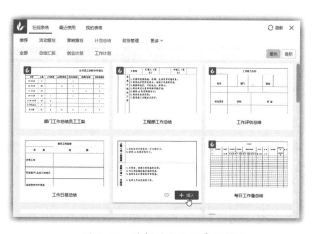
图 5-12 选择要插入的表格模板

5.3 编辑表格

表格创建完成后，就可以在表格中输入数据了。在输入数据的过程中，经常还涉及表格的一些基本操作，如选择操作区域、添加/删除行和列、合并与拆分单元格、调整行高与列宽等，本节将分别进行介绍。

5.3.1 输入表格内容

在表格中输入内容的方法与在文档中输入文本的方法相似，只需要将文本插入点定位到单元格中，然后输入相关内容即可。

5.3.2 选择表格对象

编辑表格时，首先需要选择表格对象，选择的元素不同，对应的选择方法也不同。

1. 选择单元格

单元格的选择主要分为选择单个单元格、选择连续的多个单元格、选择分散的多个单元格 3 种情况，选择方法如下。

- 选择单个单元格：将鼠标指针指向某单元格的左侧，当鼠标指针呈 ➚ 形状时，单击鼠标即可选中该单元格，如图 5-13 所示。
- 选择连续的多个单元格：将鼠标指针指向某个单元格的左侧，当鼠标指针呈 ➚ 形状时，按住鼠标左键并拖曳，拖曳的起始位置到终止位置之间的单元格将被选中，如图 5-14 所示。
- 选择分散的多个单元格：选中第一个要选择的单元格后按住【Ctrl】键，然后依次选择其他要选择的单元格即可，如图 5-15 所示。

 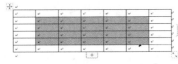 

图 5-13　选择单个单元格　　图 5-14　选择连续的多个单元格　　图 5-15　选择分散的多个单元格

2. 选择行

行的选择主要分为选择一行、选择连续的多行、选择分散的多行 3 种情况，选择方法如下。

- 选择一行：将鼠标指针指向某行的左侧，当鼠标指针呈 ➶ 形状时，单击鼠标即可选中该行，如图 5-16 所示。
- 选择连续的多行：将鼠标指针指向某行的左侧，当鼠标指针呈 ➶ 形状时，按住鼠标左键并向上或向下拖曳，即可选中连续的多行。
- 选择分散的多行：将鼠标指针指向某行的左侧，当鼠标指针呈 ➶ 形状时，按住【Ctrl】键，然后依次单击其他要选择的行的左侧即可。

3. 选择列

列的选择主要分为选择一列、选择连续的多列、选择分散的多列 3 种情况，选择方法如下。

- 选择一列：将鼠标指针指向某列的上方，当鼠标指针呈 ↓ 形状时，单击鼠标即可选中该列，如图 5-17 所示。
- 选择连续的多列：将鼠标指针指向某列的上方，当鼠标指针呈 ↓ 形状时，按住鼠标左键并向左或向右拖曳，即可选中连续的多列。

- 选择分散的多列：将鼠标指针指向某列的上方，当鼠标指针呈↓形状时，按住【Ctrl】键，然后依次单击其他要选择的列的上方即可。

4. 选择整个表格

选择整个表格的方法非常简单，只需将文本插入点定位在表格中，表格左上角会出现⊕标志，右下角会出现标志，单击任意一个标志，都可以选中整个表格，如图 5-18 所示。

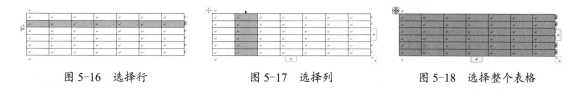

图 5-16　选择行　　　　　图 5-17　选择列　　　　　图 5-18　选择整个表格

5.3.3　添加、删除行和列

创建表格后，可能需要更改表格结构，如添加或删除行和列。可以通过以下几种方法添加或删除行和列。

- 通过快捷按钮操作：将鼠标指针移动到表格中需要添加行或列的顶端位置，此时将出现⊕和⊖按钮，如图 5-19 所示。单击⊕按钮可以添加行或列，单击⊖按钮可以删除行或列。
- 通过选项卡操作：将文本插入点定位到需要添加或删除行或列的位置，单击【表格工具】选项卡中的【在上方插入行】或【在下方插入行】按钮，可以插入行；单击【在左侧插入列】或【在右侧插入列】按钮，可以插入列；单击【删除】按钮，在弹出的下拉菜单中可以选择要删除的内容，如图 5-20 所示。

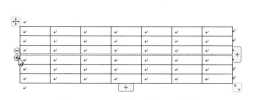

图 5-19　通过快捷按钮操作

图 5-20　通过选项卡操作

- 通过浮动工具栏中的按钮操作：选择要添加或删除的行或列，在出现的浮动工具栏中单击【插入】按钮，在弹出的下拉菜单中选择插入行或列的位置；或单击【删除】按钮，在弹出的下拉菜单中选择要删除的内容即可，如图 5-21 所示。
- 通过快捷菜单操作：将文本插入点定位到需要添加或删除行或列的位置，单击鼠标右键，在弹出的快捷菜单中选择【插入】命令，然后在子菜单中选择插入行或列的位置；或选择【删除单元格】【删除行】【删除列】命令，如图 5-22 所示。

图 5-21　通过浮动工具栏中的按钮操作

图 5-22　通过快捷菜单操作

技能拓展　将文本插入点定位到表格中的任意单元格，单击表格下方的 ⊞ 按钮可以快速在表格末尾处添加行，单击表格右侧的 ⊞ 按钮，可以快速添加列。

5.3.4　合并和拆分单元格

在制作一些较复杂的表格时，经常需要将多个单元格合并为一个单元格，或者需要在一个单元格内放置多个单元格的内容。此时就需要对单元格进行合并与拆分操作。

- 合并单元格：选择要合并的多个单元格，单击【表格工具】选项卡中的【合并单元格】按钮，如图 5-23 所示。操作完成后即可看到所选的多个单元格已经合并为一个单元格。
- 拆分单元格：将文本插入点定位在要拆分的单元格内，或者选择要拆分的多个单元格，单击【表格工具】选项卡中的【拆分单元格】按钮，如图 5-24 所示。打开【拆分单元格】对话框，如图 5-25 所示，在【列数】和【行数】数值框中设置需要拆分的列数和行数，然后单击【确定】按钮，即可按指定的行列数拆分单元格。

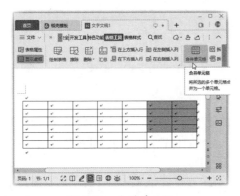

图 5-23　合并单元格

图 5-24　拆分单元格

图 5-25　设置拆分数值

5.3.5　调整表格行高和列宽

在文档中插入的表格的行高和列宽都是默认的，但每个单元格中需要输入的内容长短不一，此时，我们可以通过以下几种方法调整行高和列宽。

- 拖曳鼠标操作：将鼠标指针移动到要调整行高或列宽的框线上，当其变为 ⇕ 或 ↔ 形状时，按住鼠标左键，将框线拖曳到合适的位置后释放鼠标左键即可，如图 5-26 所示。
- 输入具体数值操作：选中要调整行高或列宽的单元格，在【表格工具】选项卡的【高度】和【宽度】数值框中设置行高和列宽，如图 5-27 所示。

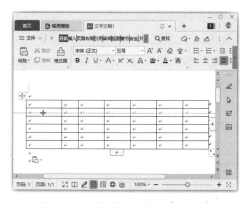
图 5-26　拖曳鼠标调整行高和列宽

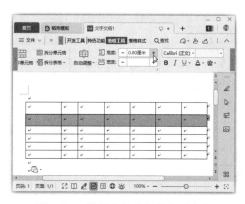
图 5-27　设置具体的行高和列宽值

- 通过对话框操作：选中要调整行高或列宽的单元格，单击【表格工具】选项卡中的【表格属性】按钮，打开【表格属性】对话框，在【行】或【列】选项卡中调整高度值和宽度值，如图 5-28 所示。
- 自动调整：选中要调整行高或列宽的行或列，单击【表格工具】选项卡中的【自动调整】按钮，在弹出的下拉菜单中选择需要自动调整的方式，如图 5-29 所示。选择【适应窗口大小】命令，可以根据窗口大小调整整个表格的宽度；选择【根据内容调整表格】命令，可以让行高和列宽随内容增减变化；选择【平均分布各行】或【平均分布各列】命令，可以按所选行的总高度平均分布每一行或按所选列的总宽度平均分布每一列。

图 5-28　通过【表格属性】对话框调整行高和列宽

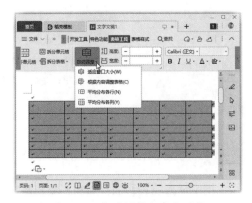

图 5-29　自动调整行高和列宽

📖 课堂范例——制作"会议纪要"填写表格

工作中需要制作的表格很多，制作之前可以按照 5.1.3 节介绍的方法规划如何创建表格。对于同一个表格，不同的人会有不同的创建思路，所用到的技巧也会不一样。例如，下面对"会议纪要"表格进行制作思路讲解，后续大家可以尝试用其他方法来制作该表格。

步骤 01　打开"素材文件\第 5 章\会议纪要.wps"，将文本插入点定位在文字下方的段落中，单击【插入】选项卡中的【表格】按钮，在弹出的下拉菜单的虚拟表格中将鼠标指针指向坐标为 5 行 4 列的单元格，如图 5-30 所示。

步骤 02　在第一列单元格中输入对应的内容，选择第一行最后三个单元格，单击【表格工具】选项卡中的【合并单元格】按钮，如图 5-31 所示。

图 5-30　插入表格

图 5-31　输入表格内容并合并单元格

步骤 03　使用相同的方法合并第二行最后三个单元格，在第三列的单元格中输入合适的内容。将鼠标指针移动到第三列单元格左侧的框线上，当鼠标指针变为✛形状时，按住鼠标左键，将框线向右拖曳到合适的位置后释放鼠标左键，如图 5-32 所示。

步骤 04　使用相同的方法调整第三列右侧的框线位置，从而调整相应单元格的列宽。单击表格下方的 ⊥ 按钮，快速在表格末尾处添加一行，如图 5-33 所示。

图 5-32　调整单元格列宽

图 5-33　插入行

步骤 05 在新添加的行中输入合适的内容，将鼠标指针移动到最后一行单元格下方的框线上，当鼠标指针变为 ⇕ 形状时，按住鼠标左键，将框线向下拖曳到合适的位置后释放鼠标左键，如图5-34所示。

步骤 06 选择前面 5 行单元格，在【表格工具】选项卡的【高度】数值框中输入高度"1.00 厘米"，也可以通过单击该数值框右侧的 + 按钮进行调整，如图 5-35 所示。

图 5-34　调整单元格行高

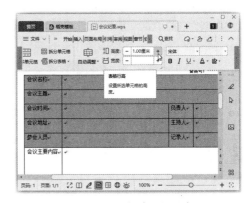

图 5-35　调整单元格行高

5.4　美化表格

插入表格后，可以像对普通文本一样设置字体格式。但要想让表格更加赏心悦目，还需要对其设置对齐方式、应用表格样式等。

5.4.1　设置文字的对齐方式

表格中单元格内容的对齐方式由单元格的垂直与水平两种对齐方式组合决定，共有 9 种对齐方式，各种对齐方式的显示效果如图 5-36 所示。

默认情况下，表格内容的对齐方式为靠上两端对齐，可以根据实际需要进行更改。单击【表格工具】选项卡中的【对齐方式】按钮，在弹出的下拉列表中选择需要的对齐方式即可，如图 5-37 所示。

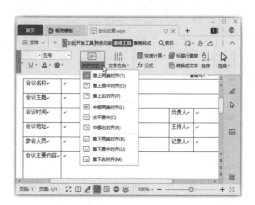

图 5-36　单元格的 9 种对齐方式　　　　　　图 5-37　设置单元格对齐方式

5.4.2　设置表格样式

默认的表格边框样式为黑色 0.5 磅单线，无填充效果。为了让表格更美观，更有说服力，可以根据需要对表格的边框和底纹进行设置，可以快速套用预置的表格样式，也可以单独进行设置。

- 套用表格样式：选择需要套用样式的单元格区域（一般为整个表格），在【表格样式】选项卡中的列表框前选中要设置样式包含的效果，然后在列表框中选择需要的预置表格样式即可，如图 5-38 所示。
- 自定义表格底纹：单击【表格样式】选项卡中的【底纹】按钮，在弹出的下拉列表中可以选择要设置的表格填充颜色，如图 5-39 所示。

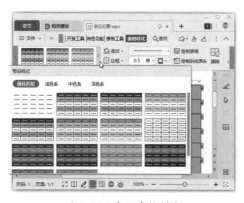

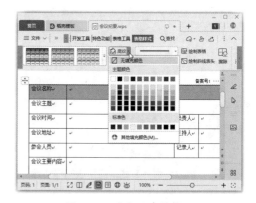

图 5-38　套用表格样式　　　　　　　　　图 5-39　自定义表格底纹

- 自定义表格边框：单击【表格样式】选项卡中的【边框】按钮，在弹出的下拉列表中可以选择为表格添加哪种类型的默认边框效果，如图 5-40 所示。如果需要为表格设置个性化的边框，可以在【表格样式】选项卡中的【线型】下拉列表中选择需要的线条样式，在【线型粗细】下拉列表中设置线条的粗细，在【边框颜色】下拉列表中设置线条的颜色，此时鼠标

指针将变为 ∅ 形状，将其移动到需要设置新样式的边框上并单击，即可为边框应用新边框样式，如图 5-41 所示。

图 5-40 添加表格边框

图 5-41 自定义表格边框

课堂问答

问题 1：如果经常需要插入某个尺寸的表格，有什么快捷方法？

答：在【插入表格】对话框中设置好经常需要使用的表格尺寸参数后，选中【为新表格记忆此尺寸】复选框，再次打开【插入表格】对话框时，该对话框中会自动显示之前设置的尺寸参数。

问题 2：如何快速将文本内容转换为表格？

答：如果每项文本内容之间以逗号（英文状态）、空格、段落标记或制表位等特定符号进行分隔，可直接转换为表格。选中要转换为表格的文本，单击【插入】选项卡中的【表格】按钮，在弹出的下拉菜单中选择【文本转换成表格】命令，如图 5-42 所示。然后在弹出的【将文字转换成表格】对话框中设置要添加的表格行列数和文字分隔标记，设置完成后单击【确定】按钮即可将文本转换为表格，如图 5-43 所示。

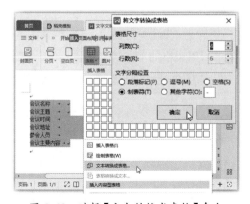

图 5-42 选择【文本转换成表格】命令

图 5-43 转换后的表格效果

问题3: 如何绘制斜线表头?

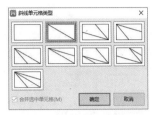

图 5-44 选择斜线表头样式

答: 通过手动绘制表格可以绘制出斜线表头, 另外, WPS文字还提供了【绘制斜线表头】功能, 可以方便地绘制多种斜线表头。首先将文本插入点定位到需要绘制斜线表头的单元格中, 然后单击【表格样式】选项卡中的【绘制斜线表头】按钮, 在打开的【斜线单元格类型】对话框中选择一种斜线表头样式, 单击【确定】按钮即可, 如图 5-44 所示。

📷 上机实战——制作"客户投诉处理表"表格

为了让读者巩固本章知识点, 下面讲解一个技能综合案例, 使读者对本章的知识有更深入的了解。

效果展示

客户投诉处理表

投诉者	公司名称		财务		姓名	
	地址				电话	
投诉事项	品名		数量		金额	
申诉意见	对方意见					
	己方意见					
调查	调查结果					
	调查判定					
暂定对策						
最后对策						
发生原因			情节程度	□·重大···□·中等···□·轻微		
	备注					

效果

思路分析

相对于大篇幅的文字内容来说, 表格的条理更清晰, 更容易被阅读者接受。下面制作的客户投诉处理表是对投诉信息进行收集的表格, 内容相对比较简单, 用表格的形式进行编排不仅一目了然, 而且查找起来十分方便。本例首先打开素材表格, 接着对表格的单元格进行相关设置, 然后输入表格中的特殊内容, 最后对表格进行美化, 得到最终效果。

制作步骤

步骤 01 打开"素材文件\第5章\客户投诉处理表.wps", 选择第一列中的前两个单元格, 单击【表格工具】选项卡中的【合并单元格】按钮, 如图 5-45 所示。

步骤 02 将文本插入点定位在"情节程度"单元格后面的单元格中, 单击【插入】选项卡中的【符号】按钮, 在弹出的下拉列表中选择WPS提供的复选框符号, 如图 5-46 所示。

图 5-45　合并单元格

图 5-46　插入符号

步骤 03 在插入的复选框符号后继续输入其他内容，然后单击插入的第一个复选框，如图 5-47 所示。

步骤 04 可以看到取消选中复选框后的效果，用相同的方法取消选中其他复选框，如图 5-48 所示。

图 5-47　取消选中复选框

图 5-48　查看取消选中复选框效果

步骤 05 选择整个表格，单击【表格工具】选项卡中的【对齐方式】按钮，在弹出的下拉列表中选择【水平居中】选项，如图 5-49 所示。

步骤 06 保持整个表格为选中状态，在【表格样式】选项卡的列表框中单击【浅色系】标签，在下方选择需要的表格样式，如图 5-50 所示，即可快速美化表格。

图 5-49　设置单元格对齐方式

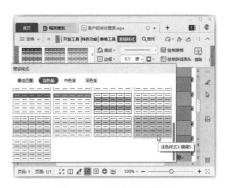

图 5-50　应用表格样式

🌐 同步训练——制作"员工入职申请表"表格

为了增强读者的动手能力，下面安排一个同步训练案例，让读者达到举一反三、触类旁通的学习效果。

图解流程

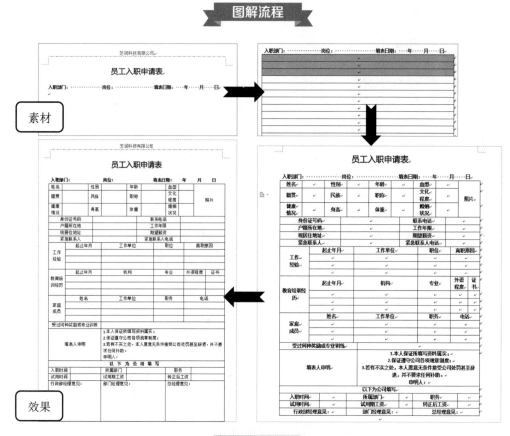

思路分析

员工入职申请表中包含的数据项比较多，设计表格框架的时候需要合理安排各项内容的摆放位置，并根据需要填写内容的多少来设计单元格的大小。本例首先插入一个大致行列数的表格，然后通过拆分和合并单元格来完善表格框架，再根据实际情况添加或删除行列，接着输入表格内容，设置合适的字体格式和对齐方式，最后根据需要填写的内容调整单元格的大小，完成表格制作。

关键步骤

步骤 01 打开"素材文件\第 5 章\员工入职申请表.wps"，插入一个 15 行 5 列的表格，通过合并和拆分单元格构建表格框架，如图 5-51 所示。

步骤 02 根据需要插入或删除行，如图 5-52 所示。

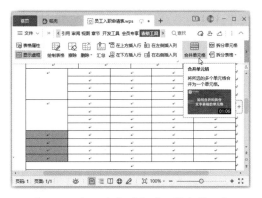

图 5-51　插入表格并合并、拆分单元格

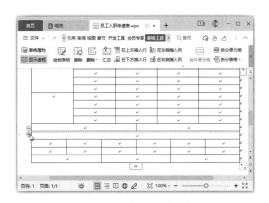

图 5-52　插入、删除行

步骤 03　输入表格内容，并对文字进行字体格式设置，如图 5-53 所示。

步骤 04　将整个表格的对齐方式设置为【水平居中】，让表格中的文字位于单元格的中间位置，如图 5-54 所示，然后对个别单元格单独设置合适的对齐方式。

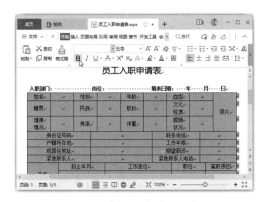

图 5-53　输入表格内容并设置字体格式

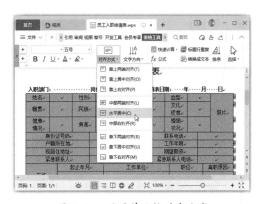

图 5-54　设置单元格对齐方式

步骤 05　拖曳鼠标调整表格中单元格的列宽和行高，如图 5-55 所示。

步骤 06　选择第 4、5、6、7 行单元格，单击【表格工具】选项卡下的【自动调整】按钮，在弹出的下拉列表中选择【平均分布各列】选项，如图 5-56 所示。

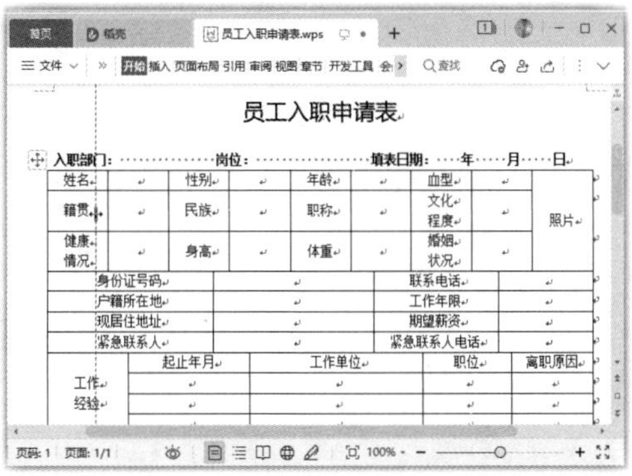

图 5-55　调整单元格大小

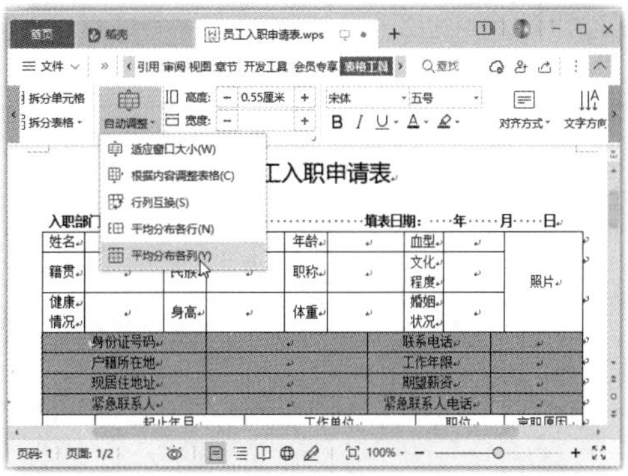

图 5-56　平均分布各列

知识能力测试

本章讲解了表格的使用和制作方法，为对知识进行巩固和考核，安排相应的练习题。

一、填空题

1. 表格由 _____ 、 _____ 、 _____ 等部分组成。

2. 在WPS文字中插入表格后，单元格中的文字有 _____ 、 _____ 、 _____ 、 _____ 、 _____ 、 _____ 、 _____ 、 _____ 和 _____ 9种对齐方式供用户选择。

二、选择题

1. 在WPS文字中选择表格中的多个不连续单元格，应按住（　　）键进行连选。

A.【Tab】　　　　　　　B.【Shift】　　　　　　C.【Alt】　　　　　　　D.【Ctrl】

2. 在WPS文字的表格中能够完成的操作有（　　）。

A. 设置表格框线宽度　B. 插入行　　　　　C. 插入列　　　　　　D. 合并单元格

三、简答题

1. 简单描述创建表格的思路。

2. 规则表格可以采用哪些方法进行创建?

WPS Office

WPS表格是WPS Office中专门用来制作电子表格的组件，具有强大的数据处理能力。本章将为读者讲解表格创建和数据输入相关的知识，包括工作表、单元格的基本操作，以及如何在单元格中输入与编辑数据，设置单元格格式、设置数据有效性、套用样式等。

学习目标

- 熟练掌握工作表的基本操作
- 掌握在 WPS 表格中输入数据的方法
- 熟练掌握单元格格式的设置方法
- 熟练掌握数据有效性的设置方法
- 学会套用样式

6.1 认识WPS表格

WPS表格作为专业的数据处理工具，不仅可以用于制作表格、保存数据，还可以进行数据计算，帮助人们将繁杂的数据转化为有效的信息。WPS表格具有强大的数据计算、汇总和分析能力，备受广大用户的青睐。

6.1.1 工作簿

WPS表格中的工作簿扩展名为.et，它是计算和存储数据的文件，是用户进行数据操作的主要对象和载体，也是WPS表格最基本的文件类型。

用户使用WPS表格创建表格、保存编辑完成后的数据等一系列操作大多是针对工作簿的。而对工作簿进行操作实际就是对表格文件进行操作，操作方法与文本文档的操作方法类似，包括新建、保存、关闭和打开等。默认情况下，新建的工作簿将以"工作簿1"命名，之后新建的工作簿将以"工作簿2""工作簿3"等依次命名。

6.1.2 工作表

工作表是工作簿的组成部分，一个工作簿可以由一个或多个工作表组成。如果把工作簿比作一本书，那么一个工作表就类似于书中的一页。工作簿中的每个工作表都以工作表标签的形式显示在工作簿的编辑区下方，方便用户切换。默认情况下，新建的空白工作簿中只包含一个工作表，且该工作表被默认命名为"Sheet1"。

工作表是WPS表格的工作平台，所有的数据输入和编辑操作都是在工作表中完成的。

6.1.3 单元格

在WPS表格的工作表中，横线分隔出来的区域称为行，竖线分隔出来的区域称为列，行和列交叉形成的格子称为单元格。

单元格是WPS表格工作界面中的矩形小方格，它是组成WPS表格的基本单位，也是存储数据的最小单元，用户输入的所有内容都将存储和显示在单元格内，所有单元格组合在一起就构成了一个工作表。

工作界面左侧的阿拉伯数字为行号，上方的英文字母为列标。每个单元格的位置都由行号和列标来确定，它们起到了坐标的作用，如A1单元格表示表格中A列第1行的单元格。

6.2 工作表的基本操作

WPS表格中编辑数据的主要平台是工作表，用户需要掌握工作表的基本操作，包括插入与删除工作表、重命名工作表、移动与复制工作表等。选择工作表标签就可以选择对应的工作表，如果需要同时选择多个工作表进行工作组的操作，可以在按住【 Ctrl 】键的同时依次选择对应的工作表标签。

6.2.1 插入和删除工作表

在 WPS 表格中，默认情况下一个工作簿中仅包含一个工作表，实际使用时可以根据需要插入更多的工作表。如果工作簿中包含多余的工作表，也可以删除。要在 WPS 表格中插入或删除工作表，可以通过以下三种方法实现。

- 单击快捷按钮插入工作表：单击工作表标签右侧的【新建工作表】按钮+，即可新建工作表。
- 通过选项卡插入或删除工作表：单击【开始】选项卡下的【工作表】按钮，在弹出的下拉菜单中选择【插入工作表】命令，在打开的对话框中可以设置要插入工作表的数目和位置，如图 6-1 所示；在【工作表】下拉菜单中选择【删除工作表】命令可以删除工作表。
- 通过快捷菜单插入或删除工作表：在工作表标签上单击鼠标右键，在弹出的快捷菜单中选择【插入】命令，也可以打开【插入工作表】对话框，如图 6-2 所示；选择【删除工作表】命令，可以删除当前所选工作表标签对应的工作表。

图 6-1 选择【插入工作表】命令

图 6-2 通过快捷菜单插入工作表

技能拓展
按【Shift+F11】组合键，可以新建工作表。删除工作表时会弹出提示信息，提示删除工作表时，其中包含的数据也会被永久删除，根据需要单击不同的按钮即可。

6.2.2 重命名工作表

默认情况下，工作表以"Sheet1，Sheet2，Sheet3……"的形式依次命名，为了区分工作表，我们可以根据表格名称、创建日期、表格编号等对工作表进行重命名。在 WPS 表格中重命名工作表的方法主要有以下两种。

- 在 WPS 表格窗口中，双击需要重命名的工作表标签，此时工作表标签呈可编辑状态，直接输入新的工作表名称，然后按【Enter】键确认即可，如图 6-3 所示。
- 在工作表标签上单击鼠标右键，在弹出的快捷菜单中选择【重命名】命令，如图 6-4 所示，此时工作表标签呈可编辑状态，输入新的工作表名称后按【Enter】键确认即可。

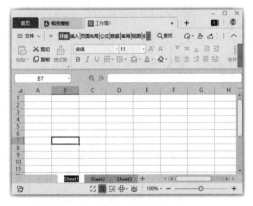 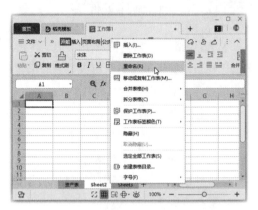

图 6-3　双击更改工作表标签名称　　　　　　图 6-4　通过右键快捷菜单重命名工作表

6.2.3　更改工作表标签颜色

当一个工作簿中存在很多工作表，不方便用户查找时，可以通过更改工作表标签颜色来标记常用的工作表，使用户能够快速查找到需要的工作表。更改工作表标签颜色的操作方法有以下两种。

- 在工作表标签上单击鼠标右键，在弹出的快捷菜单中选择【工作表标签颜色】命令，在展开的颜色面板中选择需要的颜色即可，如图 6-5 所示。
- 单击【开始】选项卡中的【工作表】按钮，在弹出的下拉菜单中选择【工作表标签颜色】命令，在弹出的下级子菜单中选择需要的颜色即可，如图 6-6 所示。

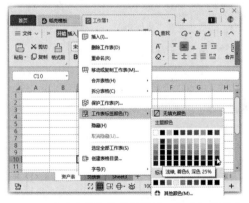 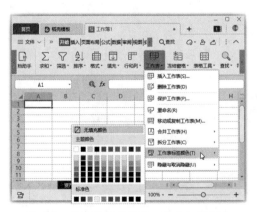

图 6-5　通过右键快捷菜单设置工作表标签颜色　　　图 6-6　通过选项卡设置工作表标签颜色

6.2.4 移动和复制工作表

移动和复制工作表是使用WPS表格管理数据时较常用的操作,主要分为工作簿内操作与跨工作簿操作两种情况,下面分别进行介绍。

1. 在同一个工作簿中操作

在同一个工作簿中移动或复制工作表的方法很简单,主要通过鼠标拖曳来操作,方法如下。

- 将鼠标指针指向需要移动的工作表的标签,按住鼠标左键将工作表标签拖曳到目标位置,如图 6-7 所示,释放鼠标即可完成移动,效果如图 6-8 所示。

图 6-7 拖曳鼠标移动工作表标签　　　　　　　　图 6-8 移动工作表效果

- 将鼠标指针指向要复制的工作表的标签,在拖曳工作表标签的同时按住【Ctrl】键,至目标位置后释放鼠标即可完成复制。

2. 跨工作簿操作

在不同的工作簿间移动或复制工作表的方法较为复杂。首先需要打开工作表要移动前后的工作簿,然后在工作表标签上单击鼠标右键,在弹出的快捷菜单中选择【移动或复制工作表】命令,或者单击【开始】选项卡中的【工作表】按钮,在弹出的下拉菜单中选择【移动或复制工作表】命令,如图 6-9 所示。此时会打开【移动或复制工作表】对话框,在【工作簿】下拉列表中选择要将工作表移动到的新工作簿,在【下列选定工作表之前】列表框中,选择工作表移动到新工作簿中的位置,如果需要复制工作簿,还需要选中【建立副本】复选框(移动工作表不选中该复选框),最后单击【确定】按钮即可,如图 6-10 所示。

图 6-9 选择【移动或复制工作表】命令　　　　　　图 6-10 选择目标位置

6.2.5　隐藏和显示工作表

为了避免别人看到工作表中的重要信息，可以将包含重要信息的工作表隐藏起来。

隐藏工作表的方法很简单，在工作表标签上单击鼠标右键，在弹出的快捷菜单中选择【隐藏】命令即可，如图 6-11 所示。

隐藏工作表后，如果需要将其显示出来，可以在隐藏了工作表的工作簿中的任意工作表标签上单击鼠标右键，在弹出的快捷菜单中选择【取消隐藏】命令，在打开的【取消隐藏】对话框中选择要显示的工作表，单击【确定】按钮，如图 6-12 所示。

图 6-11　选择【隐藏】命令

图 6-12　取消隐藏工作表

6.3　行和列的基本操作

对表格进行编辑时，经常遇到需要对行和列进行操作的情况。行和列的基本操作包括设置行高和列宽、插入行或列、删除行或列等，本节将详细介绍。

6.3.1　选择行或列

对工作表中的行和列进行相应的操作前，首先需要选择行和列，主要包括以下三种方法。

- 选择整行或整列：使用鼠标单击需要选择的行号或列标即可，如图 6-13 所示。
- 选择多个连续的行或列：按住鼠标左键，在行号或列标上拖曳，选择完成后释放鼠标即可。
- 选择多个不连续的行或列：按住【Ctrl】键的同时，用鼠标分别单击需要选择的行号或列标即可，如图 6-14 所示。

图 6-13　选择整行

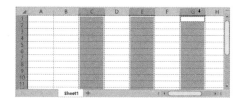

图 6-14　选择多个不连续的列

6.3.2　插入行或列

通常情况下，工作表创建之后并不是固定不变的，用户可以根据实际需要设置工作表的结构，最常见的是插入行或列。插入行和列的操作类似，这里以插入行为例进行演示。

1. 通过选项卡插入

选中要插入位置的行或列所在的任意单元格，或者选中要插入位置的行或列，然后在【开始】选项卡中单击【行和列】按钮，在弹出的下拉菜单中选择【插入单元格】命令，在弹出的下级子菜单中选择【插入行】或【插入列】命令即可，如图 6-15 所示。执行插入操作后，将在选中行的上方插入一整行空白单元格，或在选中列的左侧插入一整列空白单元格。

2. 通过右键快捷菜单插入

选中要插入位置的行或列，并在其上单击鼠标右键，在弹出的快捷菜单中选择【插入】命令，默认插入一行或一列。如果要插入多行或多列，可以在弹出的快捷菜单中【插入】命令右侧的数值框中设置行列数值，然后单击 ✓ 按钮，如图 6-16 所示。

图 6-15　通过选项卡插入行

图 6-16　通过右键快捷菜单插入行

6.3.3　调整行高或列宽

默认情况下，WPS 表格工作表中的行高与列宽是固定的，当单元格内容较多时，可能无法全部显示出来；而内容较少时，单元格会显得空荡荡的，这时可以设置单元格的行高或列宽。

1.通过拖曳鼠标的方式设置

对于精度要求不高的表格，我们通常会通过拖曳鼠标的方式来手动调整行高或列宽。只需将鼠标指针移至行号或列标的间隔线处，当鼠标指针变为 ✛ 或 ✛ 形状时按住鼠标左键，拖曳到合适的位置后释放鼠标左键即可。

2.设置精确的行高和列宽

在 WPS 表格中，用户可以根据需要设置精确的行高和列宽。下面以设置行高为例，具体操作方法如下。

步骤 01 选择需要设置行高的行中任意单元格，单击【开始】选项卡中的【行和列】按钮，在弹出的下拉菜单中选择【行高】命令，如图 6-17 所示；或在工作表中选择要设置行高的行，并在其上单击鼠标右键，在弹出的快捷菜单中选择【行高】命令，如图 6-18 所示。

步骤 02 打开【行高】对话框，在数值框中输入精确的行高，单击【确定】按钮即可，如图 6-19 所示。

图 6-17　选择【行高】命令　　图 6-18　通过快捷菜单选择【行高】命令　　图 6-19　设置行高

3.设置最适合的行高和列宽

如果表格中的行、列数太多，也可以使用更简单的自动调整功能调整至最适合的行高或列宽，使单元格大小与单元格中的内容相适应。选择要调整行高或列宽的行或列，然后单击【行和列】按钮，在弹出的下拉菜单中选择【最适合的行高】或【最适合的列宽】命令即可。

6.3.4　移动和复制行或列

在 WPS 表格中，我们可以根据需要将选中的行或列移动或复制到同一个工作表的不同位置、不同的工作表甚至不同的工作簿中。通常可以通过剪贴操作来实现，下面以移动某行为例进行演示。

1.通过鼠标拖曳的方式在同一工作表中操作

在同一个工作表中用拖曳鼠标的方式来移动或复制行或列会更便捷。选中需要移动的行或列，将鼠标指针移动到选定行或列的间隔线上时，鼠标指针将变成 形状。此时，按住鼠标左键直接拖曳，可以移动该行或列内容到目标行或列；按住【Ctrl】键的同时拖曳鼠标，可以复制该行或列内容到目标行或列；按住【Shift】键的同时拖曳鼠标，可以将选择行或列的内容移动并插入目标位置；按住【Ctrl+Shift】组合键的同时拖曳鼠标，可以将选择行或列的内容复制并插入目标位置。

2. 通过选项卡实现跨表操作

在不同的工作表中移动或复制行或列，通常会通过在选项卡中单击按钮来完成。下面在同一个工作表中演示通过选项卡移动行的具体操作。

步骤 01　选中需要移动的行，单击【开始】选项卡中的【剪切】按钮，如图 6-20 所示，或按【Ctrl+X】组合键进行剪切（复制的快捷键为【Ctrl+C】）。

步骤 02　选中要移动到的目标位置，单击【开始】选项卡中的【粘贴】按钮（或按【Ctrl+V】组合键）即可在目标位置进行粘贴，如图 6-21 所示。

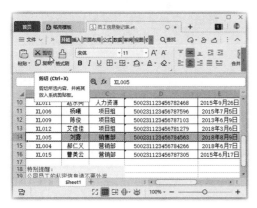　　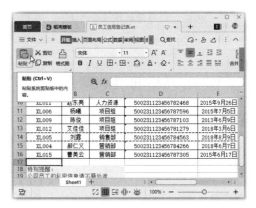

　　　　图 6-20　剪切行　　　　　　　　　　　图 6-21　粘贴行

技能拓展

　将行或列移动或复制到其他位置时，如果目标位置有内容，那么目标位置中的内容将会被替换，如果希望目标位置中的内容被保留，可以在执行【剪切】或【复制】操作后使用鼠标右击目标位置，然后在弹出的快捷菜单中选择【插入已剪切的单元格】或【插入复制单元格】命令。

6.3.5　删除行或列

在 WPS 表格中不仅可以插入行或列，还可以根据实际需要删除行或列。删除行或列与插入行或列的操作类似，可以通过两种方法实现。

- 选择要删除的行或列，单击【开始】选项卡中的【行和列】按钮，在弹出的下拉菜单中选择【删除单元格】命令，在弹出的下级子菜单中选择【删除行】或【删除列】命令即可，如图 6-22 所示。
- 选中要删除的行或列，并在其上单击鼠标右键，在弹出的快捷菜单中选择【删除】命令即可，如图 6-23 所示。

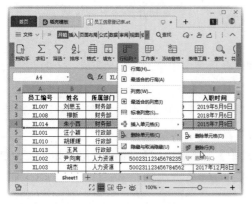

图 6-22　通过选项卡命令删除

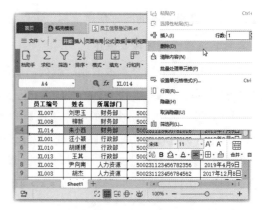

图 6-23　通过右键菜单删除行或列

6.4 单元格的基本操作

单元格是WPS表格中操作的最小单位，本节将讲解单元格的基本操作，包括选择单元格、插入与删除单元格、移动与复制单元格、合并与拆分单元格等。

6.4.1 选择单元格

编辑单元格前首先要将其选中。选择单元格的方法有很多种，下面分别介绍。

- 选择单个单元格：将鼠标指针指向某个单元格，单击即可将其选中。

- 选择所有单元格：单击工作表左上角的行标题和列标题的交叉处 ，或者按【Ctrl+A】组合键，可以快速选中整个工作表中的所有单元格，如图 6-24 所示。

- 选择连续的多个单元格：选择需要选择的单元格区域左上角的单元格，然后按住鼠标左键拖曳到需要选择的单元格区域右下角的单元格，释放鼠标左键即可，如图 6-25 所示。

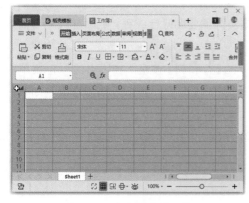

图 6-24　选中所有单元格

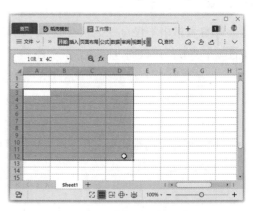

图 6-25　选择单元格区域

温馨
提示
　　在 WPS 表格中,由若干个连续的单元格构成的矩形区域称为单元格区域。单元格区域以其对角的两个单元格来标识。例如,由 A3 到 D12 单元格组成的单元格区域用"A3:D12"标识。

- 选择不连续的多个单元格:按住【Ctrl】键,用鼠标分别单击要选择的单元格即可。

6.4.2　插入和删除单元格

　　插入和删除单元格也是 WPS 表格中常用的操作,操作方法与行列的插入和删除方法类似。

　　如果需要在某个单元格处插入一个空白单元格,可以单击【行和列】按钮,在弹出的下拉菜单中选择【插入单元格】命令,在弹出的下级子菜单中选择【插入单元格】命令,然后在打开的【插入】对话框中根据需要选择单元格的插入位置,如【活动单元格右移】或【活动单元格下移】,最后单击【确定】按钮,如图 6-26 所示;也可以在选择单元格后单击鼠标右键,在弹出的快捷菜单中选择【插入】命令,在弹出的下级子菜单中设置单元格的插入位置,如图 6-27 所示。

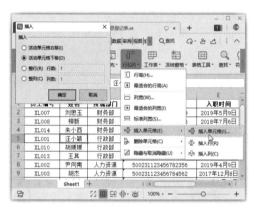

图 6-26　通过选项卡插入单元格

图 6-27　通过快捷菜单设置单元格的插入位置

　　删除单元格是插入单元格的逆向操作,可以在【行和列】下拉菜单中选择【删除单元格】命令,在弹出的下级子菜单中选择【删除单元格】命令,然后在打开的对话框中根据需要选择单元格删除后其他单元格的位置移动方式,如【右侧单元格左移】或【下方单元格上移】,如图 6-28 所示。也可以在右键快捷菜单中选择【删除】命令,在下级子菜单中选择删除后其他单元格的位置移动方式。

图 6-28　设置单元格移动方式

6.4.3　移动和复制单元格

　　在 WPS 表格中,我们可以根据需要将单元格移动或复制到同一个工作表的不同位置、不同的工作表甚至不同的工作簿中。单元格的移动、复制操作与行列的移动、复制操作类似,只是使用右键快捷菜单插入剪切或复制的单元格时,需要设置相邻单元格的移动方式,如图 6-29 所示。

　　需要注意的是,执行【粘贴】操作时系统默认为粘贴值和源格式,如果要选择其他粘贴方式,可以通过以下两种方法实现。

- 执行【粘贴】操作时，单击【粘贴】按钮下方的下拉按钮，在弹出的下拉列表中选择不同的粘贴方式。
- 在执行【粘贴】操作后，在粘贴内容的右下方会显示出一个粘贴标记 🖺，单击此标记会弹出一个下拉菜单，用于选择不同的粘贴方式，如图 6-30 所示。

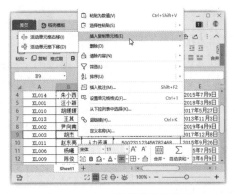

图 6-29　插入复制单元格设置

图 6-30　选择粘贴方式

6.4.4　合并和拆分单元格

为了使制作的表格更加专业和美观，往往需要将一些单元格合并成一个单元格或将合并后的一个单元格拆分成多个单元格。

合并单元格是将两个或多个连续区域内的单元格合并为一个占有多个单元格空间的大型单元格。选中要合并的单元格区域，在【开始】选项卡中单击【合并居中】按钮下方的下拉按钮，在弹出的下拉列表中选择需要的单元格合并方式即可，如图 6-31 所示。

合并单元格后，如果不满意，还可以再次单击【合并居中】按钮下方的下拉按钮，在弹出的下拉列表中可以看到新增了拆分单元格的相关选项，如图 6-32 所示，根据需要选择合适的拆分方式即可。

图 6-31　合并单元格

图 6-32　拆分单元格

WPS 表格中有多种单元格合并和拆分方式，会根据选择的单元格对象提供对应的方式，包括进行常规合并、合并相同单元格、合并内容、拆分并填充单元格等。【合并居中】下拉列表中各合并、拆分方式作用介绍如下。

- 合并居中：将选定的多个单元格合并为一个较大的单元格，新单元格中仅保留原始第一个单元格的内容且设置为居中对齐显示。按【Ctrl+M】组合键或直接单击【合并居中】按钮将默认采用此方式合并单元格。
- 合并单元格：将选定的多个单元格合并为一个较大的单元格，新单元格中仅保留原始第一个单元格的内容且保持对齐方式不变。
- 合并相同单元格：自动识别并分别合并内容相同的单元格，形成若干个新单元格。
- 合并内容：将所有原始单元格中的内容汇总至新单元格并换行显示。
- 按行合并：将所选区域的同行单元格分别进行合并，仅保留原始第一列中的内容。
- 跨列居中：将所选区域的单元格按行分别进行跨列居中对齐，显示效果类似于按行合并居中，但实际上并未进行合并单元格操作，各原始单元格仍然相互独立。
- 取消合并单元格：将内容仅填充至拆分后的左上角单元格，其他单元格留空。按【Ctrl+M】组合键或直接单击【合并居中】按钮将默认采用此方式拆分单元格。
- 拆分并填充内容：将内容复制填充至所有拆分后的单元格，对于按行合并的多列区域，则分别按行填充内容。

▓▓ 课堂范例——制作"员工信息登记表"工作表

在制作一些用于展示信息的表格时，经常会对行、列、单元格的大小进行设置，以及合并单元格。例如，下面对"员工信息登记表"进行常规的设计，具体操作步骤如下。

步骤 01 打开"素材文件\第 6 章\员工信息登记表 .et"，选择包含具体信息的单元格区域，单击【开始】选项卡中的【行和列】按钮，在弹出的下拉菜单中选择【最适合的列宽】命令，如图 6-33 所示，让这些列根据数据内容的多少自动调整列宽。

步骤 02 选择 A、B、C 列单元格，将鼠标指针移动到这三列中任意列的列标间隔线处，当鼠标指针变为✛形状时按住鼠标左键并拖曳到合适的位置，如图 6-34 所示，适当缩小这三列的列宽。

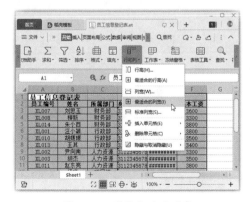

图 6-33　设置合适的列宽

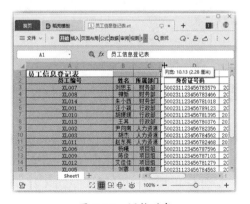

图 6-34　调整列宽

步骤 03 选择第1行和第2行单元格，单击【行和列】按钮，在弹出的下拉菜单中选择【行高】命令。打开【行高】对话框，在数值框中输入行高"20"，单击【确定】按钮，如图 6-35 所示。

步骤 04 选择需要合并的A1:F1单元格区域，单击【开始】选项卡中的【合并居中】按钮，如图 6-36 所示，可以看到将A1:F1单元格区域合并为一个单元格的效果。

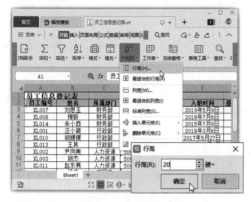
图 6-35 设置行高

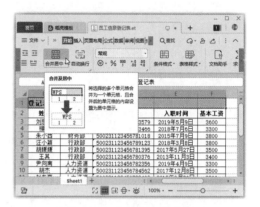
图 6-36 合并居中单元格

步骤 05 选择A16:F16单元格区域，将鼠标指针移动到选定单元格区域的边线上，当鼠标指针变成形状时，按住【Ctrl】键拖曳鼠标指针到A18单元格，如图 6-37 所示，复制所选单元格区域内容。再修改其中的数据就可以快速完成一条新记录的输入。

步骤 06 选择第15行单元格，单击【行和列】按钮，在弹出的下拉菜单中选择【插入单元格】命令，在弹出的下级子菜单中选择【插入行】命令，如图 6-38 所示。

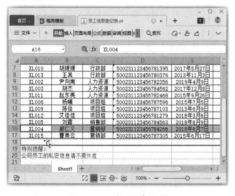
图 6-37 复制单元格

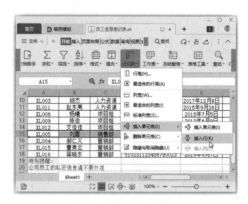
图 6-38 插入行

步骤 07 即可在选择行的上方插入一行空白单元格，输入一条新记录。选择C3:C19单元格区域，单击【合并居中】按钮，在弹出的下拉菜单中选择【合并相同单元格】命令，如图 6-39 所示。

步骤 08 可看到C3:C19单元格区域中内容相同的单元格自动合并为一个单元格。选择A20:C21单元格区域，单击【合并居中】按钮下方的下拉按钮，在弹出的下拉菜单中选择【合并内容】命令，如图 6-40 所示。可以看到A20:C21单元格区域合并为一个单元格的效果。

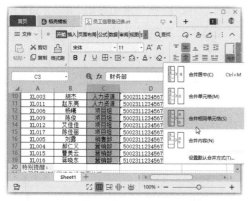

图 6-39　合并相同单元格

图 6-40　合并内容

6.5　输入和编辑数据

WPS 表格最基本的功能就是以表格的形式记录和管理数据，并对数据进行整理和格式化，将其组织成便于阅读和查询的格式。所以，使用 WPS 表格必须学会数据的输入和编辑技巧。

6.5.1　输入数据

要进行表格制作和数据分析，输入数据是第一步。在 WPS 表格中，常见的数据类型有文本、数字、日期和时间等，下面介绍常见数据的输入方法。

1. 输入文本和数字

文本和数字是 WPS 表格中重要的数据类型，也是最普通的数据类型。在表格中输入这两类数据的方法很简单，主要有以下 3 种输入方式。

- 选择单元格输入：选择需要输入文本或数字的单元格，然后直接输入文本或数字，完成后按【Tab】键切换到右侧单元格或按【Enter】键切换到下一行开头的单元格，或者单击其他单元格即可。
- 双击单元格输入：双击需要输入文本或数字的单元格，将文本插入点定位在该单元格中，然后在单元格中输入文本或数字，完成后按【Enter】键或单击其他单元格。
- 通过编辑栏输入：选择需要输入文本或数字的单元格，然后在编辑栏中输入文本或数字，单元格中会自动显示在编辑栏中输入的内容，完成后单击编辑栏中的【输入】按钮✓，或单击其他单元格即可。

2. 输入日期和时间

日期和时间是一种特殊的数值型数据，WPS 表格将其存储为可进行计算的"序列值"。如果在 WPS 表格中输入的日期和时间不是 WPS 中的日期和时间数据类型，WPS 将无法识别。

在WPS表格中，如果只需要输入普通的时间格式数据，直接在单元格中按照【时:分:秒】格式输入即可，如输入"9:30:00"。需要注意的是，在WPS表格中，系统默认按24小时制输入，如果需要设置为其他的时间格式，如"9:30:00PM"，则需要在【单元格格式】对话框中进行格式设置。

如果要在单元格中输入日期，需要按【年–月–日】格式或【年/月/日】格式输入。默认情况下，输入的日期型数据包含年、月、日时，会以【年/月/日】格式显示；输入的日期型数据只包含月、日时，会以【×月×日】格式显示。如果需要输入其他格式的日期数据，则需要通过【单元格格式】对话框中的【数字】选项卡进行设置。

3. 输入特殊数据

在单元格中输入文本或数字时，WPS表格会自动识别数据类型并分别以数值或文本进行存储和显示，数值默认右对齐显示，文本默认左对齐显示。但是，实际使用中有些数字虽然外观上是由数字组成的，但是并不表示数量，不需要进行数值计算，如员工编号、手机号码和银行卡号等，这些数字只是描述性的文本编号。

通常在输入文本型数字时，可以先设置单元格格式为文本后再输入数字，或者先输入半角单引号（'）后再输入数字，如图6-41所示。也可以在输入数字后，单击单元格前方显示出的【切换】图标 ⊖ 快速切换为文本型数字，如图6-42所示。

WPS表格可以智能识别常见的文本型数字应用场景，在单元格中输入超过11位的长数字（如18位身份证号、16位银行卡号等），或者以0开头超过5位的数字编号（如"012345"）时，WPS表格会自动识别为文本型数字并以文本数据进行存储和显示，让用户免去手动添加半角单引号（'）或手动设置数字格式的操作。只是需要注意，11位的电话号码是不能自动转换为文本型数字的，如图6-43所示。

图6-41　输入文本型数字

图6-42　切换为文本型数字

图6-43　智能识别常见的文本型数字应用场景

在WPS表格中不能直接输入分数，系统会默认将其显示为日期格式。例如，输入分数"3/4"，按【Enter】键确认后将会显示为日期"3月4日"。如果要在单元格中输入能正确参与数值计算的分数，需要按"整数部分+空格+分数部分"的形式输入。没有整数部分时需要在分数部分前加上一个"0"和一个空格。

6.5.2　编辑单元格内容

在WPS表格中输入数据时，若发现输入的数据有误，可以根据实际情况进行修改。在WPS表格中编辑单元格内容可以通过以下几种方法实现。

- 双击需要编辑数据的单元格，此时单元格处于编辑状态，将文本插入点定位在需要修改的位置，将错误内容删除并输入正确的内容，完成后按【Enter】键确认即可。
- 选中需要编辑数据的单元格，将文本插入点定位在编辑栏中需要修改的位置，然后将错误内容删除并输入正确的内容，完成后按【Enter】键确认即可。
- 选中需要重新输入数据的单元格，直接输入正确的数据，然后按【Enter】键确认即可替换原有数据。

> **温馨提示**
>
> 按【Delete】键可以删除所选单元格或单元格区域中的数据，在【开始】选项卡中单击【清除】按钮 ◇·，在弹出的下拉列表中可以选择清除单元格中的格式、内容、批注或清除全部。

6.5.3　快速填充数据

在 WPS 表格中输入数据时，经常需要输入一些有规律的数据，如等差或等比的有序数据。对于这些数据，可以使用快速填充数据功能将它们填充到相应的单元格中。

1. 自动填充

当要输入的数据的顺序具有某些关联特性时，可以使用 WPS 表格提供的"自动填充"功能快速批量输入数据。

自动填充功能默认以序列方式填充，WPS 表格中可以自动识别的内置序列如下。

- 数字序列：如等差序列"1，3，5，7……"、等比序列"2，4，8，16……"等。在连续区域中输入序列的前几个数字，然后拖曳填充柄，即可填充不同步长的数字序列。
- 日期序列：如日期值序列"2022/1/1，2022/1/2，2022/1/3……"、时间值序列"1：00，2：00，3：00……"等。
- 文本序列：如编号序列"A01，A02，A03……"、大写数字序列"一，二，三……"、中文文本日期序列"星期日，星期一，星期二……"、英文文本日期序列"Jan，Feb，Mar……"、天干序列"甲，乙，丙，丁……"、地支序列"子，丑，寅，卯……"等。

快速填充数据主要可以通过以下 4 种方法来实现，下面以最常见的数字序列进行演示。

- 通过鼠标左键拖曳填充柄。自动填充功能一般通过"填充柄"实现，即活动单元格或单元格区域右下角的方形点，当鼠标指针指向填充柄时将会从 ✚ 形状变为 ✚ 形状。在单元格中输入数据，然后选择该单元格，按住鼠标左键并拖曳该单元格的填充柄到需要的位置，如图 6-44 所示，释放鼠标即可填充等差序列，如图 6-45 所示；在单元格或连续单元格区域中输入目标序列中的一个或几个元素，为 WPS 识别提供必要的初始内容及顺序信息，这里在第一个单元格中输入起始值，然后在第二个单元格中输入等差序列的第二个值，再选择这两个单元格，将鼠标指针移动到选区右下角的填充柄上，当其变成 ✚ 形状时，按住鼠标左键并拖曳到需要的位置，如图 6-46 所示，释放鼠标即可填充等差序列，如图 6-47 所示。

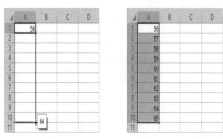

图 6-44 输入第一个数据 图 6-45 填充等差序列　　　图 6-46 输入前两个数据 图 6-47 填充等差序列

- 双击填充柄填充：若要填充序列的单元格旁边有行或列固定了要填充数据的参考范围，在单元格或连续单元格区域中输入目标序列中的一个或几个元素后，选择该区域，双击填充柄，可以在识别的需要填充数据的范围内自动填充等差或等比序列数据。

- 通过鼠标右键拖曳填充柄填充：在单元格或连续单元格区域中输入目标序列中的一个或几个元素，选择该区域，按住鼠标右键拖曳填充柄到目标单元格，释放鼠标右键，在弹出的快捷菜单中选择【等差序列】或【等比序列】命令，即可填充需要的有序数据，如图 6-48 所示。

- 通过菜单命令填充：在起始单元格中输入需要填充的数据，然后选择包含活动单元格的要填充数据的目标区域，在【开始】选项卡中单击【填充】按钮，在弹出的下拉菜单中选择【向下/右/上/左填充】命令，如图 6-49 所示，即可将活动单元格的内容快速填充至下/右/上/左的相邻单元格，也可以按【Ctrl+D】组合键向下填充，或者按【Ctrl+R】组合键向右填充。

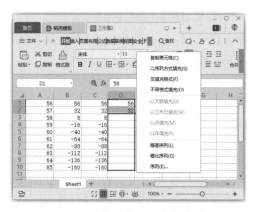

图 6-48 选择等差序列或等比序列

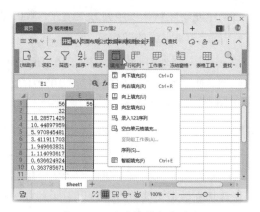

图 6-49 通过菜单命令填充

图 6-50 【序列】对话框

- 通过对话框填充：在起始单元格中输入需要填充的数据，然后选择需要填充序列数据的多个单元格（包括起始单元格），单击【开始】选项卡中的【填充】按钮，在弹出的下拉菜单中选择【序列】命令，在打开的对话框中可以设置填充的详细参数，如填充数据的位置、类型、日期单位、步长值和终止值等，如图 6-50 所示，单击【确定】按钮，即可按照设置的参数填充相应的序列。

2. 设置填充选项

自动填充完成后，在操作区域右下角将显示【自动填充选项】按钮，单击该按钮，在弹出的下拉列表中可以进一步选择不同的填充方式，如【复制单元格】【以序列方式填充】【仅填充格式】【不带格式填充】等，如图 6-51 所示。图 6-52 所示为该列以【复制单元格】方式填充的效果。

WPS 表格中的【自动填充选项】下拉列表还可以根据所填充的数据类型额外提供一些特殊选项。如图 6-53 所示，自动填充日期型数据时，在下拉列表中将显示更多与日期有关的选项，如【以天数填充】【以工作日填充】【以月填充】【以年填充】等。图 6-54 所示为该列以【以工作日填充】方式填充的效果。

图 6-51　自动填充选项　　图 6-52　复制单元格效果　　图 6-53　自动填充选项　　图 6-54　以工作日填充效果

温馨提示　通过鼠标右键拖曳填充柄填充数据时，操作完成后在自动弹出的快捷菜单中也提供了类似的设置填充选项。

3. 自定义填充

WPS 表格提供了内置序列，用户可以直接使用。对于经常使用而内置序列中没有的序列，WPS 表格允许将其自定义为自动填充序列，以便以后填充该序列时加快数据的输入速度。

例如，要自定义序列【成华店，南湖店，高新店，西城店，龙利店】，具体操作方法如下。

步骤 01　在 WPS 表格操作界面中单击【文件】菜单按钮，在弹出的下拉菜单中选择【选项】命令，如图 6-55 所示。

步骤 02　打开【选项】对话框，单击【自定义序列】选项卡，在左侧的【自定义序列】列表框中选择【新序列】选项，在【输入序列】文本框中输入要自定义的序列内容（以换行或半角逗号分隔各元素），这里输入"成华店,南湖店,高新店,西城店,龙利店"，单击【添加】按钮，将输入的数据序列添加到左侧的【自定义序列】列表框中，最后单击【确定】按钮完成自定义序列的添加，如图 6-56 所示。

步骤 03 返回工作表中，在单元格中输入自定义序列中的任意一个内容，再利用自动填充功能填充数据，即可自动填充自定义的序列，如图 6-57 所示。

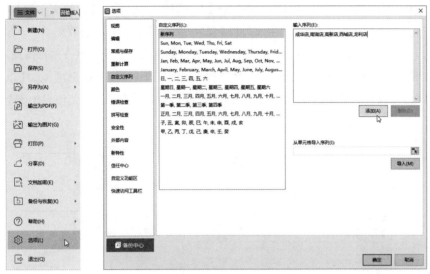

图 6-55　选择【选项】命令　　　　图 6-56　添加自定义序列　　　　图 6-57　查看填充序列效果

4. 智能填充

WPS表格提供了"智能填充"功能，使用模式识别来抽取或连接数据，根据输入的示例结果，智能分析出示例结果与原始数据之间的关系，尝试据此填充同列的其他单元格。

智能填充功能可以使一些不太复杂但需要重复操作的字符串处理工作变得简单。例如，实现字符串的分列与合并、提取身份证号码中的出生日期、分段显示手机号码等。图 6-58 所示的最后三列便是通过智能填充功能完成的。

	A	B	C	D	E	F	G	H
1	姓名	公司	部门	身份证号码	联系方式	批量拆分合并字段	提取出生日期	分段显示手机号码
2	汪小颖	盛器科技北京公司	行政部	500111198506040023	13312345678	北京-行政部	19850604	133-1234-5678
3	尹向南	盛器科技北京公司	人力资源	500111198809041156	13555558667	北京-人力资源	19880904	135-5555-8667
4	胡杰	盛器科技广州公司	人力资源	530111199005081145	14545671236	上海-人力资源	19900508	145-4567-1236
5	郝仁义	盛器科技广州公司	营销部	560111199507165656	18012347896	广州-营销部	19950716	180-1234-7896
6	刘露	盛器科技成都公司	销售部	500111199203180078	15686467298	成都-销售部	19920318	156-8646-7298
7	杨曦	盛器科技武汉公司	项目组	520111199611295252	15843977219	武汉-项目组	19961129	158-4397-7219
8	刘思玉	盛器科技武汉公司	财务部	500111198808243323	13679010576	武汉-财务部	19880824	136-7901-0576
9	樊新	盛器科技成都公司	财务部	500111199908244451	13586245369	成都-财务部	19990824	135-8624-5369
10	陈俊	盛器科技北京公司	项目组	500111199302041158	16945676952	北京-项目组	19930204	169-4567-6952
11	胡媛媛	盛器科技安徽公司	行政部	500111199310253345	13058695996	安徽-行政部	19931025	130-5869-5996
12	赵东亮	盛器科技北京公司	研发部	500211198910250016	13182946695	北京-研发部	19891025	131-8294-6695
13	艾佳佳	盛器科技上海公司	研发部	510111198507213345	15935952955	上海-研发部	19850721	159-3595-2955
14	王其	盛器科技广州公司	研发部	500111198301203024	15666626966	广州-研发部	19830120	156-6662-6966
15	朱小西	盛器科技成都公司	技术部	500111198406030023	13688595699	成都-技术部	19840603	136-8859-5699
16	曹美云	盛器科技北京公司	技术部	500111198810073306	13946962932	北京-技术部	19881007	139-4696-2932

图 6-58　智能填充

启用智能填充功能有以下 3 种方法。

- 选定初始示例单元格，按【Ctrl+E】组合键，即可自动向下进行智能填充。
- 选定初始示例单元格，双击填充柄向下进行常规的自动填充操作，完成后单击右下角显示的【自动填充选项】按钮，在弹出的下拉列表中选择【智能填充】选项。

- 选定初始示例单元格，在【开始】或【数据】选项卡中单击【填充】按钮，在弹出的下拉列表中选择【智能填充】选项，即可自动向下进行智能填充。

温馨提示
智能填充功能必须在数据区域的"相邻列"内使用，不支持横向填充。使用该功能并不一定能得到期望的正确结果，所以使用后必须非常认真地检查数据。提供更多的初始示例数据，可以在一定程度上提升智能填充的准确性。

6.5.4 为数据输入设置下拉列表

通过"插入下拉列表"功能为单元格设置自定义下拉选项，在需要输入数据时，就可以直接通过选择下拉列表中设置好的选项来快速输入单元格内容了。该操作常用于实现快速输入学历、岗位、部门等重复性数据项目。例如，要为"借用部门"列设置下拉列表，具体操作方法如下。

步骤 01 打开"素材文件\第 6 章\办公室物品借用登记表.et"，选择要插入下拉列表的单元格区域，单击【数据】选项卡中的【插入下拉列表】按钮，如图 6-59 所示。

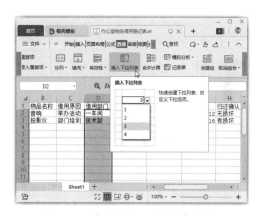

图 6-59 单击【插入下拉列表】按钮

步骤 02 打开【插入下拉列表】对话框，在列表框中输入下拉列表中的第一个选项内容，如【一车间】，单击上方的 按钮，如图 6-60 所示。

步骤 03 在列表框中新添加的文本框中输入下拉列表中的第二个选项内容，使用相同的方法继续添加下拉列表中的其他选项内容，完成后单击【确定】按钮，如图 6-61 所示。

图 6-60 输入第一个选项内容

图 6-61 输入其他选项内容

步骤 04 返回工作表中，选择任意一个设置了下拉列表的单元格，其右侧会显示下拉按钮，单击该按钮，在弹出的下拉列表中选择选项，即可快速填入对应的单元格中，如图 6-62 所示。

图 6-62　查看下拉列表效果

温馨
提示　通过下拉列表可以快速输入单元格内容，但只能输入下拉列表中提供的选项内容，输入其他内容时将会提示错误。

6.5.5　查找和替换数据

在数据量较大的工作表中，若想手动查找并替换单元格中的数据是非常困难的，而 WPS 表格的查找和替换功能能够帮助用户快速进行相关操作。

1. 查找数据

利用查找数据功能，用户可以查找各种不同类型的数据，提高工作效率。在工作表中查找数据，主要是通过【查找】对话框中的【查找】选项卡来进行的。在【开始】选项卡中单击【查找】按钮，在弹出的下拉菜单中选择【查找】命令，如图 6-63 所示，即可打开【查找】对话框，并默认切换到【查找】选项卡，在【查找内容】文本框中输入要查找的内容，单击【选项】按钮，在展开的区域中可以设置查找范围、搜索方式等。单击【查找全部】按钮，即可展开对话框的搜索列表框，其中会罗列出所有查找到的内容所在单元格、具体值等信息，如图 6-64 所示；单击【查找上一个】或【查找下一个】按钮，可以在工作表中依次跳转到上一个或下一个查找到的内容所在单元格。单击【关闭】按钮可以关闭【查找】对话框。

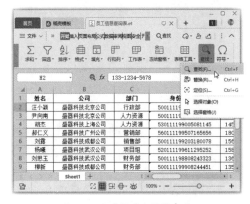

图 6-63　选择【查找】命令

图 6-64　查找内容

2. 替换数据

使用 WPS 表格的【替换】功能，可以在工作表中
快速查找到符合某些条件的数据，同时将其替换成指
定的内容。在【开始】选项卡中单击【查找】按钮，在
弹出的下拉菜单中选择【替换】命令，可以打开【替
换】对话框，如图 6-65 所示。在【查找内容】文本框
中输入要查找的内容，在【替换为】文本框中输入要
替换为的内容，单击【全部替换】按钮，可以一次性

图 6-65　输入替换内容

进行替换；如果需要依次判断每一处查找到的内容是否需要替换，可以单击【查找上一个】或【查找
下一个】按钮依次进行查看，如果需要替换，则单击【替换】按钮仅对当前查找到的数据进行替换。

6.5.6　让假数字变成真数字

导入外部数据时，经常会产生一些不能计算的"假数字"，导致统计出错。在进行数据分析前，
通常需要对数据的格式进行检查，将文本型数据转换为数值型数据。WPS 表格可以一键将文本转
换为数值，把"假数字"变成可以计算的"真数字"，具体操作方法如下。

步骤 01　打开"素材文件\第 6 章\网站运营数据 .et"，选择需要调整数据格式的 B2:H3 单元
格区域，单击【开始】选项卡中的【格式】按钮，在弹出的下拉菜单中选择【文本转换成数值】命令，
如图 6-66 所示。

步骤 02　即可将"假数字"变成可以计算的"真数字"，I 列将显示正确的计算结果，如图 6-67
所示。

图 6-66　选择【文本转换成数值】命令

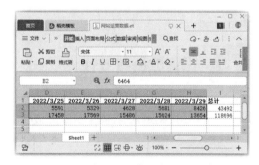

图 6-67　查看转换成真数字后的计算结果

📖 课堂范例——制作"办公室物品借用登记表"工作表

实际使用中的非展示类表格一般都不复杂，根据需要设计好表格框架，输入要记录的信息即可。
下面以制作"办公室物品借用登记表"为例，介绍常用表格的制作方法。

步骤 01　新建一个空白工作簿，并以"办公室物品借用登记表 .et"为名进行保存。双击 A1
单元格，将文本插入点定位到该单元格中，输入"序号"，如图 6-68 所示。

步骤 02 按【Tab】键切换到 B1 单元格，输入该单元格中的内容。然后继续用相同的方法输入第一行中的其他表头内容，如图 6-69 所示。

图 6-68　输入文本数据

图 6-69　输入其他表头内容

步骤 03 选择 A2 单元格，在其中输入编号"1"，然后将鼠标指针移动到该单元格右下角的填充柄上，鼠标指针将变为+形状，按住鼠标左键向下拖曳至所需位置，如图 6-70 所示，然后释放鼠标左键，即可填充差值为 1 的等差序列。

步骤 04 根据实际情况，输入各条借用登记信息，完成后的效果如图 6-71 所示。

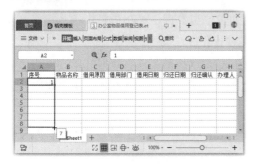
图 6-70　填充数据

图 6-71　依次输入数据

6.6 设置数据有效性

数据有效性功能可以用来验证用户在单元格中输入的数据是否有效，以及限制输入数据的类型、范围和格式等，并依靠系统自动检查输入的数据是否符合约束，减少输入错误，提高工作效率。

6.6.1　设置数据有效性规则

在工作表中编辑内容前，为了确保输入数据的准确性，可以设置单元格中允许输入的数据类型和范围，如限制单元格中输入的文本长度、文本内容、数值范围等。

若要在单元格或单元格区域中设置数据有效性规则，首先选择单元格或单元格区域，然后在【数据】选项卡中单击【有效性】按钮，如图 6-72 所示，打开【数据有效性】对话框。在【设置】选项卡的【允许】下拉列表中选择有效性规则，包括数据类型、范围和格式等，如图 6-73 所示。设置完成后，单击【确定】按钮即可。

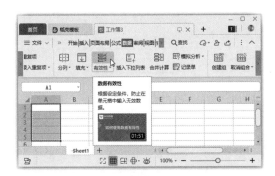

图 6-72　单击【有效性】按钮

图 6-73　设置数据有效性规则

【允许】下拉列表中各选项的作用如下。

- 任何值：默认允许输入的内容为"任何值"，表示单元格内可以输入任意数据。
- 整数、小数、日期、时间：常用于将输入数据限制为指定的数值范围，如介于某个范围内的整数或小数、某时段内的日期或时间。选择这些选项后，需要进一步指定具体的值。
- 序列：用于将数据输入限制为指定序列的值，可以在单元格或单元格区域中制作下拉列表，以实现快速且准确的数据输入，序列"来源"允许直接引用工作表中已经存在的数据序列，或者手动输入以半角逗号分隔元素的数据序列。
- 文本长度：用于将输入数据限制为指定长度的文本，以防止输入身份证号码或产品编号等长数字时字符数目出错。
- 自定义：允许用户应用公式和函数来表达更加复杂的有效性规则。例如，要在 A 列中设置"拒绝输入重复项"，可以输入自定义公式"=COUNTIF($A:$A,A1)<2"。

> **温馨提示**　对同一数据区域多次设置有效性规则时，旧规则会被新规则覆盖，若想同时应用多个有效性规则，必须使用包含"&关系"的自定义公式。

6.6.2　设置输入信息提示

在工作表中编辑数据时，使用数据验证功能还可以为单元格设置输入信息提示，提醒在输入单元格数据时应该输入的内容，提高数据输入的准确性。只需要在【数据有效性】对话框中单击【输入信息】选项卡，在【标题】文本框中输入选中单元格时显示的信息提示标题（也可省略），在【输入信息】文本框中输入具体的信息提示，然后单击【确定】按钮即可，如图 6-74 所示。设置完成后，选择设置了数据有效性的单元格，就会显示出预先定义的信息提示，如图 6-75 所示。

图 6-74　设置输入信息提示

图 6-75　输入信息提示效果

6.6.3　设置出错警告提示

WPS 表格的"数据有效性"功能，不仅可以防止用户输入无效数据，还可以在用户输入无效数据时自动发出警告。只需要在【数据有效性】对话框中单击【出错警告】选项卡，在其中的【样式】下拉列表中选择出错警告样式，在【标题】文本框中输入警告信息的标题，在【错误信息】文本框中输入具体的错误提示信息，单击【确定】按钮即可，如图 6-76 所示。设置完成后，若在设置了数据有效性的单元格中输入了不符合有效性规则的内容，就会显示出预先定义的出错警告提示，如图 6-77 所示。

图 6-76　设置出错警告

图 6-77　出错警告效果

出错警告样式有 3 种可选项，【停止】表示完全禁止输入无效数据，【警告】表示提示出错警告并允许按【Enter】键强制输入无效数据，【信息】表示仅给出提示信息但完全不影响输入无效数据。

6.6.4　圈释无效数据

在已经制作好的包含大量数据的工作表中，可以通过设置数据有效性来区分有效数据和无效数据，无效数据可以通过设置被圈释出来。选择已经设置了数据有效性的单元格区域，单击【有效性】按钮，在弹出的下拉列表中选择【圈释无效数据】选项，即可标记出工作表中已有的不符合有效性规则的数据单元格。

> **技能拓展**　若要清除单元格或单元格区域中应用的数据有效性规则，可以打开【数据有效性】对话框，单击左下角的【全部清除】按钮。

课堂范例——标记"康复训练服务登记表"中的老旧信息

在检查一些表格数据时，可以通过数据有效性来区分有效信息和无效信息。首先设置数据有效性规则，然后通过圈释无效数据进行标记。例如，要将"康复训练服务登记表"工作簿中时间较早的记录标记出来，具体操作步骤如下。

步骤 01　打开"素材文件\第 6 章\康复训练服务登记表 .et"，选择要设置数据有效性的 A2∶A37 单元格区域，单击【数据】选项卡中的【有效性】按钮，如图 6-78 所示。

步骤 02　打开【数据有效性】对话框，单击【设置】选项卡，在【允许】下拉列表中选择【日期】选项，在【数据】下拉列表中选择【介于】选项，在【开始日期】参数框和【结束日期】参数框中分别输入单元格区域允许输入的最早日期"2022/6/1"和允许输入的最晚日期"2022/12/31"，单击【确定】按钮，如图 6-79 所示。

图 6-78　单击【有效性】按钮

图 6-79　设置验证条件

步骤 03　返回工作表，此时可以看到设置了数据有效性的单元格区域中不符合有效性规则的单元格左上方显示了一个绿色三角标记，选择相应的单元格后，右侧还会显示出 标记，单击该标记可以看到详细的说明。为了更快地发现不符合规则的单元格，单击【有效性】下拉按钮，在弹出的下拉列表中选择【圈释无效数据】选项，如图 6-80 所示。

步骤 04　操作完成后，将用红色标记圈释出表格中的无效数据，如图 6-81 所示。

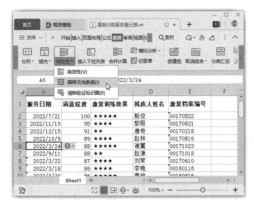 

图 6-80 选择【圈释无效数据】选项　　　　图 6-81 查看圈释无效数据效果

6.7 设置单元格格式

我们制作的表格经常需要向别人展示，因此表格不仅要保证数据准确、有效，还要保证整体美观。本节将详细介绍设置单元格格式的方法，包括设置字体格式、数据格式、边框和底纹等。

6.7.1 设置字体格式

默认情况下，WPS 表格中输入的文本为"11 号""宋体""黑色"格式，并根据输入的数据内容设置为左对齐或右对齐。为了使表格更美观，可以根据需要设置字体格式和对齐方式。

在 WPS 表格中，可以更改工作表中单元格或单元格区域的字体、字号或字体颜色等文本格式，以及对齐方式。相关操作主要通过在【开始】选项卡中单击相应的按钮完成，如图 6-82 所示，或在选择单元格或单元格区域后单击鼠标右键，在弹出的浮动工具栏中单击相应的按钮完成，如图 6-83 所示。设置字体格式的具体操作与 WPS 文字中的操作类似，这里不再赘述。

图 6-82 【开始】选项卡中设置字体格式的按钮　　图 6-83 通过浮动工具栏设置字体格式

技能拓展 当单元格中的数据太多，无法完整显示在单元格中时，单击【开始】选项卡中的【自动换行】按钮，可以使该单元格中的数据自动换行后以多行的形式显示在单元格中，方便直接阅读其中的数据，再次单击该按钮，可以取消数据的自动换行显示。

6.7.2　设置数字格式

通过设置数字格式可以让表格看起来更专业，WPS表格为用户提供了多种数字格式，如常规格式、货币格式、会计专用格式、日期格式、分数格式和百分比格式等，其中各格式的具体作用如下。

- 常规（默认）：未进行任何特殊设置的格式，输入内容按原始输入内容显示。
- 数值：用于表示一般数字。
- 货币：用于表示一般货币数值。
- 会计专用：可对一列数值进行货币符号和小数点对齐，零值会显示为短横线（-）。
- 日期：将日期和时间系列数显示为日期值。
- 时间：将日期和时间系列数显示为时间值。
- 百分比：以百分数形式显示单元格的值。
- 分数：以斜线分数形式显示单元格的值。
- 科学记数：以科学记数法显示单元格的值。
- 文本：设置为文本格式之后，输入的数值将作为文本存储。
- 特殊：附加的特殊数字格式，大多应用于中文办公场景。
- 自定义：以现有格式为基础，生成自定义的数字格式。

为单元格设置数字格式主要可以通过以下几种方法实现。

- 在【开始】选项卡的【数字格式】下拉列表中提供了常用的 11 种数字格式，通过选择选项即可进行设置，如图 6-84 所示。

图 6-84　下拉列表中的数字格式

- 单击【开始】选项卡中【数字格式】下拉列表下方的按钮，可以快速设置中文货币符号、百分比样式、千位分隔符样式、增加/减少小数位数，如图 6-85 所示。
- 单击【开始】选项卡中的【单元格格式：数字】按钮，在打开的【单元格格式】对话框的【数字】选项卡中可以设置详细的数字格式，如图 6-86 所示。

图 6-85　单击按钮设置数字格式　　　　　图 6-86　在对话框中设置数字格式

6.7.3　设置单元格边框和底纹

编辑表格时，可以通过添加边框和底纹等操作，使制作的表格轮廓更加清晰，更具整体感和层次感。

1. 设置单元格边框

默认情况下，工作表的网格线是灰色的，用于区分单元格、查看数据，但无法打印输出。为了能更好地区分单元格中的数据内容，可以根据需要设置适当的边框效果。设置单元格边框的方法主要有以下 3 种。

- 单击【开始】选项卡中【边框】按钮田右侧的下拉按钮，在弹出的下拉列表中选择边框线位置，如图 6-87 所示，可以为所选单元格或单元格区域设置对应位置上的普通边框效果。

- 单击【开始】选项卡中的【边框】按钮田，打开【单元格格式】对话框的【边框】选项卡，如图 6-88 所示。在其中可以设置边框线条的样式、颜色，然后通过【预置】栏中的按钮快速添加外边框、内部边框或无边框，也可以在【边框】栏中通过单击按钮添加相应位置上的边框线条，完成后单击【确定】按钮即可。

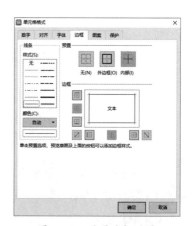

图 6-87　设置普通边框　　　　　　　　图 6-88　设置边框效果

- 单击【开始】选项卡中的【绘图边框网格】按钮▦，如图 6-89 所示，在弹出的下拉列表中选择【线条颜色】选项，可以在下级子列表中设置边框线条的颜色；选择【线条样式】选项，可以在下级子列表中设置边框线条的样式，然后选择【绘图边框】选项，此时鼠标指针将变为∅形状，拖曳鼠标可以用设置的边框颜色和样式绘制直线、单元格边框线等，如图 6-90所示；选择【绘图边框网格】选项，鼠标指针将变为∅形状，拖曳鼠标可以用设置的边框颜色和样式绘制边框网格，如图 6-91 所示。

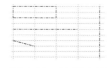

图 6-89　【绘图边框网格】下拉列表　　　图 6-90　绘制边框　　　图 6-91　绘制边框网格

2. 设置单元格底纹

默认状态下，单元格的背景是无色的。为了美化表格或突出单元格中的内容，可以为单元格填充底纹。设置单元格底纹的方法主要有以下两种。

- 单击【开始】选项卡中【填充颜色】按钮△右侧的下拉按钮，在弹出的下拉列表中可以选择要为所选单元格或单元格区域填充的颜色，如图 6-92 所示。如果对预置的颜色不满意，还可以在该下拉列表中选择【其他颜色】选项，在打开的【颜色】对话框中选择更丰富的颜色，如图 6-93 所示。

- 单击【开始】选项卡中的【字体设置】按钮↘，打开【单元格格式】对话框，单击【图案】选项卡，如图 6-94 所示，在其中可以设置单元格填充颜色、图案样式和图案颜色，单击【填充效果】按钮，还可以在打开的对话框中设置渐变颜色效果，完成后单击【确定】按钮即可。

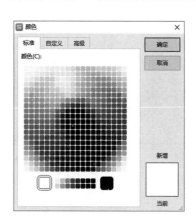

图 6-92　【填充颜色】下拉列表　　　图 6-93　【颜色】对话框　　　图 6-94　【单元格格式】对话框

📖 **课堂范例——美化"办公室物品借用登记表"工作表**

设置单元格格式可以让表格数据更规范，表格效果更美观。下面对前面制作的办公室物品借用登记表进行美化，具体操作步骤如下。

步骤01 选中要设置单元格格式的A1:J26单元格区域，单击【开始】选项卡中的【字体设置】按钮，如图6-95所示。

步骤02 打开【单元格格式】对话框，单击【对齐】选项卡，在【水平对齐】下拉列表中选择【居中】选项，如图6-96所示。

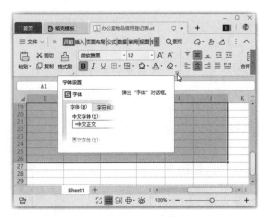

图6-95 单击【字体设置】按钮

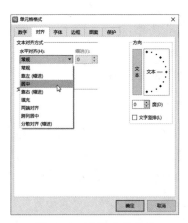

图6-96 设置对齐方式

步骤03 单击【边框】选项卡，选择需要的线条样式，在【颜色】下拉列表中选择需要的线条颜色，单击【外边框】按钮，在下方的预览窗格中可以看到应用的外边框样式效果，如图6-97所示。

步骤04 再次设置线条样式，单击【内部】按钮，可将设置的线条样式应用于内部边框。设置完成后单击【确定】按钮，如图6-98所示。

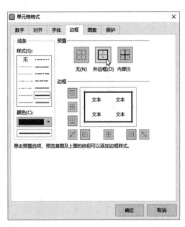

图6-97 设置外边框效果

图6-98 设置内边框效果

步骤05 选中要设置字体格式的A1:J1单元格区域，在【开始】选项卡的【字体】下拉列表中选择需要的字体，在【字号】下拉列表中选择合适的字号，单击【加粗】按钮B，在【字体颜色】下拉列表中选择【白色】选项，单击【填充颜色】按钮 △ 右侧的下拉按钮，在弹出的下拉列表中选择要填充的单元格颜色，如图 6-99 所示。

步骤 06　按住【Ctrl】键的同时选择 E2:E26 单元格区域和 G2:G26 单元格区域，在【开始】选项卡的【数字格式】下拉列表中选择【长日期】选项，如图 6-100 所示。

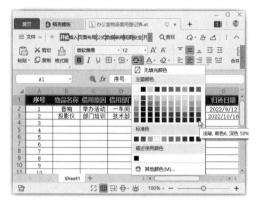

图 6-99　设置字体格式和填充颜色

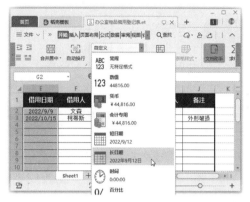

图 6-100　设置数字格式

6.8　套用样式

WPS 表格中内置了多种样式，通过应用内置样式可以快速设置单元格和工作表的边框、底纹等，大大节省了自己动手设置的时间。

6.8.1　套用单元格样式

工作表的整体外观由各单元格的样式构成，单元格样式是一组特定单元格格式的组合。使用单元格样式可以快速格式化单元格，增强工作表的规范性和可读性。

WPS 表格中内置了部分典型的单元格样式，选中要套用样式的单元格或单元格区域，在【开始】选项卡中单击【格式】下拉按钮，在弹出的下拉菜单中选择【样式】命令，在下级子菜单中选择一种样式即可应用，如图 6-101 所示。

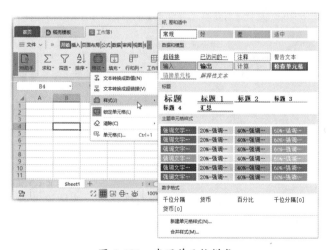

图 6-101　套用单元格样式

若要修改某个内置的单元格样式使其更符合特定的使用需求，可以在【样式】下拉列表中的样式上单击鼠标右键，在弹出的快捷菜单中选择【修改】命令，打开【样式】对话框，单击【格式】按钮，打开【单元格格式】对话框，然后根据需要对相应样式的单元格格式进行修改。

6.8.2 自定义单元格样式

除了使用WPS表格内置的单元格样式，还可以通过新建单元格样式来创建自定义的单元格样式。在【样式】下拉列表中选择【新建单元格样式】命令，如图6-102所示。打开【样式】对话框，在【样式名】文本框中输入新样式名称，单击【格式】按钮，如图6-103所示。打开【单元格格式】对话框，如图6-104所示，根据需要设置单元格的数字格式、对齐方式、字体、边框和图案等。单元格样式创建完毕后，在【样式】下拉列表上方会出现【自定义】样式区，其中展示了用户自定义的单元格样式。

图 6-102　选择【新建单元格样式】命令　图 6-103　新建单元格样式　图 6-104　设置单元格格式

自定义单元格样式只会保存到当前工作簿中，如果要应用其他工作簿中的自定义单元格样式，需要先同时打开创建了自定义样式的工作簿和要应用样式的目标工作簿，然后在目标工作簿中选择【样式】下拉列表中的【合并样式】命令，打开【合并样式】对话框，在列表中选中样式来源工作簿，单击【确定】按钮。

6.8.3 套用工作表样式

WPS表格中还内置了多种表格样式，应用这些表格样式可以快速设置工作表的样式。选中要套用工作表样式的单元格区域，在【开始】选项卡中单击【表格样式】按钮，在弹出的下拉列表中提供了【浅色系】【中色系】【深色系】3个标签，切换标签后选择一种样式，如图6-105所示。此时会打开【套用表格样式】对话框，如图6-106所示。

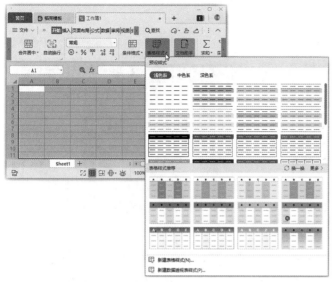

图 6-105　套用工作表样式　　　　　　　　图 6-106　【套用表格样式】对话框

【套用表格样式】对话框中，默认选中了【仅套用表格样式】单选按钮，还可以根据所选单元格区域是否包含标题行，在【标题行的行数】下拉列表中设置标题行的数量，单击【确定】按钮，即可为所选单元格区域仅套用表格样式而不转换为智能表格。

如果在【套用表格样式】对话框中选中【转换成表格，并套用表格样式】单选按钮，则会在为表格应用表格样式的同时将其转换为智能表格。在这个过程中还可以设置是否包含标题行、是否添加筛选按钮。转换成智能表格后，表格会具有各种附加属性和增强功能，如可以自动扩展数据区域，可以方便地对数据表中的数据进行排序、筛选和设置格式，并且无需输入任何公式，即可自动求和、计数、求平均值等，极大地方便了数据组织、管理和分析操作。但是智能表格也有缺陷，如不能应用合并单元格、快速填充、分级显示和分类汇总功能。

技能拓展　若要将智能表格转换为普通的数据表，可以选中智能表格区域中的任意单元格，在【表格工具】选项卡中单击【转换为区域】按钮进行转换。

课堂问答

问题 1：如何利用阅读模式查看大数据？

答：WPS 表格中提供了阅读模式，此模式下会通过高亮显示的方式，将当前选中单元格的位置清晰明了地展现出来，防止看错数据所对应的行列。阅读模式的高亮颜色支持自定义，操作方法为：单击【视图】选项卡中的【阅读模式】按钮，在弹出的下拉列表中选择需要的高亮显示颜色，如图 6-107 所示，即可切换到阅读模式显示表格数据，此时会以所选颜色高亮显示正查看的单元格数据和对应的行列内容，效果如图 6-108 所示。再次单击【阅读模式】按钮，可以退出阅读模式。

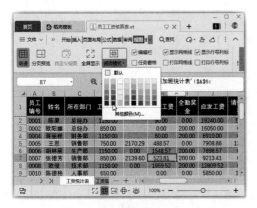

图 6-107　选择需要的高亮显示颜色

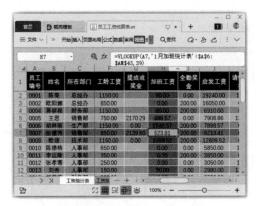

图 6-108　查看高亮显示效果

问题 2：如何设置拒绝录入重复项？

答：在 WPS 表格中如果要使某个区域的单元格数据具有唯一性，不能录入重复数据，可以使用【拒绝录入重复项】功能。操作方法为：单击【数据】选项卡中的【拒绝录入重复项】按钮，在弹出的下拉菜单中选择【设置】命令。打开【拒绝重复输入】对话框，设置要求输入唯一值的单元格区域，如 A 列，单击【确定】按钮，如图 6-109 所示。操作完成后，在 A 列中输入重复数据时，就会出现错误提示的警告。

图 6-109　设置拒绝录入重复项

> **温馨提示**
> 若要取消目标区域的【拒绝录入重复项】设置状态，可以在【拒绝录入重复项】下拉列表中选择【清除】命令。

问题 3：如何快速找出重复数据？

答：WPS 表格中提供了高亮显示重复数据的功能，可以一键为区域中的重复内容填充单元格颜色。操作方法为：单击【数据】选项卡中的【高亮重复项】按钮，在弹出的下拉列表中选择【设置高亮重复项】命令，如图 6-110 所示。打开【高亮显示重复值】对话框，选择需要检查重复项的数据区域，这里选择 A 列和 B 列，单击【确定】按钮，即可为这两列中的重复数据填充橙色，如图 6-111 所示。

图 6-110　选择【设置高亮重复项】命令

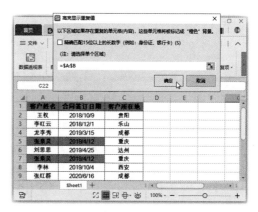

图 6-111　设置检查范围

> **技能拓展**
>
> 单击【数据】选项卡中的【删除重复项】按钮，在打开的【删除重复项】对话框中选择需要进行重复项检查的列，单击【删除重复项】按钮，可以快速删除表格区域中的重复数据。

上机实战——制作"员工档案表"工作表

为了让读者巩固本章知识点，下面讲解一个技能综合案例，使读者对本章的知识有更深入的了解。

效果展示

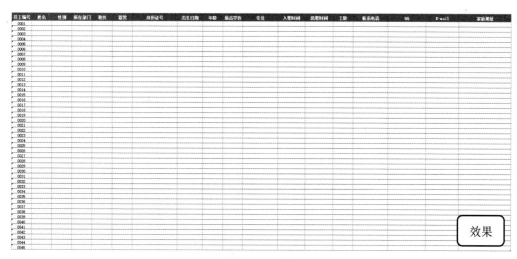

思路分析

日常使用的纯数据记录表格在制作初期需要考虑得周全一些，后续在填写表格数据的时候就可以更便捷，也可以避免出现低级错误。

本例主要构建表格框架，并为特殊数据列设置数字格式、添加下拉列表和数据有效性规则，最后对表格格式进行简单设置，得到最终效果。

制作步骤

步骤 01 新建一个空白工作簿，并以"员工档案表"为名进行保存。在第一行中输入需要的表头字段名称，选择一个大致的需要输入表格数据的单元格区域，单击【开始】选项卡中的【表格样式】按钮，在弹出的下拉列表中选择一种表格样式，如图 6-112 所示。

步骤 02 打开【套用表格样式】对话框，选中【转换成表格，并套用表格样式】单选按钮，选中【表包含标题】复选框，取消选中【筛选按钮】复选框，单击【确定】按钮，如图 6-113 所示，即可将所选区域转换为智能表格，方便后续添加数据行时自动套用表格样式。

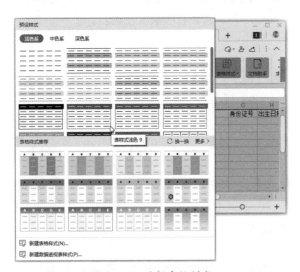

图 6-112　选择表格样式　　　　　　　　　图 6-113　设置套用表格样式方式

步骤 03 在 A2 单元格中输入 "'0001" 文本型数据，然后双击该单元格右下角的填充柄，如图 6-114 所示，即可快速在智能表格范围内填充等差序列。

步骤 04 选择"性别"列要输入数据的单元格区域，单击【数据】选项卡中的【插入下拉列表】按钮，如图 6-115 所示。

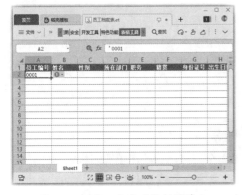

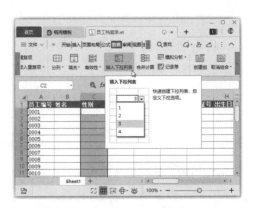

图 6-114　输入文本型数据并填充　　　　　　图 6-115　单击【插入下拉列表】按钮

步骤 05　打开【插入下拉列表】对话框，在列表框中输入"男"，单击对话框右上方的 ⬚ 按钮，在列表框中新添加的文本框中输入下拉列表中的第二个选项内容"女"，完成后单击【确定】按钮，如图 6-116 所示，即可为这些单元格添加下拉按钮，方便通过选择输入数据。

步骤 06　选择"所在部门"列要输入数据的单元格区域，单击【数据】选项卡中的【有效性】按钮，如图 6-117 所示。

图 6-116　输入下拉列表选项

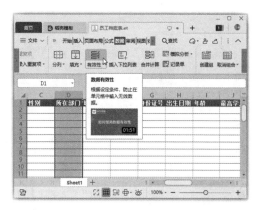

图 6-117　单击【有效性】按钮

步骤 07　打开【数据有效性】对话框，在【允许】下拉列表中选择【序列】选项，在【来源】参数框中输入允许在该列中输入的序列数据，单击【确定】按钮，如图 6-118 所示，即可为所选单元格添加下拉按钮，方便通过选择输入数据。

步骤 08　选择"身份证号"列要输入数据的单元格区域，在【开始】选项卡中的【数字格式】下拉列表中选择【文本】选项，如图 6-119 所示，设置该列数字类型为文本，方便准确输入长数据。

步骤 09　保持单元格区域的选择状态，单击【数据】选项卡中的【有效性】按钮，如图 6-120 所示。

步骤 10　打开【数据有效性】对话框，在【允许】下拉列表中选择【文本长度】选项，在【数据】下拉列表中选择【等于】选项，在【数值】参数框中输入允许输入的文本长度值"18"，如图 6-121 所示。

图 6-118　设置数据有效性规则

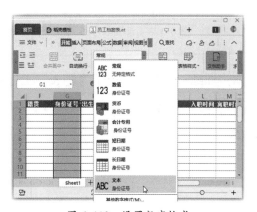

图 6-119　设置数字格式

步骤 11　单击【出错警告】选项卡，在【样式】下拉列表中选择【警告】选项，在【错误信息】文本框中输入用于提示的错误信息，单击【确定】按钮，如图 6-122 所示，即可在用户输入错误位数的身份证号时及时提醒，避免在数据录入环节出现低级错误。

图 6-120　单击【有效性】按钮

图 6-121　设置数据有效性规则

图 6-122　设置出错警告

步骤 12　选择"出生日期""入职时间""离职时间"列，在【开始】选项卡中的【数字格式】下拉列表中选择【短日期】选项，如图 6-123 所示，统一输入的日期数据格式。

步骤 13　根据需要调整各列的宽度和表头的高度，选择所有数据区域，单击【开始】选项卡中的【水平居中】按钮，如图 6-124 所示，完成本例的制作。

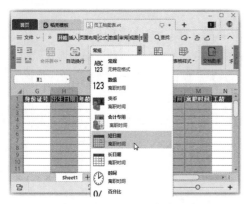
图 6-123　设置数字格式

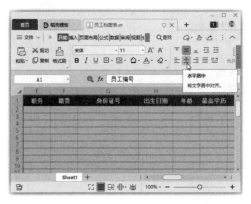
图 6-124　设置对齐方式

同步训练——制作"员工考勤表"工作表

为了增强读者的动手能力，下面安排一个同步训练案例，让读者达到举一反三、触类旁通的学习效果。

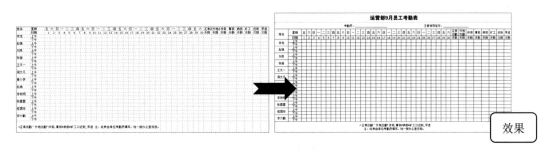

效果

思路分析

对于某些纯文本型表格，仅需调整一下单元格的行高和列宽，再加上简单的边框，就可以呈现出不一样的视觉效果。

本例设置好表格框架后，首先调整单元格列宽，接着执行合并单元格操作，再添加表格标题和结尾的备注信息，设置合适的字体格式，最后加上边框，设置对齐方式，得到最终效果。

关键步骤

步骤 01　新建一个空白工作簿，并以"员工考勤表"为名进行保存。修改工作表名称为"9 月员工考勤"，设置工作表标签颜色为【巧克力黄，着色 2，深色 25%】。在表格中输入基础的内容，在 C2 单元格中输入"1 号"，并向右拖曳填充柄填充数据，如图 6-125 所示。

步骤 02　考勤表中的周一到周日内容是重复的，输入一组完整的内容后，选择这些单元格，并向右拖曳填充柄复制序列数据，如图 6-126 所示。

图 6-125　输入基础数据

图 6-126　复制序列数据

步骤 03　在 B3 单元格中输入"上午"，在 B4 单元格中输入"下午"，选择 B3：B4 单元格区域，并向下拖曳填充柄复制序列数据，如图 6-127 所示。

步骤 04　在 AG1 单元格中输入"正常出勤"，将文本插入点定位到文字"正常"和"出勤"的中间，按【Alt+Enter】组合键让文字分成两行显示，如图 6-128 所示。

步骤 05　继续输入其他内容，本例中，需要将姓名列中的内容每两行合并为一行。选中"姓名"列有数据的单元格区域，即 A1：A26 单元格区域，单击【开始】选项卡中的【合并居中】下拉按钮，在弹出的下拉列表中选择【合并相同单元格】选项，如图 6-129 所示。

图 6-127　复制序列数据

图 6-128　换行单元格内容

步骤 06 适当调整单元格的大小到合适，按【Ctrl+H】组合键打开【替换】对话框，在【查找内容】文本框中输入【号】，【替换为】文本框为空，单击【全部替换】按钮，如图 6-130 所示。

图 6-129　合并单元格

图 6-130　替换单元格内容

步骤 07 在表格上方插入两行空白单元格，并合并相应的单元格，在第一行中输入表格名称，在第二行中输入如图 6-131 所示的内容，在需要填写内容的位置添加下划线。

步骤 08 合并最下方单元格，并将文本插入点置于该单元格中需要插入符号的位置，单击【插入】选项卡中的【符号】按钮，在弹出的下拉列表中选择【其他符号】命令。打开【符号】对话框，选择【Wingdings】字体，选择符号✓，单击【插入】按钮，如图 6-132 所示。

图 6-131　插入行并输入内容

图 6-132　插入符号

步骤 09 继续插入其他符号，并输入说明内容。选择表格主体内容所在的单元格区域，单击【开始】选项卡下的【边框】按钮 ⊞·，在弹出的下拉列表中选择【所有框线】命令，如图 6-133 所示，为所选单元格区域添加默认的边框效果。

步骤 10　保持单元格区域的选中状态，单击【开始】选项卡中的【水平居中】按钮，如图6-134所示，让所有单元格中的内容都水平居中对齐。

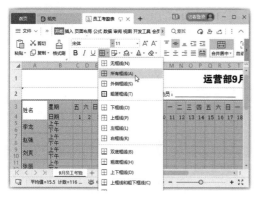

图 6-133　添加边框

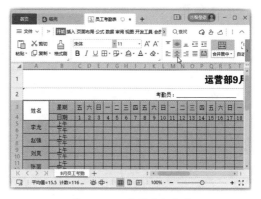

图 6-134　设置对齐方式

知识能力测试

本章讲解了工作表、单元格及行和列的基本操作，以及数据的输入，数据有效性、单元格格式、样式的使用等知识点，为对知识进行巩固和考核，安排相应的练习题。

一、填空题

1. WPS 表格默认的字体格式为＿＿＿＿＿，默认的字号为＿＿＿＿＿，默认的单元格对齐方式为＿＿＿＿＿。

2. 在当前单元格中按＿＿＿＿键，光标将自动定位到所选单元格下方的单元格中；在当前单元格中按＿＿＿＿键，光标将自动定位到所选单元格右侧的单元格中。

3. 在 WPS 表格中输入特殊数据需要使用特殊方法。例如，要输入分数"3/4"，应当输入＿＿＿＿。

二、选择题

1. 选中多个不连续单元格后，在最后一个单元格中输入数据，然后按（　　　）组合键，所选择的单元格将会填充相同的数据。

A.【Ctrl+C】　　　　　　B.【Enter】　　　　　　C.【Ctrl+Enter】　　　　　D.【Shift+Enter】

2. 在工作表中输入以"0"开始的特殊编号时，需要先输入（　　　），然后再输入编号，否则将自动取消"0"的显示。

A. 半角单引号　　　　　　　　　　　　　B. 全角双引号

C. 以 0 开头的数字　　　　　　　　　　D. 一个空格

3. 在工作表中选中某一行后，按（　　　）键的同时分别单击其他行号，即可快速选择多个不连续的行。

A.【Enter】　　　　　B.【Shift】　　　　　C.【Alt】　　　　　D.【Ctrl】

三、简答题

1. 复制和移动工作表的操作有什么区别？

2. 如果要为表格快速应用各行填充背景色的效果，应该如何操作？

WPS Office

公式和函数主要用于对数据进行运算和分析，熟练掌握公式和函数的使用方法，可以大大提高用户的办公效率。本章将具体介绍公式和函数的使用、单元格引用及常用函数的应用等知识。

学习目标

- 学会公式的使用方法
- 掌握引用单元格的操作方法
- 学会函数的使用方法
- 熟练掌握常见函数的应用

7.1　公式的使用

公式是对工作表中的数据执行计算的等式，是以"="开头的表达式，包含数值、变量、单元格引用、函数和运算符等。下面将简单介绍什么是运算符，以及公式的输入、复制和删除方法。

7.1.1　了解运算符

使用公式计算数据时，运算符是用于连接公式中基本元素的操作符，是工作表处理数据的指令。在 WPS 表格中，运算符分为算术运算符、比较运算符、文本运算符和引用运算符 4 种类型。

- 常用的算术运算符有加号"+"、减号"−"、乘号"*"、除号"/"、百分号"%"及乘方"^"。
- 常用的比较运算符有等号"="、大于号">"、小于号"<"、小于等于号"<="、大于等于号">="、不等号"<>"。
- 文本运算符只有与号"&"，该符号主要用于将两个文本连接产生一个连续的文本。
- 常用的引用运算符有区域运算符":"、联合运算符","及交叉运算符" "（空格）。

使用公式时应注意，每个运算符的优先级是不同的：在混合运算公式中，对于不同优先级，会按照从高到低的顺序进行计算；对于相同优先级，会按照从左到右的顺序进行计算。

> 温馨提示
>
> 运算符的优先级从高到低为：区域运算符":"、交叉运算符、联合运算符","、负号"−"、百分号"%"、乘方"^"、乘号"*"或除号"/"、加号"+"或减号"−"、与号"&"、比较运算符"=""<"">""<="">=""<>"。

7.1.2　公式的输入和编辑

输入公式都是以"="开始的，接着输入运算项和运算符，输入完毕后按【Enter】键确认，计算结果将显示在单元格中。在输入公式的过程中，遇到单元格引用的部分，可以通过手动输入，也可以使用鼠标单击选择单元格或单元格区域辅助输入。例如，要在"销售统计表"中输入公式"=E2*F2"计算销售额，具体操作步骤如下。

步骤 01　打开"素材文件\第 7 章\销售统计表 .et"，在 G2 单元格中输入等号和公式的前面部分"=E2"，如图 7-1 所示，此时 E2 单元格周围出现引用的选择边框。

步骤 02　继续输入公式中的运算符"*"，接着单击 F2 单元格，如图 7-2 所示。

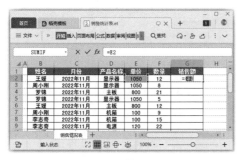

图 7-1　输入公式

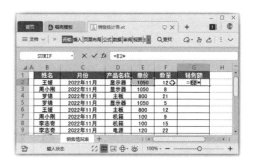

图 7-2　引用单元格

步骤 03 此时 F2 单元格周围出现闪动的虚线边框，同时可以看到 F2 单元格被引用到了公式中，如图 7-3 所示。

步骤 04 公式输入完毕后按【Enter】键确认输入，此时即可在 G2 单元格中显示计算结果，如图 7-4 所示。

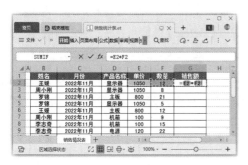

图 7-3　查看引用单元格效果

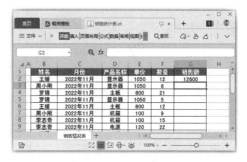

图 7-4　显示计算结果

在利用公式计算单元格数据时，难免会输错公式，这时可以对公式进行编辑，以修改公式输入错误的地方。编辑公式和编辑单元格内容方法类似，可以双击需要修改公式的单元格，将文本插入点定位到该单元格中，直接在单元格中编辑公式，然后按【Enter】键；也可以在选择需要编辑公式的单元格后，在编辑栏中删除错误的公式，再输入正确的公式，然后按【Enter】键。

7.1.3　公式的复制和填充

在 WPS 表格中创建公式后，如果想要将公式复制到其他单元格中，可以参照复制单元格数据的方法进行操作。

若要将公式复制到不连续的单元格中，可以选中要复制的公式所在的单元格，按【Ctrl+C】组合键，然后选中要粘贴公式的单元格，按【Ctrl+V】组合键完成公式的复制，并显示出计算结果。

若要将公式复制到连续的单元格中，可以选中要复制的公式所在的单元格，然后拖曳该单元格填充柄到目标单元格中，如图 7-5 所示，实现公式的填充并显示出计算结果，如图 7-6 所示。

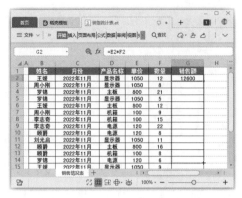

图 7-5 拖曳填充柄　　　　　　　　　　图 7-6 填充公式到连续的单元格中

7.1.4　删除公式

删除公式分为两种情况，一种是将单元格中的公式与计算出的结果一起删除，操作与删除单元格数据的方法类似，直接选中公式所在的单元格，然后按【Delete】键即可；另一种是删除公式而保留计算出的结果，可以通过复制粘贴"值"的方式实现，具体操作为：选中目标单元格，按【Ctrl+C】组合键复制单元格，然后在【开始】选项卡中单击【粘贴】下拉按钮，在弹出的下拉列表中选择【值】选项，如图 7-7 所示。此后选择单元格就可以看到编辑栏中不再包含公式，计算结果已转换为数值，如图 7-8 所示。

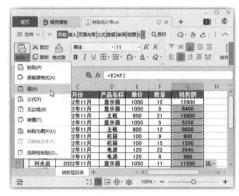
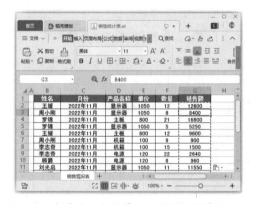

图 7-7 选择【值】选项　　　　　　　　图 7-8 查看将公式计算结果转换为数值的效果

7.2　单元格引用

引用单元格的目的是标识工作表中的单元格或单元格区域，并指明公式中所用数据在工作表中的位置。单元格引用分为相对引用、绝对引用和混合引用 3 种方式。

7.2.1 相对引用

默认情况下，WPS表格使用的是相对引用。在相对引用中，当复制公式时，公式中的引用会根据显示计算结果的单元格位置的不同而相应改变，但引用的单元格与包含公式的单元格之间的相对位置不变。以"销售统计表"为例，G2 单元格中的公式"=E2* F2"使用了相对引用，所以将公式复制到G3 单元格中时，公式自动更新为"=E3*F3"，即其引用指向了与当前公式位置相对应的单元格，如图 7-6 所示。

7.2.2 绝对引用

绝对引用是指将公式复制到目标单元格时，公式中的单元格地址始终保持固定不变。使用绝对引用时，需要在引用的单元格地址的列标和行号前分别添加符号"$"（英文状态下输入）。

例如，在"水费收取表"（位置：素材文件\第 7 章\水费收取表.et）中将水费单价用一个单元格保存，其他单元格中计算水费时都需要用到该单元格。为了让计算更便捷，可以绝对引用该单元格数据进行计算，即在C3 单元格中输入公式"=$B$1*B3"，如图 7-9 所示。将该公式从C3 单元格复制到C4 单元格时，公式会变更为"=$B$1*B4"，其中对B1 单元格的引用一直不变，如图 7-10 所示。

图 7-9 输入公式

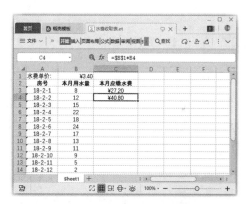

图 7-10 查看绝对引用效果

7.2.3 混合引用

如果一个单元格引用中既有相对引用部分，也有绝对引用部分，则称为混合引用。混合引用有绝对列和相对行、绝对行和相对列两种形式。绝对列和相对行以"$+列标+行号"的格式表示，如$A1、$B1，可以概括为"行变列不变"；绝对行和相对列以"列标+$+行号"的格式表示，如A$1、B$1，可以概括为"列变行不变"。

技能拓展

按【F4】键可以快速在相对引用、绝对引用和混合引用之间进行切换。例如，输入默认的引用方式A1，然后多次按【F4】键，就会在 $A$1、A$1、$A1 和 A1 之间快速切换。

引用其他工作表中的单元格

　　WPS表格不仅可以引用同一工作表中的单元格或单元格区域中的数据，还可以引用同一工作簿不同工作表中的单元格或单元格区域中的数据。在同一工作簿不同工作表中引用单元格的格式为"工作表名称!单元格地址"，如"Sheet1!F5"即为当前工作簿"Sheet1"工作表中的F5单元格。在引用时可以直接切换到对应的工作表，通过单击选择单元格的方式来引用，系统会自动识别。

　　此外，还可以引用其他工作簿工作表中的单元格数据，方法与引用同一工作簿不同工作表的单元格数据方法类似。跨工作簿引用单元格的简单表达式为"工作簿存储地址[工作簿名称]工作表名称!单元格地址"，如"[学生成绩表.et]成绩统计表!E14"即为"学生成绩表"工作簿中"成绩统计表"工作表中的E14单元格。

7.3　使用函数计算数据

　　在WPS表格中将一组特定功能的公式组合在一起，就形成了函数。利用函数可以轻松完成各种复杂数据的处理工作。本节将为大家简单介绍函数的相关操作。

7.3.1　认识函数

　　函数是一些特殊的、预先定义好的公式，它们使用一些称为参数的特定数值按特定的顺序或结构进行计算。函数具有简化公式、提高编辑效率的作用，有些函数功能是自编公式难以比拟的（如SUM函数），有些函数功能是自编公式无法完成的（如RAND函数），有些函数功能可以允许"有条件地"执行公式（如IF函数）。

1. 函数的组成

在WPS表格中，一个完整的函数主要由标识符、函数名称和函数参数组成。

- 标识符：在WPS表格中输入函数时，必须先输入等号"="，因此等号"="也称为函数的标识符。
- 函数名称：函数名称通常是其对应功能的英文单词缩写，为函数要执行的运算，位于标识符的后面。
- 函数参数：紧跟在函数名称后面的是一对半角圆括号"()"，而被括起来的内容就是函数的处理对象，即参数。

2. 函数参数的类型

　　函数的参数既可以是常量，也可以是公式，还可以是其他函数。常见的函数参数类型主要有以下几种。

- 常量参数：主要包括文本（如姓名）、数值（如1800）及日期（如2023-4-1）等内容。
- 逻辑值参数：主要包括逻辑真、逻辑假及逻辑判断表达式等，如TRUE或FALSE。

- 单元格引用参数：主要包括引用单个单元格（如A1）和引用单元格区域（如D2：G21）等。
- 函数参数：在WPS表格中可以使用一个函数的返回结果作为另一个函数的参数，这种方式称为函数嵌套，如"=IF(A1>8,"优",IF(A1>6,"合格","差"))"。
- 数组参数：函数参数既可以是一组常量，也可以是单元格区域的引用。

3. 函数的分类

WPS表格的函数库中提供了多种函数，在【插入函数】对话框中可以查找到。按照函数的功能，可以将WPS表格函数分为以下几类。

- 文本函数：用来处理公式中的文本字符串，如LOWER函数可以将文本字符串中的所有字母转换成小写形式。
- 逻辑函数：用来测试是否满足某个条件，并判断逻辑值，逻辑函数的数量很少，只有6个，其中IF函数使用非常广泛。
- 日期和时间函数：用来分析或操作公式中与日期和时间有关的值，如TODAY函数可以返回当天日期。
- 数学和三角函数：用来进行数学和三角方面的计算。其中三角函数采用弧度作为角的单位，如RADIANS函数可以把角度转换为弧度。
- 财务函数：用来进行有关财务的计算，如IPMT函数可以返回投资回报的利息部分。
- 查找和引用函数：用来查找列表或表格中的指定值，如VLOOKUP函数可以在表格数组的首列查找指定的值，并返回表格数组当前行中其他列的值。
- 统计函数：用来对一定范围内的数据进行统计分析，如MAX函数可以返回一组数据中的最大值。
- 工程函数：此类函数主要用来在工程应用程序中处理复杂的数字，并在不同的计数体系和测量体系中进行转换，使用工程函数必须执行加载宏命令。
- 信息函数：主要用来帮助用户鉴定单元格中的数据所属的类型或单元格是否为空。
- 数据库函数：主要用来对存储在数据清单中的数值进行分析，判断其是否符合特定的条件，如DSTDEVP函数可以计算数据的标准偏差。

7.3.2　输入函数

若要在WPS表格中使用函数，主要可以通过以下三种方法。

1. 手动输入函数

如果用户对所使用的函数及其参数类型比较熟悉，可以直接输入函数。具体的输入方法与输入公式相同，可以选择单元格后直接输入，也可以选择单元格后在编辑栏中输入，还可以双击单元格，将文本插入点定位在单元格中输入。首先输入等号"="，然后按照函数表达式进行输入即可。例如，在单元格中输入"=SUM(A2：A10)"，意为对A2到A10单元格区域中的数值求和。

WPS表格的"函数记忆键入"功能可以根据用户输入公式的关键字，自动显示相匹配的函数列表，如图 7-11 所示，按上下方向键就可以从函数列表中选择所需函数，通过鼠标双击、按【Tab】

键或按【Enter】键，都可以将所选函数快速添加到当前编辑位置。

函数编辑过程中会自动出现【函数语法结构提示】浮动工具条，如图 7-12 所示，可以帮助用户了解函数语法中的参数名称、必需或可选参数等，单击其中的某个参数名称时，编辑栏中还会自动选择并高亮显示该参数所在的字段。某些函数参数在输入前还会自动出现【函数参数智能提示】扩展菜单，可以帮助用户快速、准确地输入参数。

图 7-11　函数记忆键入　　　　　　　　　　　　　　　图 7-12　函数语法结构提示

2. 通过快捷按钮输入函数

对于一些常用的函数，如求和函数（SUM）、平均值函数（AVERAGE）、计数函数（COUNT）等，可以利用【开始】或【公式】选项卡中的快捷按钮来输入。

以输入求和函数为例，使用两种方法输入的具体操作分别如下。

- 通过【开始】选项卡中的快捷按钮输入函数：选中需要求和的单元格区域，在【开始】选项卡中单击【求和】下拉按钮，在弹出的下拉菜单中选择【求和】命令，如图 7-13 所示，然后拖曳鼠标选择作为参数的单元格区域，按【Enter】键确认即可。
- 通过【公式】选项卡中的快捷按钮输入函数：选中要显示求和结果的单元格，切换到【公式】选项卡，单击【自动求和】下拉按钮，在弹出的下拉菜单中选择【求和】命令，如图 7-14 所示，然后拖曳鼠标选择作为参数的单元格区域，按【Enter】键确认即可。

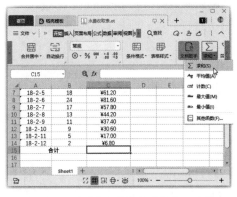

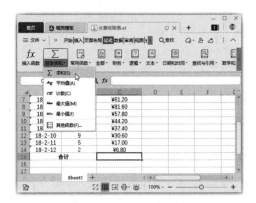

图 7-13　通过【开始】选项卡输入函数　　　　　　图 7-14　通过【公式】选项卡输入函数

温馨提示

　如果知道要使用的函数所属分类，可以单击【公式】选项卡中的分类函数按钮，如【财务】按钮、【逻辑】按钮、【文本】按钮等，在弹出的下拉列表中选择函数。

3. 通过【插入函数】对话框输入函数

如果不熟悉要使用的函数，可以通过【插入函数】对话框搜索或选择插入需要的函数，再根据提示一步一步完成函数的输入。下面以查找和使用求最大值函数为例进行介绍，具体操作方法如下。

步骤 01 在"水费收取表.et"工作簿中，选中要显示计算结果的B16 单元格，然后单击【公式】选项卡中的【插入函数】按钮，或单击编辑栏中的【插入函数】按钮 *fx*，如图 7-15 所示。

步骤 02 打开【插入函数】对话框，在【或选择类别】下拉列表中选择要使用的函数类别，不清楚类别的情况下，可以在【查找函数】文本框中输入函数的模糊关键词，这里输入"最大"，按【Enter】键进行搜索。在【选择函数】列表框中选择需要的函数，如【MAX】，单击【确定】按钮，如图 7-16 所示。

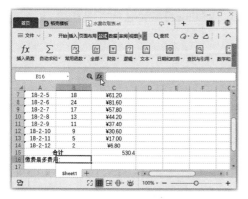

图 7-15 单击【插入函数】按钮

图 7-16 选择函数

步骤 03 打开【函数参数】对话框，在下方可以看到该函数的作用介绍和当前参数设置说明（默认依次选择函数参数），根据说明在各参数框中设置函数参数，这里选择工作表中的C3:C14 单元格区域作为函数参数，完成后单击【确定】按钮，如图 7-17 所示。

步骤 04 返回工作表，即可在B16 单元格中看到显示的计算结果，如图 7-18 所示。

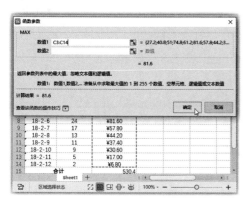

图 7-17 设置函数参数

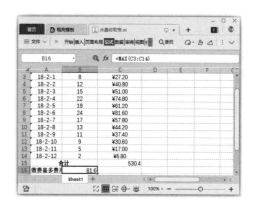

图 7-18 得到计算结果

7.3.3　使用嵌套函数

使用一个函数或多个函数表达式的返回结果作为另一个函数的某个或多个参数，称为嵌套函数。

例如，函数表达式"=IF(AVERAGE(A1：A3)>20,SUM(B1：B3),0)"，就是一个简单的嵌套函数表达式，该函数表达式的含义为：若A1：A3 单元格区域中数字的平均值大于 20，则返回B1：B3 单元格区域的求和结果，否则返回 0。

嵌套函数一般通过手动输入，输入时可以利用鼠标辅助引用单元格。以上面的嵌套函数表达式为例，输入方法为：选中目标单元格，输入"=IF()"，接着输入作为参数插入的函数的首字母"A"，在出现的相关函数列表中双击函数【AVERAGE】选项，此时将自动插入该函数及括号，函数表达式变为"=IF(AVERAGE())"，在括号中手动输入"A1：A3"，接着在括号后输入">20,"，然后仿照前面的方法输入函数"SUM"，最后输入字符"B1：B3),0"，按【Enter】键确认输入即可。

7.4　常用函数的使用

在对公式和函数的使用有了一定程度的了解之后，下面将为大家介绍一些在实际工作中可能用到的函数及使用方法。

7.4.1　使用IF函数根据成绩判断学生是否参与晋级比赛

IF 函数是一种常用的条件函数，它能对数值和公式执行条件检测，并根据逻辑计算的真假值返回不同结果。其语法结构为：IF(logical_test,[value_if_true],[value_if_false])，其中各个函数参数的含义如下。

- logical_test：必需参数，表示计算结果为TRUE 或FALSE 的任意值或表达式。
- value_if_true：可选参数，表示 logical_test 为TRUE 时要返回的值，可以是任意数据。
- value_if_false：可选参数，表示 logical_test 为FALSE 时要返回的值，可以是任意数据。

下面使用IF 函数对学生总成绩进行筛选，判断学生是否参与晋级比赛，总分为 450 分以上的学生标记为"是"，否则标记为"否"，具体操作步骤如下。

步骤 01　打开"素材文件\第 7 章\学生成绩表 .et"，选择H2 单元格，单击【公式】选项卡中的【常用函数】按钮，在弹出的下拉列表中选择【IF】选项，如图 7-19 所示。

步骤 02　打开【函数参数】对话框，根据下方的提示在第一个参数框中输入"G2>450"，在第二个参数框中输入""是""，在第三个参数框中输入""否""，单击【确定】按钮，如图 7-20 所示。

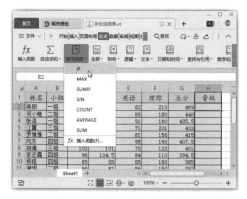

图 7-19 插入函数

图 7-20 设置函数参数

步骤 03 返回工作表中，即可看到函数计算的结果，将鼠标指针移动到 H2 单元格的右下角，显示出填充柄并双击，即可快速为该列数据填充当前单元格中的函数并计算出结果，效果如图7-21所示。

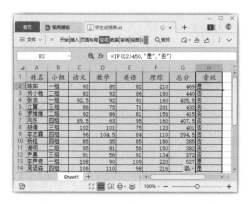

图 7-21 填充函数

> **温馨提示**
>
> IF函数的应用非常广泛，除了在日常条件计算中经常使用，在检查数据方面也有特效。例如，可以使用IF函数核对输入的数据，清除工作表中的 0 值等。

7.4.2 使用SUMIF函数统计某小组的成绩总分

SUMIF 函数兼具 SUM 函数的求和功能和IF 函数的条件判断功能，该函数主要用于根据制订的单个条件对区域中符合条件的值求和。其语法结构为：SUMIF(range,criteria,[sum_range])，其中各个函数参数的含义如下。

- range：必需参数，表示用于条件计算的单元格区域。每个区域中的单元格都必须是数字、名称、数组或包含数字的引用。空值和文本值将被忽略。
- criteria：必需参数，表示用于确定对哪些单元格求和的条件，其形式可以是数字、表达式、单元格引用、文本或函数。
- sum_range：可选参数，表示要求和的实际单元格。当求和区域为参数range所指定的区域时，可省略参数 sum_range。当参数指定的求和区域与条件判断区域不一致时，求和的实际单元格区域将以参数sum_range中左上角的单元格作为起始单元格进行扩展，最终成为与参数range大小和形状相对应的单元格区域。

下面使用 SUMIF 函数对二组的学生总成绩进行统计，具体操作步骤如下。

步骤 01 合并 A27:B27 单元格区域，并输入文本，选择 C27 单元格，输入"=SUMIF()"，然后根据下方显示的【函数语法结构提示】浮动工具条设置函数参数，如图 7-22 所示。

步骤 02 完成函数参数设置后，函数变为"=SUMIF(B2:B25," 二组 ",G2:G25)"，按【Enter】键确认输入，得到计算结果，如图 7-23 所示。

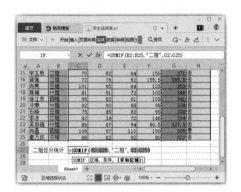

图 7-22　输入函数

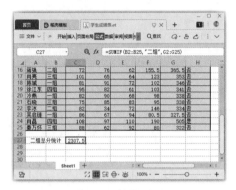

图 7-23　得到计算结果

7.4.3　使用VLOOKUP函数查询学生成绩信息

VLOOKUP 函数可以在某个单元格区域的首列沿垂直方向查找指定的值，然后返回同一行中的其他值。其语法结构为：VLOOKUP(lookup_value,table_array,col_index_num,range _lookup)，其中各个函数参数的含义如下。

- lookup_value：必需参数，用于设定需要在表的第一行中进行查找的值，既可以是数值，又可以是文本字符串或引用。
- table_array：必需参数，用于设置要在其中查找数据的数据表，可以使用区域名称的引用。
- col_index_num：必需参数，在查找之后要返回匹配值的列序号。
- range_lookup：可选参数，是一个逻辑值，用于指明函数在查找时是精确匹配还是近似匹配。如果为 TRUE 或被忽略，就返回一个近似的匹配值（如果没有找到精确匹配值，就返回一个小于查找值的最大值）；如果为 FALSE，就查找精确的匹配值（如果函数没有找到精确的匹配值，就会返回错误值【#N/A】）。

下面使用 VLOOKUP 函数查询学生成绩信息，具体操作步骤如下。

步骤 01 在 K1:M2 单元格区域中根据要查询的内容和源数据提取的字段创建查询表格框架，在 L2 单元格中输入"=VLOOKUP()"，然后根据下方显示的【函数语法结构提示】浮动工具条设置函数参数，如图 7-24 所示，最终输入函数"=VLOOKUP(K2,A2:H25,7,FALSE)"。

步骤 02 使用相同的方法在 M2 单元格中输入函数"=VLOOKUP(K2,A2:H25,8,FALSE)"，在 K2 单元格中输入源数据区域中任意一个学生的名字，即可在 L2 和 M2 单元格中得到计算结果，如图 7-25 所示。

图 7-24　输入函数

图 7-25　输入查询字段查看计算结果

课堂问答

问题 1：不通过公式和函数可以快速查看数据的常规计算结果吗？

答：WPS 表格中提供了查看常规公式计算结果的快捷方法，只需在状态栏上单击鼠标右键，在弹出的快捷菜单中选择需要查看结果的计算类型的相应命令，如【平均值】【计数】【最大值】【最小值】【求和】命令，然后选择需要进行计算的单元格区域，就可以在状态栏中一目了然地查看所选单元格区域中的相应计算结果了。

问题 2：如何快速显示工作表中所有公式？

答：在 WPS 表格中使用公式处理数据时，默认显示计算结果，如需显示公式，单击【公式】选项卡中的【显示公式】按钮即可。

问题 3：公式比较复杂时，没有得到正确计算结果应该如何检查错误？

答：WPS 表格中提供了分步查看公式计算结果的功能，当公式中的计算步骤比较多时，使用此功能可以在审核过程中按公式计算的顺序逐步查看公式的计算过程。具体操作方法为：选择需要检查公式的单元格，单击【公式】选项卡中的【公式求值】按钮，打开【公式求值】对话框，【求值】列表框中显示了该单元格中的公式，并用下划线标记出第 1 步要计算的内容，单击【求值】按钮，即可逐步查看公式的计算过程。

上机实战——制作"现金流水表"表格

效果展示

日期	摘要	收入	支出	结余
上期结余				1800
6月1日	到货长途运费		800	
	下货搬运费		100	
6月2日	王府井促销销售收入	2816		
6月3日	王府井促销销售收入	4672		
6月4日	王府井促销销售收入	5901		
6月5日	王府井促销销售收入	8686		
6月6日	王府井促销销售收入	3105		
6月6日	促销撤场运费		200	
	撤场搬运费		100	
6月7日	促销导购工资		1528	

素材

2022年6月现金流水表				
日期	摘要	收入	支出	结余
上期结余				1800
6月1日	到货长途运费		800	1000
	下货搬运费		100	900
6月2日	王府井促销销售收入	2816		3716
6月3日	王府井促销销售收入	4672		8388
6月4日	王府井促销销售收入	5901		14289
6月5日	王府井促销销售收入	8686		22975
6月6日	王府井促销销售收入	3105		26080
6月6日	促销撤场运费		200	25880
	撤场搬运费		100	25780
6月7日	促销导购工资		1528	24252
效果 期结余		25180	2728	

━━━ 思路分析 ━━━

现金流水表是财会人员常用的表格之一，在WPS表格中只需进行简单的公式计算，就能得到想要的结果。本例首先将日常记录的现金流水表打开，然后使用简单的公式计算结余，再添加表格标题和表尾信息，最后使用函数进行结余数据统计，即可得到最终效果。

━━━ 制作步骤 ━━━

步骤 01 打开"素材文件\第7章\现金流水表.et"，选择E3单元格，输入公式"=E2+C3-D3"，如图7-26所示，即可计算出该项流水后的结余。

步骤 02 向下拖曳E3单元格的填充柄到E12单元格，如图7-27所示，快速填充公式得到其他项的结余数据。

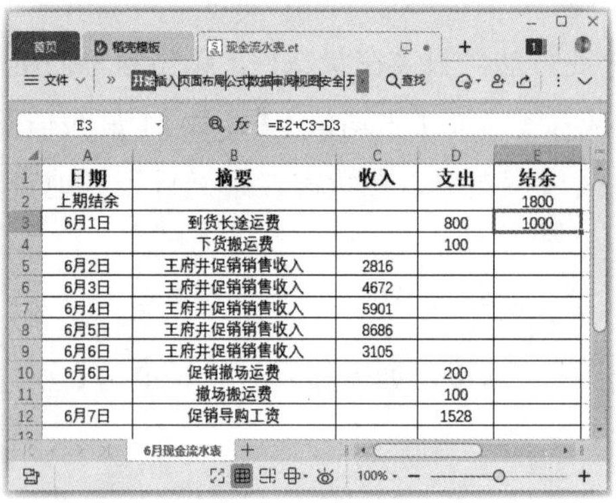

图 7-26　输入公式　　　　　　　　　　　　图 7-27　填充公式

步骤 03 在第一行上方插入一行单元格，并合并A1:E1单元格区域，输入标题文本，再设置合适的字体格式，如图7-28所示。

步骤 04 合并A16:B16单元格区域，并输入文本"本期结余"，设置合适的字体格式和单元格高度，如图7-29所示。

图 7-28　插入表格标题 　　　　　　　　　　图 7-29　添加表尾内容

步骤 05 在C16单元格中输入函数"=SUM(C2:C15)"，按【Enter】键统计出本期的总收入数

据，如图 7-30 所示。

步骤 06 向右拖曳 C16 单元格的填充柄到 D16 单元格中，复制函数计算出本期的总支出数据，如图 7-31 所示。

图 7-30 输入函数

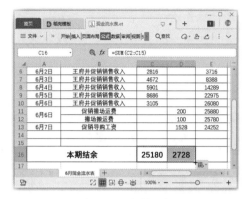

图 7-31 复制函数

同步训练——制作"销售日报表"表格

为了增强读者的动手能力，下面安排一个同步训练案例，让读者达到举一反三、触类旁通的学习效果。

图解流程

思路分析

销售日报表是销售人员常用的表格之一，其用途是汇报每日销售业绩，有助于分析销售情况。本例首先建立汇总表，接着使用单元格引用将多个工作表中的数据汇集到一个工作表中，再进行相关的计算，得到最终效果。

关键步骤

步骤01 打开"素材文件\第7章\销售日报表.et"，新建一个工作表，将其命名为"总表"，然后将其拖曳到工作表标签的最左侧。在【总表】工作表中输入数据，设置好字体格式和边框，效果如图7-32所示。

步骤02 在C3单元格中引用【北数】工作表中的H7单元格，如图7-33所示。

图 7-32　建立表格框架　　　　　　　图 7-33　引用单元格数据

步骤03 选中D3单元格，在其中输入公式"=C3/B3"，如图7-34所示。

步骤04 使用相同的方法引用不同工作表中的对应单元格，在B6单元格中插入SUM函数，如图7-35所示。

图 7-34　输入公式　　　　　　　图 7-35　插入函数

步骤05 复制SUM函数到C6单元格，复制D3单元格中的公式到D4:D6单元格区域，如图7-36所示。

步骤06 选择D3:D6单元格区域，单击【百分比样式】按钮和【增加小数位数】按钮，使数据显示为包含一位小数的百分比样式，如图7-37所示。

图 7-36 复制公式和函数

图 7-37 设置数据样式

知识能力测试

本章讲解了WPS表格公式和函数的使用，为对知识进行巩固和考核，安排相应的练习题。

一、填空题

1. 在WPS表格中，运算符分为_____、_____、_____、_____4种类型。

2. 在WPS表格中，一个完整的函数主要由_____、_____、_____组成。

3. 函数的参数既可以是常量，也可以是公式，还可以是其他函数，常见的函数参数类型主要有_____、_____、_____、_____、_____等。

二、选择题

1. 在WPS表格中，默认的单元格引用方式为（　　）。

A. 相对引用　　　　B. 绝对引用　　　　C. 混合引用　　　　D. 其他引用方式

2. 下列函数中，（　　）为日期和时间函数，（　　）为逻辑函数，（　　）为统计函数。

A. TODAY　　　　B. IF　　　　C. LOWER　　　　D. MAX

3. 使用绝对引用时，应在被引用单元格的行号和列标之前分别加入符号（　　）。

A. !　　　　B. ￥　　　　C. $　　　　D. &

三、简答题

1. 使用公式时，运算符的优先级是什么？

2. 按照函数的功能，可以将WPS表格函数分为哪几类，各类函数的用途是什么？

WPS Office

第8章
WPS表格数据的基本分析

　　WPS表格作为专业的数据处理工具，其强大的数据处理和分析功能可以帮助人们将繁杂的数据转化为有效的信息。本章将详细介绍在WPS表格中使用条件格式标记符合条件的数据，进行数据排序、数据筛选，以及数据分类汇总的相关知识。

学习目标

- 熟练掌握用条件格式标记数据的操作
- 学会自定义条件格式规则
- 熟练掌握对数据排序的操作
- 学会对数据进行自定义排序的操作
- 熟练掌握自动筛选数据的操作
- 学会分类汇总数据的方法

8.1 使用条件格式标记数据

在编辑表格时，可以为单元格区域、表格或数据透视表设置条件格式。使用"条件格式"功能，可以快速识别特定类型的数据，并自动为满足条件的数据应用指定的格式标识，并且当单元格中的数据发生变化时，会自动评估并应用指定的条件格式。

8.1.1　应用内置的条件格式规则

条件格式功能常用于标记某个范围的数据、快速找到重复项目、使用图形增加数据可读性等。WPS 表格中提供了非常丰富的内置条件格式规则，以实现快速格式化数据，图 8-1 所示为为相应列数据应用不同内置条件格式规则后的效果。

要为数据应用内置条件格式规则，首先选定工作表中要设置条件格式的单元格区域，然后在【开始】选项卡中单击【条件格式】按钮，在弹出的下拉列表中选择需要的内置条件格式规则即可，如图 8-2 所示。

员工编号	所属分区	员工姓名	累计业绩	第一季度	第二季度	第三季度	第四季度
0001	一分区	李海	¥132,900	¥27,000	¥70,000	¥27,000	¥8,900
0002	二分区	苏杨	¥825,000	¥250,000	¥290,000	¥250,000	¥35,000
0003	三分区	陈霞	¥139,000	¥23,000	¥55,000	¥23,000	¥38,000
0004	四分区	武海	¥153,000	¥20,000	¥13,000	¥20,000	¥100,000
0005	三分区	刘繁	¥148,450	¥78,000	¥23,450	¥27,000	¥20,000
0006	一分区	袁锦辉	¥296,000	¥5,000	¥21,000	¥250,000	¥20,000
0007	二分区	贺华	¥137,000	¥24,000	¥80,000	¥23,000	¥10,000
0008	三分区	钟兵	¥202,000	¥87,000	¥90,000	¥21,000	¥4,000
0009	四分区	丁芬	¥136,900	¥8,900	¥23,000	¥80,000	¥25,000
0010	一分区	程静	¥171,000	¥35,000	¥19,000	¥90,000	¥27,000
0011	二分区	刘健	¥351,000	¥38,000	¥40,000	¥23,000	¥250,000
0012	三分区	苏江	¥322,000	¥100,000	¥170,000	¥29,000	¥23,000
0013	四分区	廖嘉	¥133,000	¥20,000	¥50,000	¥40,000	¥23,000
0014	四分区	刘佳	¥221,000	¥20,000	¥11,000	¥170,000	¥20,000
0015	二分区	陈永	¥89,000	¥10,000	¥19,000	¥50,000	¥10,000
0016	一分区	周繁	¥83,000	¥4,000	¥64,000	¥11,000	¥4,000
0017	二分区	周波	¥149,000	¥25,000	¥80,000	¥19,000	¥25,000
0018	三分区	熊亮	¥389,000	¥100,000	¥12,000	¥27,000	¥250,000
0019	四分区	吴娜	¥322,000	¥19,000	¥250,000	¥250,000	¥23,000
0020	一分区	丁琴	¥74,030	¥21,030	¥10,000	¥23,000	¥20,000
0021	三分区	宋沛	¥355,900	¥209,000	¥118,000	¥20,000	¥8,900

图 8-1　应用内置的条件格式规则标记数据

图 8-2　【条件格式】下拉列表

【条件格式】下拉列表中提供了 5 类内置条件格式规则，具体应用时需要在对应的类别下级子菜单中进行选择。下面对 5 类条件格式规则的作用进行介绍。

- 突出显示单元格规则：基于比较运算符和指定数值或按指定日期范围、包含指定文本或重复值对单元格进行标记。
- 项目选取规则：识别项目中最大/最小的百分数或数字所指定的项，或者对大于或小于平均值的单元格进行标记。
- 数据条：根据单元格中数值的大小显示不同长度的水平颜色条，颜色条的长度代表单元格中的值，数据条越长，表示值越大；反之则表示值越小。若要在大量数据中分析较高值和较低值，使用数据条尤为有用。

- 色阶：通过使用两种或三种颜色的渐变效果直观地比较单元格区域中的数据，用来显示数据分布和数据变化。一般情况下，颜色的深浅表示值的高低。
- 图标集：使用图标对数据进行注释，每个图标代表一个值的范围。使用图标时不能添加外部图标样式。如果单元格中同时显示图标和数字，图标将靠单元格左侧显示。

8.1.2 设置自定义条件格式规则

图8-3 【新建格式规则】对话框

WPS表格中的条件格式功能允许用户定制条件格式以实现高级格式化。

选择需要设置自定义条件格式的单元格区域，在【条件格式】下拉列表中选择【新建规则】命令，打开【新建格式规则】对话框，即可在其中新建条件格式规则，如图8-3所示。

【新建格式规则】对话框中的【选择规则类型】列表框中包含6种可选的规则类型，可以基于不同的筛选条件设置新的规则。选择不同的规则类型，底部的【编辑规则说明】区域中将显示不同的选项，用于设置不同的参数。表8-1所示为6种规则类型的说明。

表8-1 条件格式的规则类型

规则类型	说明
基于各自值设置所有单元格的格式	创建显示数据条、色阶或图标集的规则
只为包含以下内容的单元格设置格式	创建基于数值大小比较的规则，如大于、小于、不等于、介于等。也可以基于文本内容创建"文本包含"规则
仅对排名靠前或靠后的数值设置格式	创建可标记前n个、前百分之n个、后n个、后百分之n个的规则
仅对高于或低于平均值的数值设置格式	创建可标记特定范围内数值的规则
仅对唯一值或重复值设置格式	创建可标记指定范围内的唯一值或重复值的规则
使用公式确定要设置格式的单元格	创建基于公式运算结果的规则

如果选择【基于各自值设置所有单元格的格式】规则类型，则在对话框底部的【格式样式】下拉列表中可以选择双色刻度、三色刻度、数据条和图标集4种样式，【类型】下拉列表中包含5种可选的计算类型，各类型介绍如表8-2所示。

表 8-2　条件格式的计算类型

计算类型	说明
最低值/最高值	数据序列中的最低值/最高值
数字	由用户直接输入的值
百分比	计算规则为（当前值−区域中的最小值）/（区域中的最大值−区域中的最小值）
公式	通过公式计算出的值
百分点值	使用 PERCENTTILE 函数规则计算出的第 K 个百分点的值

如果选择其他规则类型，在规则设置完成后，可以单击对话框中的【格式】按钮，在打开的【单元格格式】对话框中设置符合条件时要应用的单元格数字、字体、边框和图案格式。

如果选择【使用公式确定要设置格式的单元格】规则类型，当公式结果为 TRUE 或不等于 0 时，返回用户指定的单元格格式；公式结果为 FALSE 或数值 0 时，不应用指定格式。公式的引用方式，一般以选中区域的活动单元格为参照进行设置，设置完成后，即可将条件格式规则应用到所选区域的每一个单元格。

8.1.3　管理条件格式规则

为单元格应用条件格式后，如果感觉不满意，可以在【条件格式规则管理器】对话框中对其进行编辑。在【条件格式】下拉列表中选择【管理规则】命令，即可打开【条件格式规则管理器】对话框，如图 8-4 所示。

图 8-4　【条件格式规则管理器】对话框

> **温馨提示**
> 在【条件格式】下拉列表中选择【清除规则】命令，在弹出的下级子菜单中可以选择【清除所选单元格的规则】【清除整个工作表的规则】【清除此表的规则】（此表指的是智能表格）等命令，分别清除不同目标区域中已有的条件格式规则。

在该对话框中可以查看当前所选单元格或当前工作表中应用的条件格式规则。在【显示其格式规则】下拉列表中可以选择相应的工作表或数据透视表，以显示出需要进行编辑的条件格式规则；

选中规则并单击【编辑规则】按钮,可以在打开的【编辑规则】对话框中对选择的条件格式规则进行编辑,编辑方法与新建规则的方法相同;选中规则并单击【删除规则】按钮,即可删除指定的条件格式规则。

此外,WPS 表格允许对同一单元格区域同时设置多个条件格式规则,这些条件格式规则按照在【条件格式规则管理器】对话框中列出的顺序依次执行。处于上方的条件格式规则拥有更高的优先级,多个规则之间如果没有冲突(如设置为红色背景和设置为字体加粗),则规则全部生效;多个规则之间如果发生冲突(如设置为红色背景和设置为黄色背景),则只执行优先级较高的规则。默认情况下,新规则总是添加到列表的顶部,即拥有最高优先级,可以在对话框中单击▲或▼按钮更改规则的优先级顺序。

课堂范例——使用条件格式标记销售数据

在处理数据量较大的表格时,经常需要查看一些特殊的数据,此时使用条件格式可以快速标记这些数据。例如,要在"员工业绩管理表"工作簿中标记出"累计业绩"列中的前三项数据;为"第一季度"列中的数据添加数据条,并标记出大于 80000 的数据;为"第二季度"列中的数据添加自定义的色阶效果;最后调整条件格式规则的运行方式,得到最终结果,具体操作步骤如下。

步骤 01　打开"素材文件\第 8 章\员工业绩管理表 .et",选择"累计业绩"列中要设置条件格式的数据区域,即 D2:D22 单元格区域,单击【开始】选项卡中的【条件格式】按钮,在弹出的下拉菜单中依次选择【项目选取规则】→【前 10 项】命令,如图 8-5 所示。

步骤 02　打开【前 10 项】对话框,默认设置为【浅红填充色深红色文本】样式,在数值框中输入"3",单击【确定】按钮,如图 8-6 所示,即可为"累计业绩"列中的前三项数据所在单元格设置浅红填充色深红色文本格式。

图 8-5　选择【前 10 项】命令

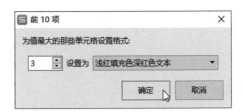

图 8-6　设置条件格式规则

步骤 03　选择 E2:E22 单元格区域,单击【条件格式】按钮,在弹出的下拉菜单中选择【数据条】命令,在弹出的下级子菜单中选择需要的数据条样式,如图 8-7 所示。

步骤 04　保持单元格区域的选择状态，单击【条件格式】按钮，在弹出的下拉菜单中依次选择【突出显示单元格规则】→【大于】命令，如图 8-8 所示。

图 8-7　选择需要的数据条样式

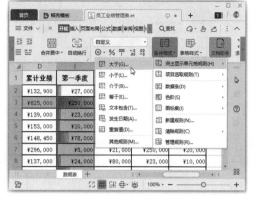

图 8-8　选择【大于】命令

步骤 05　打开【大于】对话框，在参数框中输入"80000"，在【设置为】下拉列表中选择【黄填充色深黄色文本】样式，单击【确定】按钮，如图 8-9 所示，即可为"第一季度"列中超过 80000 的数据所在单元格设置黄填充色深黄色文本格式。

步骤 06　选择 F2:F22 单元格区域，单击【条件格式】按钮，在弹出的下拉菜单中选择【新建规则】命令，如图 8-10 所示。

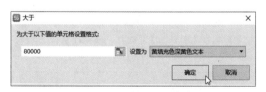

图 8-9　设置条件格式规则

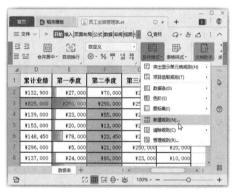

图 8-10　新建条件格式规则

步骤 07　打开【新建格式规则】对话框，默认选择【基于各自值设置所有单元格的格式】选项，在【格式样式】下拉列表中选择【三色刻度】选项，在 3 个【类型】下拉列表中选择【百分比】选项，单击【确定】按钮，如图 8-11 所示，即可用设定的规则为"第二季度"列中的数据填充相应的色阶。

步骤 08　单击【条件格式】按钮，在弹出的下拉菜单中选择【管理规则】命令，如图 8-12 所示。

图 8-11　设置条件格式规则

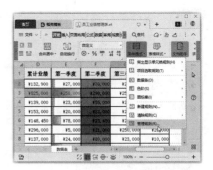

图 8-12　选择【管理规则】命令

步骤 09　打开【条件格式规则管理器】对话框，在【显示其格式规则】下拉列表中选择【当前工作表】选项，选中【单元格值>80000】项右侧的【如果为真则停止】复选框，单击【确定】按钮，如图 8-13 所示。

步骤 10　返回工作表中，可以看到"第一季度"列中使用了【单元格值>80000】条件格式规则的单元格没有再使用【数据条】条件格式规则，效果如图 8-14 所示。

图 8-13　管理设置的条件格式规则

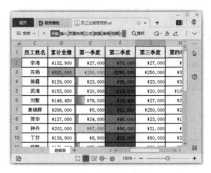

图 8-14　查看数据标记效果

温馨提示

　　如果在同一个单元格中应用了多种条件格式规则，选中【如果为真则停止】复选框，则对于满足当前规则的数据不再运用该项后的其他条件格式规则。

8.2 数据排序

　　在WPS表格中，对数据排序是指按照一定的规则对工作表中的数据进行排序，有助于直观地组织数据列表并快速查找所需数据。本节将介绍数据排序的多种方法。

8.2.1　单条件排序

　　对WPS表格中的数据进行分析时，经常需要根据某个条件对数据进行升序或降序排序。其中"升序"是指对选择的数据按从小到大的顺序排序,"降序"是指对选择的数据按从大到小的顺序排序。

在 WPS 表格中,按一个条件对数据进行升序或降序排序的方法主要有以下两种。

- 选择需要排序列中的任意单元格,单击【开始】选项卡中的【排序】下拉按钮,在弹出的下拉列表中选择【升序】或【降序】选项即可,如图 8-15 所示。
- 选择需要排序列中的任意单元格,单击【数据】选项卡中的【升序】按钮$_{\text{红}}^{\text{A}}$或【降序】按钮$_{\text{红}}^{\text{A}}$即可,如图 8-16 所示。

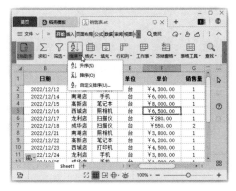

图 8-15　通过【开始】选项卡排序

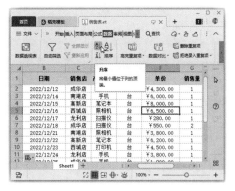

图 8-16　通过【数据】选项卡排序

8.2.2　多条件排序

多条件排序是指依据多列数据规则对工作表中的数据进行排序操作,操作方法相对复杂一些。下面以在"销售表"中同时对"销售店"和"日期"进行升序排序为例,具体操作如下。

步骤 01　打开"素材文件\第 8 章\销售表.et",选中整个数据区域,在【数据】选项卡中单击【排序】按钮,如图 8-17 所示。

步骤 02　打开【排序】对话框,在【主要关键字】下拉列表中选择【销售店】选项,在【排序依据】下拉列表中选择【数值】选项,在【次序】下拉列表中选择【升序】方式,单击【添加条件】按钮,如图 8-18 所示。

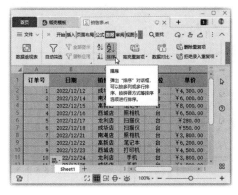

图 8-17　单击【排序】按钮

图 8-18　设置主要关键字和排序方式

步骤 03　在【次要关键字】下拉列表中选择【日期】选项，在【排序依据】下拉列表中选择【数值】选项，在【次序】下拉列表中选择【升序】方式，完成后单击【确定】按钮，如图 8-19 所示。

步骤 04　返回工作表，即可看到所选区域首先按主要关键字"销售店"将各销售店按升序进行了排序，然后针对同一个销售店又按次要关键字"日期"进行了升序排序，效果如图 8-20 所示。

图 8-19　设置次要关键字和排序方式

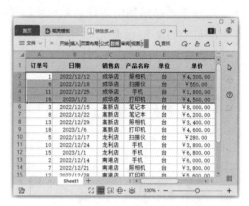

图 8-20　查看多条件排序结果

8.2.3　自定义排序

除了使用表格中内置的一些排序方式，用户还可以使用自定义序列来对数据进行排序。例如，在"销售表"中，要按照习惯查看的店铺顺序来排序各店铺数据，操作方法如下。

步骤 01　选中整个数据区域，单击【数据】选项卡中的【排序】按钮。打开【排序】对话框，在主要关键字"销售店"项后的【次序】下拉列表中选择【自定义序列】选项，如图 8-21 所示。

步骤 02　打开【自定义序列】对话框，在【输入序列】文本框中输入自定义序列，单击【添加】按钮，如图 8-22 所示，输入的序列将添加到【自定义序列】列表框中，完成后单击【确定】按钮，关闭该对话框。

图 8-21　选择【自定义序列】选项

图 8-22　添加自定义序列

步骤 03　返回【排序】对话框，在主要关键字"销售店"项后的【次序】下拉列表中自动选择了刚添加的自定义序列，如图 8-23 所示，保持其他设置不变，单击【确定】按钮。

步骤 04 返回工作表，即可看到该工作表中的数据已按照设置的自定义序列进行了排序，如图 8-24 所示。

图 8-23　自动选择自定义序列

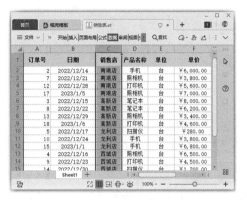

图 8-24　查看排序结果

8.3 数据筛选

在管理工作表数据时，将符合条件的数据显示出来，不符合条件的数据隐藏起来，更便于查看需要关注的数据。这就需要掌握数据筛选的相关知识。在WPS表格中，用户可以根据实际需要进行自动筛选或高级筛选。

8.3.1　自动筛选

自动筛选是指按照选定的内容筛选数据，主要用于简单条件筛选和指定数据的筛选。

1. 简单条件筛选

简单条件筛选就是将符合某个条件或某几个条件的数据筛选出来，一般通过操作筛选下拉列表中提供的各复选框即可完成。WPS表格中提供了"仅筛选此项"功能，可以快速实现数据的单条件筛选。

下面以在"员工信息表"中筛选"开发二部"的信息为例，具体操作方法如下。

步骤 01 打开"素材文件\第 8 章\员工信息表 .et"，选择数据区域中的任意单元格，单击【数据】选项卡中的【自动筛选】按钮，如图 8-25 所示。

步骤 02 进入筛选状态，单击需要进行筛选的字段名右侧的下拉按钮，这里单击【所属部门】字段右侧的下拉按钮，在弹出的下拉列表中设置筛选条件，这里选择列表框中【开发二部】后的【仅筛选此项】命令，如图 8-26 所示。

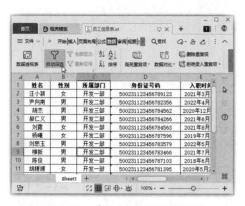

图 8-25　单击【自动筛选】按钮

图 8-26　设置筛选条件

步骤 03　返回工作表，即可看到其中只显示出了符合筛选条件的数据信息，且【所属部门】字段右侧的下拉按钮变为 ▼ 形状，表示【所属部门】为当前数据区域的筛选条件，如图 8-27 所示。

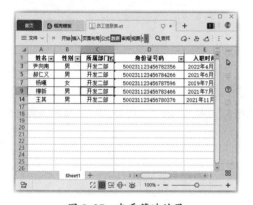

图 8-27　查看筛选结果

温馨提示

　　如果要对多个列进行筛选，可以按顺序多次进行类似的操作。如果要对同一列进行多条件筛选，可以在筛选下拉列表中选中需要筛选项前的复选框，然后单击【确定】按钮。筛选下拉列表的列表框中，每个项目后面显示了该项目的统计个数，方便用户一目了然地得到数据的整体情况，同时还支持导出计数。

　　筛选数据后，如果需要重新显示出工作表中被隐藏的数据，同时退出数据筛选状态，可以通过以下几种方法实现。

- 再次单击【数据】选项卡中的【自动筛选】按钮。
- 单击【数据】选项卡中的【全部显示】按钮，如图 8-28 所示。
- 单击【开始】选项卡中的【筛选】按钮。
- 单击【开始】选项卡中的【筛选】下拉按钮，在弹出的下拉菜单中选择【全部显示】命令。
- 单击【所属部门】字段右侧的 ▼ 按钮，在弹出的下拉列表中单击【清空条件】按钮，如图 8-29 所示。
- 单击【所属部门】字段右侧的 ▼ 按钮，在弹出的下拉列表中选中【全选】复选框，单击【确定】按钮。

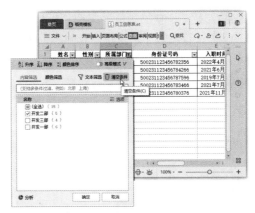

图 8-28　单击【全部显示】按钮　　　　　图 8-29　单击【清空条件】按钮

技能拓展　对表格数据进行筛选后，还可以根据需要对筛选后的数据进行升序或降序排序。只需要单击筛选下拉按钮，在弹出的下拉列表中单击【升序】或【降序】按钮即可。

2. 对指定数据的筛选

除了简单内容筛选，WPS 表格还支持按不同数据类型的数据特征进行筛选。

在【筛选】下拉列表中，不同数据类型的字段能够使用的筛选选项也不同。对于文本型数据字段，将显示【文本筛选】的相关选项，如图 8-30 所示；对于数值型数据字段，将显示【数字筛选】的相关选项，如图 8-31 所示；对于日期型数据字段，将显示【日期筛选】的相关选项，如图 8-32 所示。事实上，这些选项最终都将打开【自定义自动筛选方式】对话框，通过选择逻辑条件和输入具体条件值，完成自定义筛选。

图 8-30　【文本筛选】的相关选项　　图 8-31　【数字筛选】的相关选项　　图 8-32　【日期筛选】的相关选项

下面以在"员工信息表"中筛选设定"入职时间"日期范围内的数据为例，介绍对指定数据进行筛选的方法，具体操作步骤如下。

步骤 01 选择数据区域中的任意单元格，单击【自动筛选】按钮，进入筛选状态。单击【入职时间】字段右侧的下拉按钮，在弹出的下拉列表中单击【日期筛选】按钮，在弹出的下拉菜单中选择【介于】命令，如图 8-33 所示。

步骤 02 打开【自定义自动筛选方式】对话框，在右侧第一个文本框中输入要筛选的起始时间，在右侧第二个文本框中输入要筛选的结束时间，单击【确定】按钮，如图 8-34 所示。

图 8-33 选择筛选方式

图 8-34 设置筛选条件

步骤 03 返回工作表，即可看到工作表中的数据已经按照为【入职时间】字段设置的时间范围进行筛选，如图 8-35 所示。

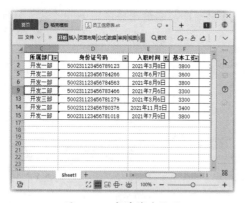

图 8-35 查看筛选结果

温馨提示

【自定义自动筛选方式】对话框中设置的条件不区分字母大小写。可以在【自定义自动筛选方式】对话框和【筛选】下拉列表中的搜索框中使用通配符进行模糊筛选，"?"匹配任意单个字符，"*"匹配任意多个连续字符（可以为零个），筛选问号或星号本身需在字符前输入"~"。通配符仅能用于文本型数据筛选，对数值和日期型数据无效。

技能拓展

编辑表格时，若设置了单元格背景颜色、字体颜色或条件格式等格式，还可以按照颜色对数据进行筛选。只需要在【筛选】下拉列表中单击【颜色筛选】按钮，然后在下方的列表框中选择要筛选的颜色即可。

8.3.2　高级筛选

"高级筛选"功能是对自动筛选的升级，可以将自动筛选的定制条件改为自定义设置，功能更加灵活。在实际工作中遇到需要筛选的数据区域中数据信息很多，又要针对多个条件进行一次筛选的情况，使用高级筛选可以提高工作效率。例如，要在"员工信息表"中筛选出开发二部男性员工基本工资超过 3500 元的数据，使用高级筛选的操作方法如下。

步骤 01　清除"员工信息表"中之前进行的筛选操作，在空白单元格区域建立一个筛选的约束条件区域，在其中输入列标题和筛选的条件，注意输入的列标题应与数据区域的标题字段相同。单击【数据】选项卡中的【高级筛选】按钮，如图 8-36 所示。

步骤 02　打开【高级筛选】对话框，在【列表区域】文本框中引用工作表中的数据区域，在【条件区域】文本框中引用创建的筛选约束条件区域，单击【确定】按钮，如图 8-37 所示。

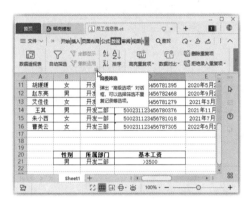

图 8-36　输入筛选条件

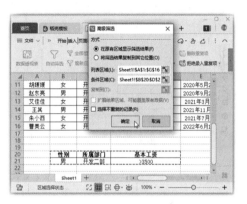

图 8-37　设置筛选条件

步骤 03　返回工作表，即可看到筛选结果，如图 8-38 所示。

图 8-38　查看筛选结果

温馨提示　创建筛选的约束条件区域时，标题行下方为筛选条件值的描述区，可以设置多个筛选条件，筛选条件遵循"同行为与、异行为或"的关系，即同一行之间为 AND 连接的条件（交集），不行之间为 OR 连接的条件（并集）。筛选条件行允许使用带比较运算符（=、>、<、>=、<=、<>）的表达式（如">100"）。

通过高级筛选功能还可以在筛选的同时对工作表中的数据进行过滤，保证字段或工作表中没有重复的数据项。只要在【高级筛选】对话框中选中【选择不重复的记录】复选框即可。

8.4 分类汇总

WPS表格为用户提供了分类汇总功能，利用此功能可将表格中的数据按指定字段和项目进行分类，然后再对性质相同的数据自动汇总计算并插入小计和合计，分类汇总的结果将形成"分级显示"，即以类似目录树的结构显示不同层次级别的数据，可以展开某个级别以查看明细数据，也可以收起某个级别只查看该级别的汇总数据，更便于用户查找数据。

8.4.1 简单分类汇总

简单分类汇总用于对数据清单中的某一列进行分类，并计算各分类数据的汇总值。为了达到预期的汇总效果，在进行分类汇总前，应先以需要进行分类汇总的字段为关键字进行排序，方便将同类数据排列在相邻的行中。例如，在"汽车销售表"中，要分类汇总各地区每一种车型的销售总量，具体操作方法如下。

步骤 01 打开"素材文件\第8章\汽车销售表.et"，复制工作表，选择要作为分类依据的【地区】列中的任意单元格，单击【数据】选项卡中的【升序】按钮，如图8-39所示，可以将【地区】列按升序排序，这里按降序排序也可以，主要是为了让同类数据排列在相邻的行中。

步骤 02 单击【数据】选项卡中的【分类汇总】按钮，如图8-40所示。

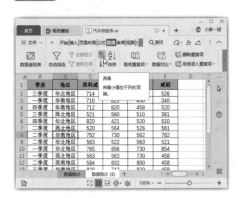

图8-39 对【地区】列排序

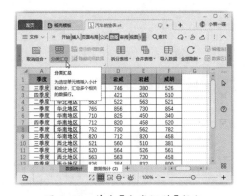

图8-40 单击【分类汇总】按钮

步骤 03 打开【分类汇总】对话框，在【分类字段】下拉列表中选择【地区】选项，在【汇总方式】下拉列表中选择【求和】选项，在【选定汇总项】列表框中选中要汇总数据的【昂科威】【君威】【君越】【威朗】复选框，单击【确定】按钮，如图8-41所示。

步骤 04 返回工作表，即可看到表中的数据按照设置进行了分类汇总，并分组显示出分类汇总的数据信息，如图8-42所示。

图 8-41　设置分类汇总条件

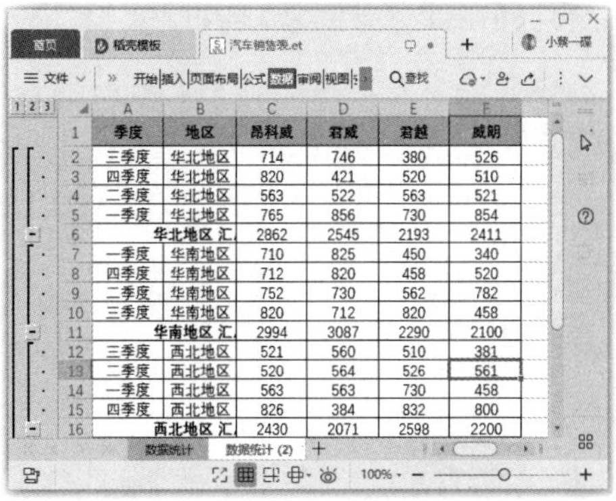

图 8-42　查看分类汇总结果

8.4.2　嵌套分类汇总

对表格数据进行分类汇总时，如果希望对多个关键字段进行不同方式的汇总，可以通过嵌套分类汇总方法实现。在汇总前仍然需要对关键字段进行排序，而且需要按要汇总的先后顺序对数据进行多条件排序。例如，在"汽车销售表"中，要汇总不同季度不同总负责人各类汽车的销售总量，具体操作方法如下。

步骤 01　复制"数据统计"工作表，在 G 列中添加总负责人信息。单击【数据】选项卡中的【排序】按钮，如图 8-43 所示。

步骤 02　打开【排序】对话框，根据要分类汇总的先后顺序设置排序的关键字段。在【主要关键字】下拉列表中选择【季度】选项，单击【添加条件】按钮，在【次要关键字】下拉列表中选择【总负责人】选项，单击【确定】按钮，如图 8-44 所示。

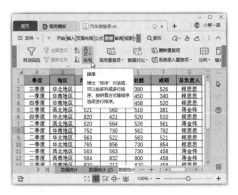

图 8-43　单击【排序】按钮

图 8-44　排序数据

步骤 03　在【数据】选项卡中单击【分类汇总】按钮，打开【分类汇总】对话框，在【分类字段】下拉列表中选择【季度】选项，在【汇总方式】下拉列表中选择【求和】选项，在【选定汇总项】列表框中选中【昂科威】【君威】【君越】【威朗】复选框，单击【确定】按钮，如图 8-45 所示。

步骤 04　返回工作表，此时可以显示出在数据区域中针对地区的分类汇总结果，如图 8-46

所示，再次单击【分类汇总】按钮。

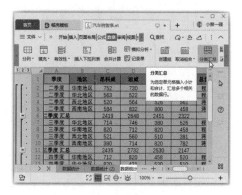

图 8-45　设置汇总条件　　　　　　　　图 8-46　查看汇总结果

步骤 05 打开【分类汇总】对话框，在【分类字段】下拉列表中选择【总负责人】选项，在【选定汇总项】列表框中选中【昂科威】【君威】【君越】【威朗】复选框，并取消选中【替换当前分类汇总】复选框，单击【确定】按钮，如图 8-47 所示。

步骤 06 返回工作表，即可看到数据区域的嵌套汇总结果，如图 8-48 所示，在各季度汇总数据中还对不同总负责人的总销售量数据进行了汇总。

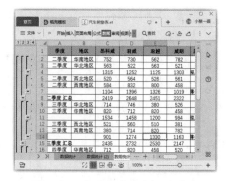

图 8-47　再次设置汇总条件　　　　　　图 8-48　查看最终嵌套汇总结果

技能拓展

如果要删除分类汇总，选择数据区域中的任意单元格，打开【分类汇总】对话框，单击【全部删除】按钮即可。

8.4.3　隐藏与显示汇总结果

在实际工作应用中，用户可以根据需要隐藏或显示部分分类汇总数据。下面介绍在 WPS 表格中隐藏或显示分类汇总结果的具体操作方法。

对数据进行分类汇总后，数据区域左侧会显示一些层次分明的分级显示按钮 −，单击这些按钮可以隐藏相应的汇总数据。例如，单击第一个分级显示按钮 −，此时按钮会变成 ＋，并隐藏其控制的汇总数据，如图 8-49 所示，再次单击 ＋ 按钮即可重新显示其控制的汇总数据，如图 8-50 所示。

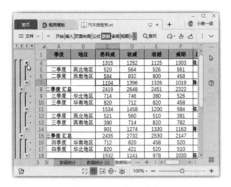

图 8-49 隐藏汇总数据

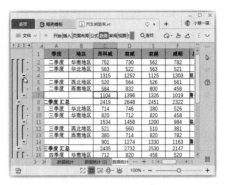

图 8-50 显示汇总数据

分级显示按钮上方有一行数据等级按钮 1 2 3 4，它们将汇总结果自动显示为几个等级，如本例显示为四级，若单击 2 按钮，数据区域中将只显示前两级分类汇总的结果。

课堂问答

问题1: 如何按汉字笔画顺序进行排序?

答: 为便于后期进行检索处理, 很多文本类型的电子表格中要求以汉字的笔画进行排序。只需要在【排序】对话框中单击【选项】按钮, 如图 8-51 所示, 然后在打开的【排序选项】对话框的【方式】栏中选中【笔画排序】单选按钮即可, 如图 8-52 所示, 其他设置与普通排序设置方法相同。

图 8-51 单击【选项】按钮

图 8-52 设置按笔画排序

问题2: 如何向筛选区域中精准地粘贴数据?

答: WPS 表格中提供了向筛选区域中精准粘贴数据的功能, 非常实用。复制数据后, 在需要粘贴的位置单击鼠标右键, 在弹出的快捷菜单中选择【粘贴值到可见单元格】命令即可, 数据会逐个粘贴到对应的可见单元格中, 而不会把数据粘贴到隐藏行中导致数据错乱。

问题3: 如何将分类汇总后的结果复制到其他工作表中进行保存?

答: 对数据进行分类汇总后, 可以选择性地把是否包含明细数据, 包含哪些明细数据的汇总结果复制到新工作表中进行保存。首先确定要复制的汇总数据, 将需要的数据显示出来, 然后单击【开始】选项卡中的【查找】按钮, 在弹出的下拉菜单中选择【定位】命令, 打开【定位】对话框, 选中【可见单元格】单选按钮, 单击【定位】按钮。返回工作表, 直接按【Ctrl+C】组合键进行复制操作, 然后粘贴到其他工作表即可。

上机实战——分析人力资源规划数据

为了让读者巩固本章知识点，下面讲解一个技能综合案例，使读者对本章的知识有更深入的了解。

效果展示

思路分析

每个公司都会有人力资源规划工作，人力资源规划数据通常需要制作成表格，对需要增加或储备的人才资源进行统一管理。我们不仅要学习人力资源规划表的制作方法，还要学会如何对表格数据进行分析。

本例首先对表格内容进行条件格式设置，标记出需要增加用人量较大的数据，然后按照需求筛选数据，并对筛选后的数据进行分类汇总，方便查看。

制作步骤

步骤 01 打开"素材文件\第 8 章\人力资源规划表.et"，选择 I 列中的数据区域，单击【开始】选项卡中的【条件格式】按钮，在弹出的下拉菜单中选择【突出显示单元格规则】→【大于】命令，如图 8-53 所示。

步骤 02 打开【大于】对话框，在左侧参数框中输入"5"，右侧下拉列表保持默认设置，单击【确定】按钮，如图 8-54 所示，即可标记出需要用人量超过 5 人的数据。

图 8-53 选择【大于】命令

图 8-54 设置条件格式规则

步骤 03　复制工作表，并命名新工作表为【筛选数据】，在空白单元格区域输入需要自定义的筛选条件，单击【数据】选项卡中的【高级筛选】按钮，如图 8-55 所示。

步骤 04　打开【高级筛选】对话框，选中【将筛选结果复制到其他位置】单选按钮，在【列表区域】文本框中引用工作表中的数据区域，在【条件区域】文本框中引用创建的筛选条件区域，在【复制到】文本框中引用需要放置筛选结果的第一个单元格，选中【选择不重复的记录】复选框，单击【确定】按钮，如图 8-56 所示。

图 8-55　输入筛选条件

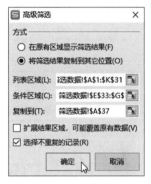

图 8-56　设置筛选参数

步骤 05　筛选结果为满足学历为本科以上、经验为 3 年以上或上班时长超过 8 小时三个条件中其中一个的数据。选择筛选后得到的数据区域，单击【数据】选项卡中的【分类汇总】按钮，如图 8-57 所示。

步骤 06　打开【分类汇总】对话框，在【分类字段】下拉列表中选择【部门】选项，在【选定汇总项】列表框中选中要汇总数据的【人数】复选框，单击【确定】按钮，如图 8-58 所示，即可汇总筛选结果中同部门需要招聘的人数信息。

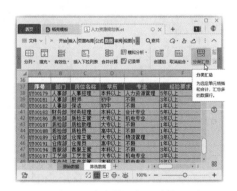

图 8-57　单击【分类汇总】按钮

图 8-58　设置分类汇总参数

🌐 同步训练——分析管理费用数据

为了增强读者的动手能力，下面安排一个同步训练案例，让读者达到举一反三、触类旁通的学习效果。

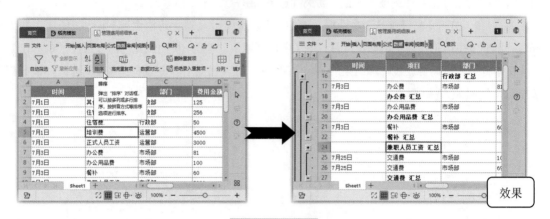

效果

思路分析

　　管理费用明细表是对日常使用的费用进行登记的明细表，是进行后续数据分析的重要依据。本例首先根据需要排序数据，然后对数据进行分类汇总，并查看需要的汇总数据和明细数据。

关键步骤

步骤01 打开"素材文件\第 8 章\管理费用明细表 .et"，因为要对"部门"和"项目"数据进行嵌套分类汇总，所以需要提前对这两列数据进行排序，具体设置参数如图 8-59 所示。

步骤02 根据"部门"字段进行分类，汇总总费用金额，设置参数如图 8-60 所示。

图 8-59　排序表格数据

图 8-60　设置汇总参数

步骤03 在上一层汇总数据基础上，嵌套根据"项目"字段进行分类，汇总总费用金额，设置参数如图 8-61 所示。

步骤04 单击分类汇总结果左侧的按钮，查看明细和汇总数据，如图 8-62 所示。

图 8-61　设置嵌套汇总参数

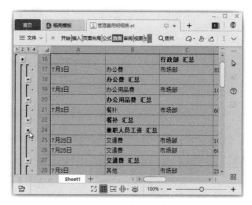

图 8-62　查看明细和汇总数据

知识能力测试

本章讲解了数据分析的常用工具，为对知识进行巩固和考核，安排相应的练习题。

一、填空题

1. WPS 表格中提供了非常丰富的内置条件格式规则，包括＿＿＿＿＿＿＿＿、＿＿＿＿＿＿＿＿＿＿、
＿＿＿＿＿＿＿＿、＿＿＿＿＿＿＿＿＿＿、＿＿＿＿＿＿＿＿5 种类别。

2. 对 WPS 表格进行数据分析时，排序是最常用的操作，＿＿＿＿＿＿是指对选择的数据按从小到大
的顺序排序，＿＿＿＿＿＿是指对选择的数据按从大到小的顺序排序。

二、选择题

1. 在 WPS 表格中可以使用通配符筛选数据，通配符应在英文状态下输入，其中（　　　）代表一
个字符，（　　　）代表多个字符。

A. &　　　　　　　　B. ?　　　　　　　　C. *　　　　　　　　D. ^

2. 为了便于后期的检索处理，对于"姓名""名称"等文本型数据，可以使用（　　　）方式进行
数据排序。

A. 字母排序　　　　B. 笔画排序　　　　C. 单元格颜色排序　　D. 按行排序

3. 如果希望工作表中的某列数据按照指定的方式进行排序，可使用（　　　）方式对该列数据进
行排序。

A. 按行排序　　　　B. 笔画排序　　　　C. 字母排序　　　　D. 自定义排序

三、简答题

1. 条件格式通常在什么情况下使用？

2. 自动筛选和高级筛选是 WPS 表格中常用的数据筛选方式，二者有何区别？

WPS Office

第9章

WPS表格的统计图表应用

　　使用WPS表格分析数据时，还可以使用图表功能来直观、生动、一目了然地展示出数据想要传达的信息，这样更利于用户对数据进行理解和分析。本章将详细介绍在WPS表格中创建图表、编辑图表及创建数据透视图表的相关知识。

学习目标

- 了解图表的类型
- 熟练掌握创建图表的方法
- 熟练掌握编辑图表的方法
- 熟练掌握创建数据透视表的方法
- 学会创建数据透视图的方法

9.1　创建与编辑图表

图表是重要的数据分析工具之一，它能将工作表中的数据用图形展示出来，从而清楚地显示各个数据的大小和变化情况。

9.1.1　认识图表

WPS 表格中的图表是由各图表元素构成的，下面以簇状柱形图为例，介绍常见的图表构成元素，如图 9-1 所示，其中各元素的功能介绍如表 9-1 所示。

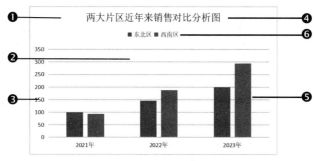

图 9-1　柱形图表

表 9-1　图表主要构成元素功能介绍

元素	功能介绍
❶图表区	包含整个图表及全部元素。通常在图表中的空白处单击，即可选定整个图表区
❷绘图区	图表中的图形区域，即以坐标轴界定的矩形区域
❸坐标轴	分为主要横坐标轴（默认显示）、主要纵坐标轴（默认显示）、次要横坐标轴和次要纵坐标轴 4 种，坐标轴上有刻度线、刻度标签等
❹图表标题	显示在绘图区上方的类文本框，用于对图表要展示的内容进行说明。默认使用系列名称作为图表标题，可根据需要修改
❺数据系列	根据源数据绘制的点、线、面等图形，用于生动形象地反映数据，是图表的关键部分
❻图例	标明图表中图形代表的数据系列，当图表中只有一个数据系列时，默认不显示图例

此外，WPS 表格还为用户提供了一些数据分析中很实用的图表元素，在【图表工具】选项卡中，可以根据需要添加这些图表元素。

- 数据标签：用于显示数据系列的源数据的值，为避免图表变得杂乱，可以在数据标签和 Y 轴刻度标签中择一而用。
- 误差线：常见于质量管理方面的图表，用于显示误差范围，提供标准误差误差线、百分比误差线、标准偏差误差线等。

- 网格线：有水平网格线和垂直网格线两种，分别与横坐标轴（X轴）和纵坐标轴（Y轴）上的刻度线对应，是用于比较数值大小的参考线。
- 趋势线：用于时间序列的图表，是根据源数据按照回归分析法绘制的一条预测线，有线性、指数等多种类型。
- 线条：在面积图或折线图中，显示从数据点到X轴的垂直线，是用于比较数值大小的参考线。
- 涨/跌柱线：常见于股票图表，在有两个以上数据系列的折线图中，在第一个数据系列和最后一个数据系列之间绘制的柱形或线条，即涨柱或跌柱。

9.1.2 创建图表

WPS表格中内置了多种类型的图表，如柱形图、折线图、饼图、条形图、面积图、XY（散点图）、股价图和雷达图等。此外，WPS表格中提供了一些在线图表，包含一些设计好的图表模板，创建后修改数据源，就可以快速得到专业、有设计美感的图表效果了。

1.通过对话框创建图表

在WPS表格中，用户可以很轻松地创建各种类型的图表。如果对图表类型的选择没有把握，可以通过【插入图表】对话框来进行创建。在创建过程中可以选择不同的图表类型，在预览框中查看对应的图表效果。例如，要为部分销量数据创建一个常见的折线图，具体操作方法如下。

步骤 01 打开"素材文件\第9章\楼盘项目季度销量.et"，选择要创建为图表的数据区域，这里选择B2:E6单元格区域，单击【插入】选项卡中的【全部图表】按钮，如图9-2所示。

步骤 02 打开【插入图表】对话框，在左侧选择需要的图表类型，如【折线图】，在右侧选择需要的图表样式，然后单击【确定】按钮，如图9-3所示。

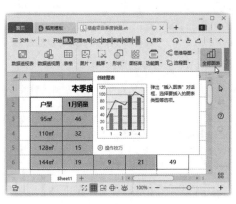

图 9-2 选择数据区域

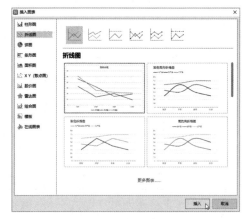

图 9-3 选择图表类型

步骤 03 即可根据选择的原始数据和图表类型，创建出对应的图表，效果如图9-4所示。

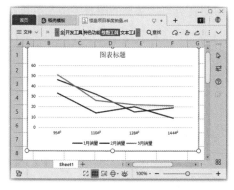

图 9-4　查看创建的图表

2. 使用在线图表创建样式更丰富的图表

WPS 表格中提供了许多在线图表，可以创建出样式更加丰富的图表，创建的方法与传统的图表创建方法基本相同。例如，要为一季度销量数据创建一个漂亮的饼图，具体操作方法如下。

步骤 01 选择要创建为图表的数据区域，这里选择 B2:B6 和 F2:F6 单元格区域，单击【插入】选项卡中的【在线图表】按钮，如图 9-5 所示。

步骤 02 在弹出的下拉列表的左侧选择需要的图表类型选项，这里选择【饼图】选项。在每个图表类型选项下方还可以选择颜色、风格、类型等，这里选择【免费】选项。在右侧可以看到在线图表样式的预览效果图，方便用户查看该图表的最终效果。选择需要的图表样式，如图 9-6 所示，即可根据选择的数据和图表样式在工作表中插入一个图表。

图 9-5　选择数据区域

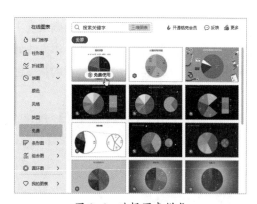

图 9-6　选择图表样式

3. 根据统计需求创建常用图表

在 WPS 表格中，用户可以很轻松地创建各种类型的专业图表。如果清楚要创建的图表类型，在选择要创建为图表的数据区域后，可以直接选择需要的图表类型。常见的图表类型都可以用这种方法来创建，相对比较灵活。例如，要为部分销量数据创建一个常见的柱形图，首先选择要用来创建图表的B2:E4单元格区域，单击【插入】选项卡中图表类型对应的按钮，这里单击【插入柱形图】按钮 ，在弹出的下拉列表中选择需要的柱形图样式，如常用的簇状柱形图，如图9-7所示，即可创建如图9-8所示的柱形图。

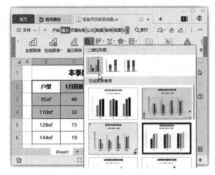

图 9-7　选择数据区域和图表样式

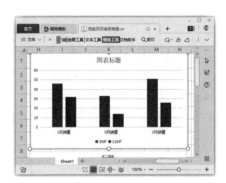

图 9-8　查看创建的图表

技能拓展　在WPS表格中，默认的图表类型为簇状柱形图，选中用来创建图表的数据区域，然后按【Alt+F1】组合键，即可快速插入柱形图。

9.1.3　更改图表类型

创建图表后，若发现图表不能准确表现出数据关系，还可以更改图表的类型。例如，要将前面创建的折线图更改为柱形图，具体操作方法如下。

步骤01　选择要更改图表类型的折线图，单击【图表工具】选项卡中的【更改类型】按钮，如图9-9所示。

步骤02　打开【更改图表类型】对话框，在左侧选择需要的图表类型，如【柱形图】，在右侧选择需要的图表样式，然后单击【确定】按钮即可，如图9-10所示。

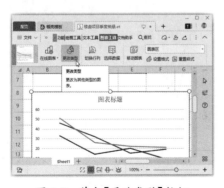

图 9-9　单击【更改类型】按钮

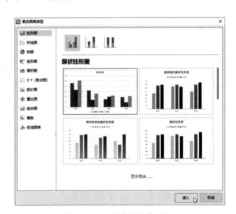

图 9-10　选择图表类型

9.1.4　编辑图表数据

创建图表之后，数据会更直观。若这时发现表格中的数据错误，可以及时更改或删除。需要注意的是，图表与单元格中的数据是同步显示的，即修改单元格中的数据，其图表上的图形也会同步发生变化。

如果发现数据源选择错误，也可以重新选择工作表中的数据作为数据源，图表中的相应数据系列会自动发生变化。例如，要更改柱状图中的数据为其他户型的相关数据，具体操作方法如下。

步骤 01　选择需要更改数据源的柱形图，然后单击【图表工具】选项卡中的【选择数据】按钮，如图 9-11 所示。

步骤 02　打开【编辑数据源】对话框，单击【图表数据区域】文本框后的【折叠】按钮，如图 9-12 所示。

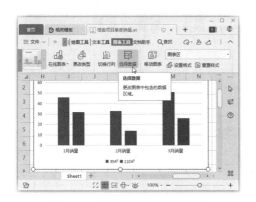

图 9-11　单击【选择数据】按钮

图 9-12　单击【折叠】按钮

步骤 03　返回工作表中，重新选择创建图表的数据所在的单元格区域，然后在【编辑数据源】对话框中单击【展开】按钮，如图 9-13 所示。

步骤 04　返回【编辑数据源】对话框后单击【确定】按钮，在返回的工作表中可以看到更改数据源之后的图表效果，如图 9-14 所示。

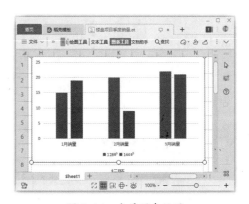

图 9-13　重新选择数据

图 9-14　查看图表效果

9.1.5　调整图表效果

单击图表上的空白区域可以选中整个图表，此时将显示图表的边框，边框上有 6 个控制点，用户可以根据实际需要调整图表的大小和位置，还可以改变图表的样式。

- 调整图表大小：将鼠标指针指向控制点，当鼠标指针变为双向箭头形状时，按住鼠标左键拖曳即可调整图表大小，如图 9-15 所示。
- 调整图表位置：将鼠标指针指向图表的空白区域，当鼠标指针变为 形状时按住鼠标左键，此时鼠标指针变为 形状，拖曳图表到目标位置，释放鼠标左键即可，如图 9-16 所示。

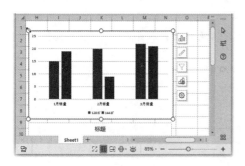
图 9-15　调整图表大小

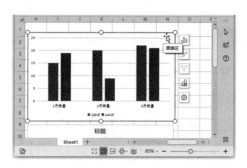
图 9-16　调整图表位置

- 调整图表样式：对于一些常用的图表类型，WPS 提供了相应的图表样式。选择图表后，在【图表工具】选项卡中的列表框中即可看到，选择某个图表样式即可快速改变图表的整体效果，如图 9-17 所示。

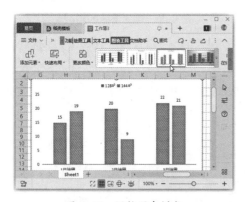
图 9-17　调整图表样式

温馨提示　在对多数在线图表设置图表样式时，需要用到会员功能。另外，对常用图表类型调整图表样式时，最好在 .xlsx 格式下进行操作，.et 格式下很多功能使用受限。

9.2　定制图表外观

　　插入的图表一般使用内置的默认样式，只能满足简单的需求。若要使图表更加清晰地表达数据特征及含义，或者想制作个性化的精美图表，就需要对图表进行进一步的编辑和修饰。下面将为大家介绍设置图表布局、自定义图表样式的相关知识。

9.2.1　设置图表布局

一个完整的图表通常包括图表标题、图表区、绘图区、数据标签、坐标轴和网格线等元素，但并不是每一个图表都必须显示出所有的图表元素，只有合理布局这些元素，才能使图表更加美观。

1. 使用内置布局样式快速设置图表布局

通过 WPS 表格提供的内置布局样式，用户可以快速对图表进行布局，操作方法有以下两种。

- 通过选项卡选择布局样式：选中要更改布局的图表，单击【图表工具】选项卡中的【快速布局】按钮，在弹出的下拉列表中选择需要的布局样式，如图 9-18 所示，即可将该布局样式应用到图表中。
- 使用快捷按钮选择布局样式：在选择图表后，单击右侧显示出的快捷按钮组中的【图表元素】按钮，在弹出的下拉列表中单击【快速布局】选项卡，然后在下方选择需要的布局样式，如图 9-19 所示。

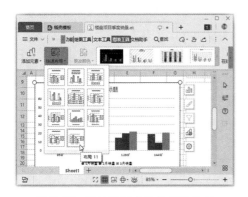

图 9-18　通过选项卡选择布局样式　　　　图 9-19　使用快捷按钮选择布局样式

2. 自定义图表布局

创建图表后，用户可以根据需要对图表布局进行自定义设置。图表中的每一种元素（有些元素只在某些特定的图表类型中可用）都可以自定义显示或隐藏。通过自定义显示或隐藏图表元素为图表布局的方法主要有以下两种。

- 通过选项卡布局图表元素：选中图表，单击【图表工具】选项卡中的【添加元素】按钮，在弹出的下拉菜单中选择需要设置的图表元素，然后在弹出的下级子菜单中选择【无】选项隐藏当前图表元素，或选择其他选项，设置该元素的显示效果或位置，如图 9-20 所示。
- 使用快捷按钮布局图表元素：在选择图表后，单击右侧显示出的【图表元素】快捷按钮，在弹出的下拉列表中单击【图表元素】选项卡，然后在下方选中复选框即可添加图表元素，取消选中复选框即可删除图表元素，将鼠标指针指向某个图表元素选项时，该选项将高亮显示并在其右侧出现下拉按钮，单击该按钮，在弹出的下拉菜单中包含更多的设置命令，如图 9-21 所示。

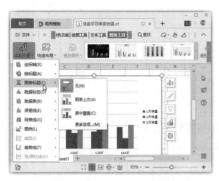
图 9-20　通过选项卡布局图表元素

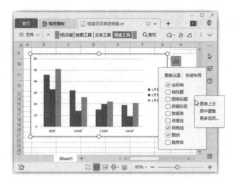
图 9-21　使用快捷按钮布局图表元素

9.2.2　设置图表元素格式

调整好图表中要显示的图表元素后，还可以对各元素的格式进行设置，包括调整各元素的摆放位置、文字格式、形状效果、显示效果等。

1. 调整图表元素的摆放位置

在自定义图表布局时可以选择图表元素的常规布局位置。另外，图表中的所有组成元素还可以通过鼠标拖曳的方式来进行位置调整。

2. 设置图表元素的文字格式

对图表进行美化操作时，所有由文字组成的元素，都可以根据实际需要进行文字大小、文字颜色和字符间距等设置。

3. 设置图表元素的形状效果

图表中的绘图区、数据系列等元素也是可以设置形状效果的。选择对象，然后按普通形状的效果设置方法进行操作即可。

4. 设置图表元素的其他属性

除了位置和文字格式设置，每一种图表元素都有独属于自己的属性。虽然不同图表元素的属性可设置的具体内容不同，但基本上都是在【属性】窗格中进行的。图 9-22 所示为设置图例属性的【属性】窗格，图 9-23 所示为设置坐标轴属性的【属性】窗格。

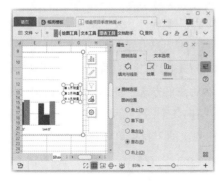
图 9-22　设置图例的属性

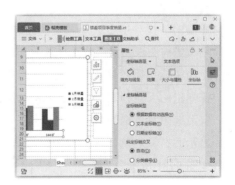
图 9-23　设置坐标轴的属性

显示【属性】窗格主要可以通过以下几种方法。

- 选择菜单命令：选择图表后，在【图表工具】选项卡中的【添加元素】下拉菜单中选择需要设置的图表元素，然后在弹出的下级子菜单中选择【更多选项】命令。或单击图表右侧显示出的【图表元素】快捷按钮，在弹出的下拉列表中的【图表元素】选项卡中单击要设置的图表元素选项后的下拉按钮，在弹出的下拉菜单中选择【更多选项】命令，如图 9-24 所示。
- 使用快捷按钮：选择需要设置属性的图表元素，然后单击图表右侧显示出的【设置图表区域格式】按钮，如图 9-25 所示。
- 选择快捷菜单命令：选择需要设置属性的图表元素后在其上单击鼠标右键，在弹出的快捷菜单中选择【设置××格式】命令。

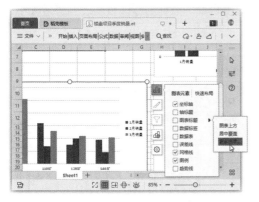

图 9-24　选择【更多选项】命令

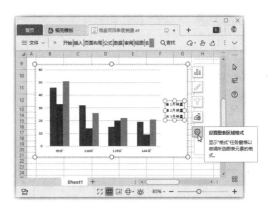

图 9-25　单击【设置图表区域格式】按钮

- 单击侧边栏按钮：选择需要设置属性的图表元素，单击窗口右侧侧边栏中的【属性】按钮，如图 9-26 所示。
- 单击选项卡按钮：选择需要设置属性的图表元素，单击【图表工具】选项卡中的【设置格式】按钮，如图 9-27 所示。

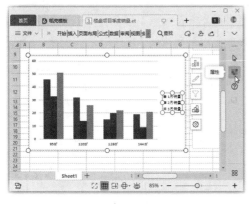

图 9-26　单击【属性】按钮

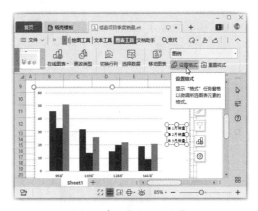

图 9-27　单击【设置格式】按钮

单击【图表工具】选项卡中【图表元素】下拉列表右侧的下拉按钮，在弹出的下拉列表中通过选择选项，可以精确选择图表中的元素。

课堂范例——美化销售业绩图表

默认创建的图表效果一般不能满足设计需要，想要突出图表效果，或突出其中要传达的信息，需要美化图表。例如，要对"电商平台销售业绩图表"中的图表进行合理布局，设置文字格式和形状效果，具体操作方法如下。

步骤01 打开"素材文件\第9章\电商平台销售业绩图表.et"，选择图表，单击【图表工具】选项卡中的【快速布局】按钮，在弹出的下拉列表中选择【布局2】选项，如图9-28所示。

步骤02 将鼠标指针移动到图表四个角上的任意控制点，拖曳鼠标调整图表到合适大小，如图9-29所示。

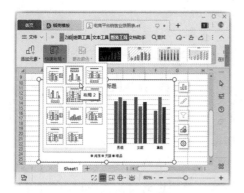

图9-28 应用预设的图表布局

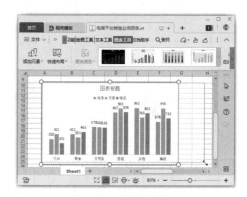

图9-29 调整图表大小

步骤03 选择图表中的图表标题文本框，并在其中输入需要的文本，然后在【开始】选项卡中设置字体格式为【等线】【16号】【加粗】【深灰色】，如图9-30所示。

步骤04 用相同的方法依次选择图表中的其他文本内容，设置字体格式为【等线】。单击图表右侧的【图表元素】快捷按钮，在弹出的下拉列表中的【图表元素】选项卡中单击【网格线】复选框右侧的下拉按钮，在弹出的下拉菜单中选中【主轴主要水平网格线】复选框，如图9-31所示。

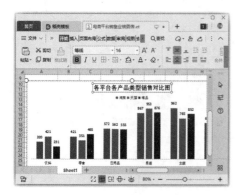

图9-30 设置图表标题

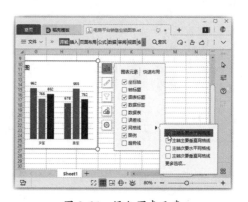

图9-31 添加图表元素

步骤 05　选择图表中"淘宝"数据系列上的数据标签，按【Delete】键删除，如图 9-32 所示。用相同的方法删除"唯品"数据系列上的数据标签。

步骤 06　选择"天猫"数据系列，单击窗口右侧侧边栏中的【属性】按钮，在显示出的【属性】窗格中单击【填充与线条】选项卡，在下方选中【图案填充】单选按钮，然后依次设置要填充的图案和前景色、背景色，即可改变该数据系列的填充效果，如图 9-33 所示。

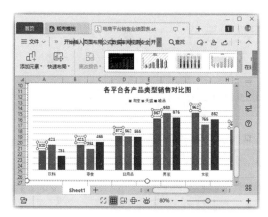

图 9-32　删除多余的数据标签

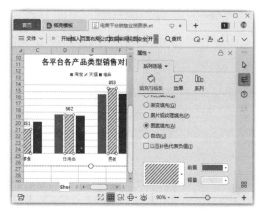

图 9-33　设置数据系列的填充效果

9.3 使用数据透视图表

数据透视表可以从源数据列表中快速汇总大量数据并提取有效信息，是一种交互式报表，通过更改设置可以快速呈现不同的分析效果，方便用户从不同的角度或不同的层次来分析和组织数据。而数据透视图就是对数据透视表结果的图表展示，进一步提高了查看数据的便捷性。

9.3.1　认识数据透视表

一个完整的数据透视表主要由数据库、行字段、列字段、求值项和汇总项等部分组成。对数据透视表的透视方式进行控制，需要在【数据透视表】窗格中完成，该窗格分为两部分，即【字段列表】栏和【数据透视表区域】栏，而【数据透视表区域】栏中又包含用于重新排列和定位字段的 4 个列表框。常见的数据透视表如图 9-34 所示。表 9-2 中结合数据透视表中的显示效果介绍了数据透视表各组成部分的作用。

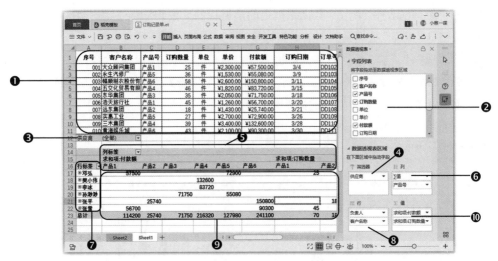

图 9-34　常见数据透视表

表 9-2　数据透视表各组成部分及作用介绍

组成部分	作用
❶数据库	也称为数据源，是用于创建数据透视表的数据清单或多维数据集
❷【字段列表】列表框	字段列表中包含数据透视表中需要数据的字段（也称为列）。在该列表框中选中或取消选中字段标题对应的复选框，可以对数据透视表进行透视
❸报表筛选字段	又称为页字段，用于筛选报表中需要保留的项，项是组成字段的元素
❹【筛选器】列表框	移动到该列表框中的字段即为报表筛选字段，将在数据透视表的报表筛选区域显示
❺列字段	信息的种类，等价于数据清单中的列
❻【列】列表框	移动到该列表框中的字段即为列字段，将在数据透视表的列字段区域显示
❼行字段	信息的种类，等价于数据清单中的行
❽【行】列表框	移动到该列表框中的字段即为行字段，将在数据透视表的行字段区域显示
❾值字段	根据设置的求值函数，对选择的字段项进行求值。数值和文本的默认汇总函数分别是SUM（求和）和COUNT（计数）
❿【值】列表框	移动到该列表框中的字段即为值字段，将在数据透视表的求值项区域显示

9.3.2　创建数据透视表

　　数据透视表的名称来源于其具有"透视"数据的能力，可以从大量看似无关的数据中找寻背后的联系，从而将纷繁的数据转化为有价值的信息，以供研究和决策使用。而其"透视"功能，主要通过【数据透视表字段】窗格实现，为数据透视表添加需要显示的字段时，系统会根据所选字段的名称和内容，自动判断将该字段以何种方式添加到数据透视表中。但默认的设置不一定适合实际分析需求，可以再用鼠标拖曳字段位置（如指定放置到行、列或报表筛选器）重新布局，变换出各种类型的报表。

下面用一个具体的例子来介绍数据透视表的创建方法，具体操作步骤如下。

步骤 01 打开"素材文件\第 9 章\汽车销售表 .et"，选择要作为数据透视表数据源的单元格区域中的任意单元格，单击【插入】选项卡中的【数据透视表】按钮，如图 9-35 所示。

步骤 02 打开【创建数据透视表】对话框，此时【请选择要分析的数据】栏中自动设置了所选单元格所处的整个数据区域。在【请选择放置数据透视表的位置】栏中选择数据透视表要放置的位置，这里选中【新工作表】单选按钮，单击【确定】按钮，如图 9-36 所示。

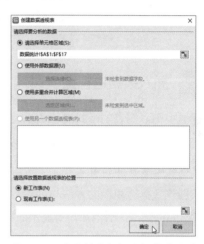

图 9-35 单击【数据透视表】按钮　　　图 9-36 设置创建数据透视表的位置

> **温馨提示** 若选择将数据透视表创建在与数据源相同的工作表中，可以在该对话框中选中【现有工作表】单选按钮，并在下方的参数框中设置放置数据透视表的起始单元格。

步骤 03 此时将在新工作表中创建一个空白数据透视表，并自动打开【数据透视表】窗格。在【字段列表】栏中的列表框中选择需要添加到报表的字段，选中某字段名称的复选框，所选字段就会自动添加到数据透视表中，此时系统会根据字段的名称和内容，判断将该字段以何种方式添加到数据透视表。这里选中所有复选框，如图 9-37 所示。

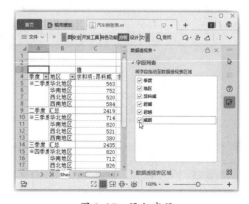

图 9-37 添加字段

步骤 04 展开【数据透视表】窗格的【数据透视表区域】栏，选择【行】列表框中的【地区】字段选项，将其拖曳到【筛选器】列表框中，如图 9-38 所示，即可将【地区】字段调整为报表筛选器，同时整个数据透视表的效果也会随之改变。完成数据透视表的创建后，单击数据透视表以外的任意空白单元格，即可退出数据透视表的编辑状态。

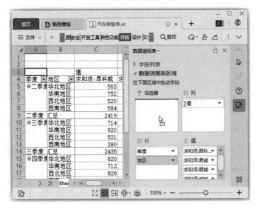

图 9-38　调整字段属性

温馨提示

报表筛选器是一种大的分类依据和筛选条件，将一些字段放置到报表筛选器，可以更加方便地查看数据。

9.3.3 插入数据透视图

数据透视图以图表的形式展示数据透视表中的数据，用户可以更改数据透视图的布局和显示的数据。使用数据透视图查看工作表的数据更加直观，并可以方便地进行数据对比与分析。

1. 全新创建数据透视图

全新创建数据透视图的方法与创建数据透视表的方法相似，首先需要连接一个数据源，并输入数据透视图的位置，然后添加需要显示的数据字段，并调整字段属性即可。例如，要在“汽车销售表”中创建另一种透视方式的数据透视图，具体操作方法如下。

步骤 01 在“汽车销售表.et”中切换到【数据统计】工作表，选择要作为数据透视图数据源的单元格区域中的任意单元格，单击【插入】选项卡中的【数据透视图】按钮，如图 9-39 所示。

步骤 02 打开【创建数据透视图】对话框，此时在【请选择要分析的数据】栏中自动设置了所选单元格所处的整个数据区域。在【请选择放置数据透视表的位置】栏中设置数据透视图的放置位置，这里选中【新工作表】单选按钮，单击【确定】按钮，如图 9-40 所示。

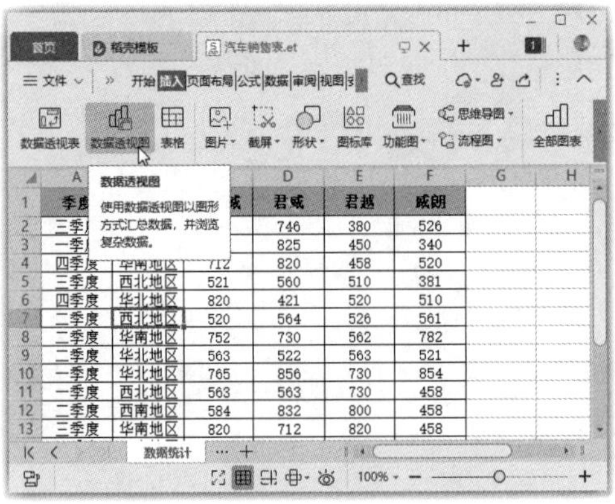

图 9-39　单击【数据透视图】按钮

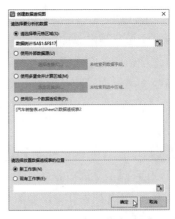

图 9-40　设置创建数据透视图的位置

步骤 03 返回工作表，可以看到工作表中创建了一个空白数据透视表和数据透视图，在【数据透视图】窗格【字段列表】栏中的列表框中选择想要显示的字段，如图 9-41 所示。

步骤 04 展开【数据透视图】窗格的【数据透视图区域】栏，选择【轴（类别）】列表框中的【季度】字段选项，将其拖曳到【筛选器】列表框中，如图 9-42 所示，即可将【季度】字段调整为报表筛选器，同时整个数据透视表和数据透视图的效果也会随之改变。

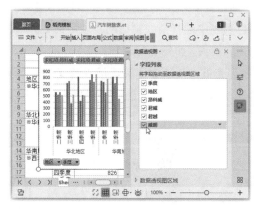

图 9-41　添加字段

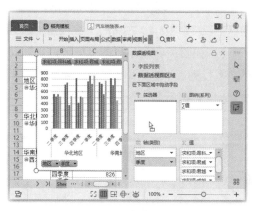

图 9-42　调整字段属性

2. 利用现有数据透视表创建数据透视图

如果已经创建了数据透视表对数据源进行分析，为了更直观地表达数据关系，可以利用现有的数据透视表创建对应的数据透视图。例如，要为前面创建的数据透视表添加数据透视图，具体操作步骤如下。

步骤 01 在"汽车销售表 .et"中切换到【Sheet2】工作表，选择数据透视表中的任意单元格，单击【分析】选项卡中的【数据透视图】按钮，如图 9-43 所示。

步骤 02 打开【插入图表】对话框，选择需要的图表类型，这里选择【饼图】选项，在右侧选择需要的图表样式，单击【插入】按钮，如图 9-44 所示。返回工作表，即可看到根据所选图表样式创建的包含数据的数据透视图。

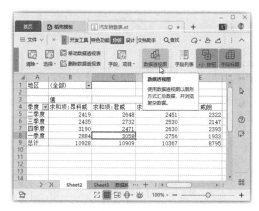

图 9-43　单击【数据透视图】按钮

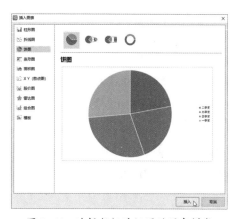

图 9-44　选择数据透视图的图表样式

9.3.4 筛选透视数据

在数据透视表中可以通过筛选功能，筛选出需要查看的数据。常用的筛选方法有以下 3 种。

1. 通过筛选器筛选数据

数据透视表中的筛选器自带筛选功能，通过单击筛选字段右侧的下拉按钮，即可设置要筛选的数据。例如，要在前面创建的【Sheet2】工作表中的数据透视表中筛选地区字段，只需要单击报表筛选器字段（【地区】）右侧的下拉按钮，在弹出的下拉列表中选择需要筛选的字段后的【仅筛选此项】命令，如图9-45所示，即可得到如图9-46所示的筛选结果。如果要在筛选字段中筛选多个项目，可以在下拉列表中先选中【选择多项】复选框，然后在列表框中仅选中要筛选项目的复选框，最后单击【确定】按钮。

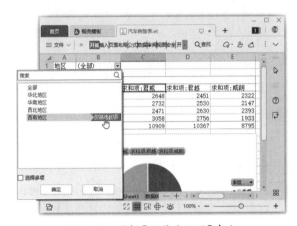

图 9-45　选择【仅筛选此项】命令

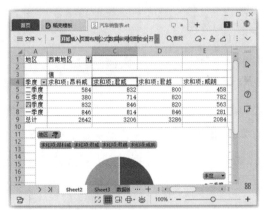

图 9-46　查看筛选结果

> **技能拓展** 数据透视图中一般包含很多按钮，部分按钮右侧有一个下拉按钮▼，单击该按钮，即可在弹出的下拉列表中对该字段的数据进行筛选。

2. 通过下拉菜单筛选数据

除了筛选字段，其他字段也可以进行筛选。例如，要筛选出昂科威销量最高的 3 项数据，具体操作方法如下。

步骤01　单击【季度】右侧的下拉按钮，在弹出的下拉菜单中选择【值筛选】命令，在弹出的下级子菜单中选择【前 10 项】命令，如图9-47所示。

步骤02　打开【前 10 个筛选（季度）】对话框，设置筛选条件为最大 3 项，设置筛选依据为【求和项：昂科威】，单击【确定】按钮，如图9-48所示。返回工作表中，可以看到数据透视表中将只显示昂科威销量最高的 3 项数据的相关信息。

图 9-47　选择【前 10 项】命令

图 9-48　设置筛选条件和依据

3. 插入切片器筛选数据

切片器是一个筛选组件，用于帮助用户快速在数据透视表中筛选数据。切片器的使用既简单，又方便。插入切片器后，就可以通过它来筛选数据透视表中的数据了，具体方法如下。

步骤 01　打开"素材文件\第 9 章\产品库存表.xlsx"，选择【Sheet2】工作表中数据透视表中的任意单元格，单击【分析】选项卡中的【插入切片器】按钮，如图 9-49 所示。

步骤 02　打开【插入切片器】对话框，在列表框中选择需要筛选的关键字，这里选中【款号】和【颜色】复选框，单击【确定】按钮，如图 9-50 所示。

步骤 03　返回工作表中，即可看到已经插入了【款号】切片器和【颜色】切片器，将它们拖曳到空白位置。分别在各切片器中选择需要查看的字段选项，要多选时需要按住【Ctrl】键选择，即可看到按切片器中的设置筛选出的数据效果，如图 9-51 所示。

图 9-49　单击【插入切片器】按钮

图 9-50　选择要插入的切片器

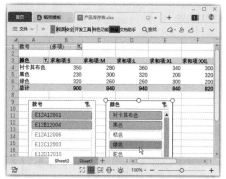

图 9-51　筛选数据

课堂问答

问题1: 如何在一个图表中表现两种图表类型?

答: 通过创建组合图可以在一个图表中表现两种图表类型, 只需要在【插入图表】对话框左侧选择【组合图】选项, 然后在右侧下方的【创建组合图表】列表框中依次设置每个数据系列的图表类型即可, 如图9-52所示。也可以先为其中一部分数据创建一个普通图表, 然后单击【图表工具】选项卡中的【选择数据】按钮, 打开【编辑数据源】对话框, 单击【图例项】栏中的【添加】按钮为图表添加数据系列, 如图9-53所示, 然后选择新添加的数据系列, 单击【图表工具】选项卡中的【更改类型】按钮, 更改该数据系列的图表类型。

图9-52　创建组合图表

图9-53　添加数据系列

问题2: 如何自定义图表模板?

答: 如果自定义了满意的图表, 希望后续能将其当作模板直接调用, 可以在该图表上单击鼠标右键, 在弹出的快捷菜单中选择【另存为模板】命令, 设置好模板名称和保存位置, 单击【保存】按钮即可。以后打开【插入图表】对话框时, 选择左侧的【模板】选项, 就可以看到保存过的图表模板并直接调用。

问题3: 如何突出显示柱形图中的某一柱形?

答: 如果需要突出显示柱形图中的某一柱形, 可以单独设置该柱形的样式, 方法为: 选中图表, 连续单击两次选择需要突出显示的柱形, 在【属性】窗格的【填充与线条】选项卡中设置柱形的填充和线条效果。

上机实战——通过图表分析产品的利润趋势

为了让读者巩固本章知识点, 下面讲解一个技能综合案例, 使读者对本章的知识有更深入的了解。

效果展示

	A	B	C	D
1	月份	A品利润	B品利润	C品利润
2	1月	608	272	298
3	2月	879	328	268
4	3月	589	367	493
5	4月	478	388	373
6	5月	672	382	388
7	6月	622	573	392
8	7月	622	523	327
9	8月	623	662	326
10	9月	628	773	472
11	10月	893	628	378
		877	578	369
		867	626	468

素材

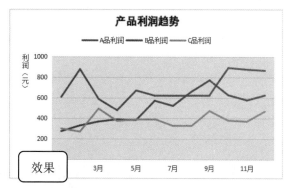

效果

思路分析

企业为了实现利润收益最大化，需要记录不同时间段下产品的利润数据，通过分析数据，发现产品的利润波动。要分析数据的波动，通常情况下会将数据制作成折线图，通过折线的趋势来分析产品的利润趋势。本例首先将数据用折线图显示，接着对图表进行适当美化，得到最终效果。

制作步骤

步骤 01 打开"素材文件\第9章\产品利润表.et"，选择任意包含数据的单元格，单击【插入】选项卡中的【插入折线图】按钮 ≈，在弹出的下拉列表中选择需要的折线图样式，如图 9-54 所示。

步骤 02 拖曳鼠标移动插入的折线图到非数据区域，在【图表标题】文本框中输入图表标题，并在【文本工具】选项卡中设置字体格式，如图 9-55 所示。然后双击纵坐标轴。

步骤 03 在显示出的【属性】窗格中单击【坐标轴】选项卡，然后在【坐标轴选项】栏中的【单位】-【主要】文本框中输入 200，按【Enter】键即可调整坐标轴标记数据的间隔，从而减少坐标轴标记数据，如图 9-56 所示。

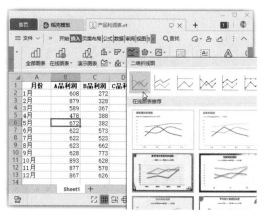

图 9-54 创建折线图

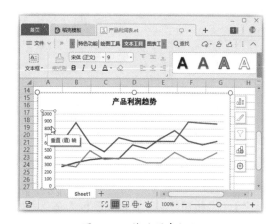

图 9-55 修改图表标题

步骤 04 选择横坐标轴，在【属性】窗格的【坐标轴】选项卡下展开【标签】栏，选中【指定间隔单位】单选按钮，并在其后输入"2"，按【Enter】键即可调整坐标轴标记数据的间隔，从而减少坐标轴标记数据，如图 9-57 所示。

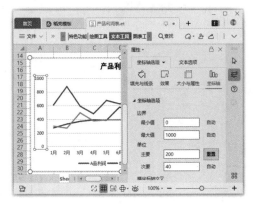
图 9-56　设置纵坐标轴

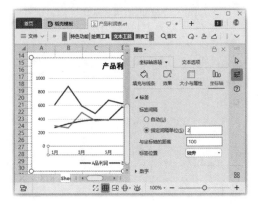
图 9-57　设置横坐标轴

步骤 05 选中图例，单击图表右侧的【图表元素】按钮 ，在弹出的下拉列表中的【图表元素】选项卡中单击【图例】选项后的下拉按钮，在弹出的下拉菜单中选择【上部】命令，如图 9-58 所示，将图例移至绘图区上方。

步骤 06 再次单击【图表元素】按钮 ，在弹出的下拉列表中的【图表元素】选项卡中单击【轴标题】选项后的下拉按钮，在弹出的下拉菜单中选中【主要纵坐标轴】复选框，如图 9-59 所示。

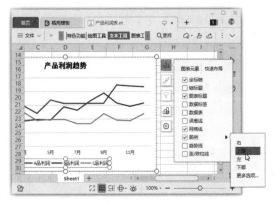
图 9-58　调整图例位置

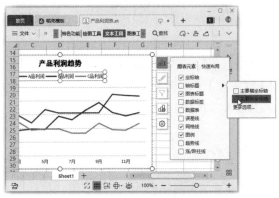
图 9-59　添加坐标轴标题

步骤 07 在添加的轴标题文本框中输入"利润（元）"，在【属性】窗格中单击【文本选项】选项卡，再单击【文本框】选项卡，在【对齐方式】栏中的【文字方向】下拉列表中选择【竖排】选项，拖曳鼠标调整轴标题文本框的位置到坐标轴最上方，如图 9-60 所示。

步骤 08 选择绘图区，在【属性】窗格中单击【填充与线条】选项卡，在【填充】栏中选中【纯色填充】单选按钮，并设置填充颜色为金色，如图 9-61 所示。

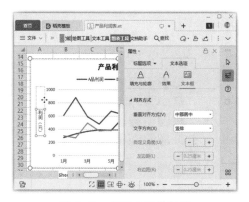

图 9-60　设置坐标轴标题

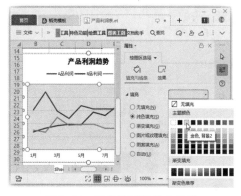

图 9-61　设置绘图区填充效果

⊕ 同步训练——通过图表分析销售收入变动情况

为了增强读者的动手能力，下面安排一个同步训练案例，让读者达到举一反三、触类旁通的学习效果。

图解流程

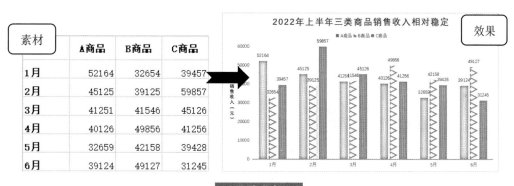

思路分析

销售数据可以对一个产品或行业的市场占有程度进行直观展现，将销售收入数据用图表的方式展示，可以让人一目了然地了解各产品在各个时段的销售收入情况。

本例首先将所有数据用柱形图显示，接着将数据源更改为部分数据，并将图表更改为饼图，最后设置图表样式，得到最终效果。

关键步骤

步骤 01　打开"素材文件\第 9 章\销售收入表 .et"，插入如图 9-62 所示的簇状柱形图，并将其移动到空白处。

步骤 02　选择创建好的柱形图，单击【图表工具】选项卡中的【更改颜色】按钮，在弹出的下拉菜单中选择一种配色，如图 9-63 所示。单击【快速布局】按钮，在弹出的下拉菜单中选择【布局 1】选项。

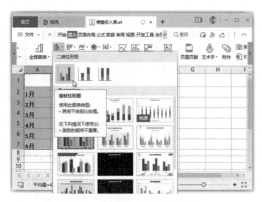

图 9-62　插入簇状柱形图

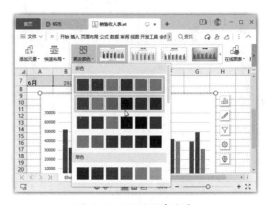

图 9-63　设置图表颜色

步骤 03　单击【图表工具】选项卡中列表框右侧的下拉按钮，在弹出的下拉列表中选择【样式 2】图表样式，如图 9-64 所示。

步骤 04　选择图表中的 Y 轴，在【属性】窗格中设置坐标轴的最大值为"60000"，如图 9-65 所示。

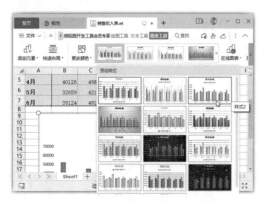

图 9-64　设置图表样式

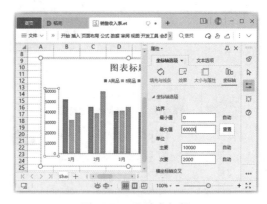

图 9-65　设置坐标轴

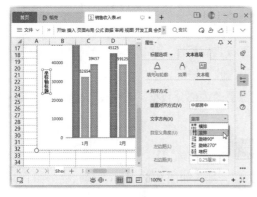

图 9-66　设置轴标题

步骤 05　修改图表标题为"2022 年上半年三类商品销售收入相对稳定"，添加数据标签和轴标题，并设置轴标题中文字的方向为【竖排】，如图 9-66 所示。输入轴标题"销售收入（元）"，在【开始】选项卡中设置标题的字体、字号及字符间距。

步骤 06　选择代表"A 商品"数据系列的柱形，单击【绘图工具】选项卡下的【填充】按钮，在弹出的下拉菜单中选择【图案】命令，在弹出的下级子菜单中选择一种图案，如图 9-67 所示。

步骤 07　选择代表"B 商品"数据系列的柱形，单击【填充】按钮，在弹出的下拉菜单中选择【图片或纹理】命令，在弹出的下级子菜单中选择【本地图片】命令，用本地文件"素材文件\第 9 章\

图片 1.png"进行填充。此时的图片是根据柱形的高度进行拉伸的,在【属性】窗格中,单击【填充与线条】选项卡,在【填充】栏中选中【层叠】单选按钮,如图 9-68 所示,即可让柱形中的图案以层叠的方式显示。

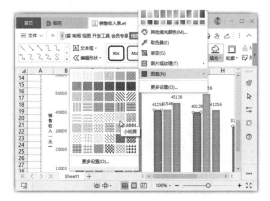

图 9-67 选择图案

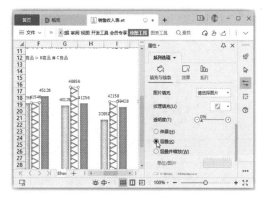

图 9-68 设置图案填充效果

📎 知识能力测试

本章讲解了图表和数据透视图表的使用方法,为对知识进行巩固和考核,安排相应的练习题。

一、填空题

1. 图表是重要的数据分析工具,主要由 _____、_____、_____、_____、_____、_____、_____ 等元素构成。

2. 在 WPS 表格中选中数据区域后,按 _____ 组合键,可以快速嵌入默认类型的图表。

3. 数据透视表综合了排序、筛选、分类汇总等数据分析工具的优点,可以很方便地调整分类汇总的方式,从不同角度分析和比较数据,以多种方式展示数据特征。数据透视表主要由 _____、_____、_____、_____ 等元素构成。

二、选择题

1. WPS 表格中内置了大量的图表类型,下列图表类型中,(   )不是 WPS 表格提供的图表类型。

A. 旭日图　　　　　　B. 直方图　　　　　　C. 箱型图　　　　　　D. 面积图

2. 在 WPS 表格中,默认的图表类型为(   )。

A. 折线图　　　　　　B. 簇状柱形图　　　　C. 三维曲面图　　　　D. 簇状条形图

3. 坐标轴通常包含横坐标轴和纵坐标轴,在 WPS 表格中,一个图表最多可以包含(   )个坐标轴。

A. 2　　　　　　　　　B. 3　　　　　　　　　C. 4　　　　　　　　　D. 6

三、简答题

1. 图表具有哪些特点?

2. 图表与数据透视图的区别是什么?

WPS Office

第10章
WPS演示的基本操作

WPS演示主要用于制作和播放多媒体演示文稿。本章将讲解WPS演示的一些基本操作，以及如何丰富演示文稿的内容等知识，以帮助读者快速掌握演示文稿的制作方法。

学习目标

- 熟练掌握幻灯片的基本操作
- 熟练掌握设计幻灯片的方法
- 学会在幻灯片中输入文字的方法
- 学会在幻灯片中插入对象的方法

10.1 幻灯片的基本操作

打开演示文稿的方法与打开文字文档和工作簿的方法类似，这里不再赘述。不同的是，演示文稿是由一张一张的幻灯片组成的，要使用WPS演示编辑演示文稿，必须掌握幻灯片的基本操作，如幻灯片的选择、添加、复制和移动等。

10.1.1　选择幻灯片

对演示文稿中的幻灯片进行相关操作必须先将其选中，主要包括选择单张幻灯片、选择多张幻灯片、选择全部幻灯片三种情况。

1.选择单张幻灯片

在WPS演示中，选择单张幻灯片的方法主要有以下两种。

- 在幻灯片/大纲窗格中单击【幻灯片】按钮，切换到【幻灯片】窗格，单击某张幻灯片的缩略图，即可选中该幻灯片，同时在幻灯片编辑区中显示该幻灯片的内容。
- 在幻灯片/大纲窗格中单击【大纲】按钮，切换到【大纲】窗格，单击某张幻灯片对应的标题或序号，即可选中该幻灯片，同时在幻灯片编辑区中显示该幻灯片的内容。

2.选择多张幻灯片

在WPS演示中，选择多张幻灯片分为以下两种情况。

- 选择多张连续的幻灯片：在【幻灯片】窗格中选中第一张幻灯片后按住【Shift】键，再单击要选择的最后一张幻灯片，即可将选择的第一张和最后一张幻灯片之间的所有幻灯片全部选中。
- 选择多张不连续的幻灯片：在【幻灯片】窗格中选中第一张幻灯片，然后按住【Ctrl】键，依次单击其他需要选择的幻灯片即可。

3.选择全部幻灯片

在WPS演示的【幻灯片】窗格中按【Ctrl+A】组合键，即可选中当前演示文稿中的全部幻灯片。

> **温馨提示**
> WPS演示提供了普通视图、幻灯片浏览视图、备注页视图和阅读视图4种视图模式，其中普通视图是WPS演示默认的视图模式，主要用于制作和设计演示文稿。在【视图】选项卡中或状态栏中单击相应的视图切换按钮，即可切换视图。

10.1.2　添加和删除幻灯片

默认情况下，新建的演示文稿中只有一张空白的标题幻灯片，而一个演示文稿通常需要使用多张幻灯片来表达需要演示的内容，此时就需要在演示文稿中添加新的幻灯片。若在演示文稿编辑过程中发现有多余的幻灯片，也可以将其删除。

1. 添加幻灯片

WPS演示中有多种添加幻灯片的方法，下面分别进行介绍。

- 在【幻灯片】窗格中选中某张幻灯片后，在【开始】选项卡中直接单击【新建幻灯片】按钮，即可在该幻灯片的后面添加一张同样版式的幻灯片。单击【新建幻灯片】下拉按钮，可以在弹出的【新建】界面中选择需要新建幻灯片的类型和样式，如图10-1所示。

- 单击【幻灯片】窗格下方的【新建幻灯片】按钮➕，如图10-2所示，也可以打开【新建】界面，以选择要新建幻灯片的类型和样式。

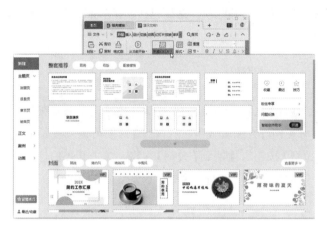

图 10-1　通过选项卡新建幻灯片　　　　图 10-2　通过【幻灯片】窗格新建幻灯片

- 将鼠标指针移动到【幻灯片】窗格中某张幻灯片上后，该幻灯片缩略图的下方会显示两个按钮，单击【新建幻灯片】按钮➕，如图10-3所示，也可以打开【新建】界面。

- 在【幻灯片】窗格中选择某张幻灯片后按【Enter】键，可以快速在该幻灯片的后面添加一张幻灯片。

- 在【幻灯片】窗格中右击某张幻灯片，在弹出的快捷菜单中选择【新建幻灯片】命令，可以在当前幻灯片的后面添加一张空白幻灯片，如图10-4所示。

图 10-3　单击【新建幻灯片】按钮　　　　图 10-4　选择【新建幻灯片】命令

技能拓展

　如果对新建的幻灯片版式不满意，可以在选择幻灯片后，单击【开始】选项卡中的【版式】按钮，在弹出的下拉列表中重新选择需要的版式。

2. 删除幻灯片

在编辑演示文稿的过程中，对于多余的幻灯片，可将其删除，方法为：选中需要删除的幻灯片，单击鼠标右键，在弹出的快捷菜单中选择【删除幻灯片】命令。此外，选中幻灯片后按【Delete】键也可以删除幻灯片。

10.1.3　移动和复制幻灯片

编辑演示文稿时，可以将某张幻灯片复制或移动到同一演示文稿的其他位置或其他演示文稿中，从而加快制作幻灯片的速度。

1. 移动幻灯片

在WPS演示中，若要改变演示文稿中某张幻灯片的排列位置，或将幻灯片移动到其他演示文稿中，可以通过以下两种方法实现。

- 选中要移动的幻灯片，按【Ctrl+X】组合键进行剪切，然后将鼠标指针定位在需要移动的目标幻灯片前，按【Ctrl+V】组合键进行粘贴即可。
- 选中要移动的幻灯片，按住鼠标左键并拖曳鼠标，此时鼠标指针将变成形状，移动的目标位置将显示一条橙色横线，拖曳到需要的位置后释放鼠标左键即可。

2. 复制幻灯片

如果要在演示文稿的其他位置或其他演示文稿中插入一张已制作完成的幻灯片，可以通过复制操作提高工作效率。在WPS演示中复制幻灯片可以通过以下两种方法实现。

- 选中要复制的幻灯片，按【Ctrl+C】组合键进行复制，然后将鼠标指针定位在需要复制到的目标幻灯片前，按【Ctrl+V】组合键进行粘贴即可。
- 在【幻灯片】窗格中右击某张幻灯片，在弹出的快捷菜单中选择【复制幻灯片】命令，可在当前幻灯片的后面复制出一张幻灯片。

10.2　在幻灯片中输入文字

文字在演示文稿中通常只有提示、注释和装饰的作用。在演示文稿中，文字可以通过文本占位符与文本框进行输入并编辑，也可以直接插入艺术字。

10.2.1 在文本占位符中输入文字

顾名思义，文本占位符就是先占住一个固定的位置，编辑幻灯片时再在该位置添加内容。文本占位符的主要作用是规划幻灯片结构。在普通视图模式下，文本占位符是指幻灯片中被虚线框起来的部分，一般还会有适当的文字作为提示，如图 10-5 和图 10-6 所示为空白演示文稿中的标题页和内容页文本占位符。当使用了幻灯片版式或根据模板创建了演示文稿时，除了空白幻灯片，每张幻灯片中均提供有文本占位符。

图 10-5 标题页文本占位符

图 10-6 内容页文本占位符

在文本占位符中可以直接输入文字或修改文字，只需要在文本占位符中单击鼠标左键，进入编辑状态后即可输入、修改文字。文本占位符中的内容可以预设字体和段落格式，也可以提前设定大小，后期输入的内容会直接使用这些设定的格式。

10.2.2 使用文本框

制作纯文本演示文稿时，通常使用默认的文本占位符即可满足文字输入的需求，制作起来也简单方便，文字过多时，字号还会自动进行调整，在【大纲】窗格中能清晰地看到幻灯片中的文字内容。但在制作一些个性化的演示文稿或特殊效果的幻灯片页面时，文本占位符中的文字格式就显得比较单一、缺乏个性了。

如果想在幻灯片中随意摆放一些文字，建议用户通过插入文本框的方式，根据实际需要绘制任意大小和方向的文本框，具体操作方法与 WPS 文字中的操作相同，这里不再赘述。需要注意的是，文本框中的内容在【大纲】窗格中是不可见的。

> **温馨提示**
> 幻灯片中的内容或文本占位符实际上是一类特殊的文本框，包含预设的格式，出现在固定的位置，可以按需更改其格式、移动其位置，也可以按【Delete】键将其删除。

10.2.3 添加艺术字

如果想要制作效果精美的演示文稿，其中的文字也应该进行适当美化。用户可以为已有的文字设置艺术字样式，也可以直接创建艺术字。艺术字的创建和编辑方法也与 WPS 文字中的操作相同，这里不再赘述。

10.3 设计幻灯片的基本操作

演示文稿是幻灯片的组合体，同一个演示文稿中的幻灯片采用的页面大小、背景效果、配色方案、版式设计等保持一定的格式或统一的标准，才会显得和谐美观。下面介绍统一设计幻灯片的基本操作。

10.3.1 设置幻灯片页面尺寸

WPS演示中的幻灯片大小包括标准（4:3）、宽屏（16:9）和自定义大小 3 种模式。默认的幻灯片大小是宽屏（16:9），如果需要调整为其他大小，可以单击【设计】选项卡中的【幻灯片大小】按钮，在弹出的下拉列表中进行选择，如图 10-7 所示。如果选择【自定义大小】选项，将打开如图 10-8 所示的【页面设置】对话框，在其中可以自定义设置幻灯片的大小。

图 10-7 单击【幻灯片大小】按钮

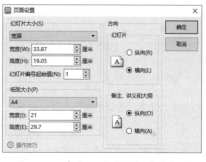

图 10-8 自定义设置幻灯片的大小

10.3.2 设置幻灯片的配色方案

配色是一门高深的学问，刚接触演示文稿的用户可能对配色有一些力不从心。此时，使用 WPS 演示内置的配色方案，可以快速应用不同的颜色搭配，无须自行配色，操作方法也很简单，只需要单击【设计】选项卡中的【配色方案】按钮，在弹出的下拉列表中进行选择即可，如图 10-9 所示。

配色方案影响着演示文稿中各种对象的颜色效果，决定着整个演示文稿的用色基调，应根据实际需要来选择。

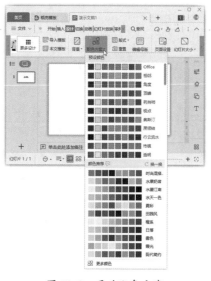

图 10-9 更改配色方案

10.3.3 设置幻灯片背景

幻灯片的背景十分重要，如果只使用默认的背景，幻灯片难免单调乏味。为幻灯片设置背景的操作也很简单，单击【设计】选项卡中的【背景】按钮，将会显示【对象属性】窗格，在其中可以设置纯色填充、渐变填充、图片或纹理填充、图案填充几种方式，如图10-10所示，选中【隐藏背景图形】复选框还可以隐藏背景效果。单击【背景】下拉按钮，在弹出的下拉列表中也可以对幻灯片背景进行设置，如图10-11所示。

图 10-10 【对象属性】窗格

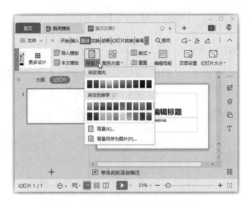

图 10-11 【背景】下拉列表

温馨
提示
> 幻灯片的背景颜色会跟随配色方案变化，必要时可以对背景颜色重新设置。

10.3.4 使用幻灯片母版统一演示文稿风格

演示文稿的制作可以分为两层，底层是对母版与版式的基础搭建，上层是我们熟悉的在普通视图中制作与编排幻灯片效果。幻灯片母版可以针对演示文稿的主题、颜色、字体、效果、背景、版式等进行设置，还可以为幻灯片统一添加其他对象元素。使用母版可以让整个演示文稿具有统一的风格和样式，无须再对幻灯片进行设置，在相应的位置输入需要的内容即可，可以减少重复性工作，提高工作效率。

在幻灯片母版视图中进行的设置，将会统一应用在每张幻灯片中，影响整个演示文稿的呈现效果。因此，在进行幻灯片设计之前，需要先通过母版进行演示文稿的基本设置，并进行个性化风格的设计。

单击【视图】选项卡中的【幻灯片母版】按钮，即可进入幻灯片母版编辑状态，如图10-12所示。每个演示文稿至少应包含一个幻灯片母版，其中又包括多个母版版式，可以在幻灯片母版编辑状态左侧的窗格中看到。通常情况下，需要先选择最上方的主版式，对整个演示文稿进行统一设置。例如，可以单击【幻灯片母版】选项卡中的【主题】按钮，在弹出的下拉列表中设置主题，如图10-13所示；单击【颜色】按钮，可以对主题颜色进行设置；单击【字体】按钮，可以对主题字体进行设置，如图 10-14 所示；单击【效果】按钮，可以对主题效果进行设置；单击【背景】按钮，可以对母版背景效果进行设置。也可以在母版中插入文字、图片等对象，使用该母版的所有幻灯片都会在相同位置显示这些对象。完成对主母版的设计后，还可以选择下方的幻灯片版式进行单独设计，以后使用这些版式对应的幻灯片就会自动应用这些设置效果。通过单击【幻灯片母版】选项卡中的【插入版式】按钮，还可以在所选幻灯片版式的下方插入新的版式，方便自定义版式效果，如图 10-15 所示。单击【插入母版】按钮，可以添加一组幻灯片母版，每个幻灯片母版可以应用不同的主题模板，当演示文稿较长，需要为不同的模块应用不同格式与风格时，可以通过创建或应用不同的幻灯片母版来实现。幻灯片母版设计完成后，可以单击【幻灯片母版】选项卡中的【关闭】按钮，返回普通幻灯片视图模式。

图 10-12　单击【幻灯片母版】按钮

图 10-13　设置母版主题

图 10-14　设置母版字体

图 10-15　插入版式

10.3.5　使用幻灯片版式规划幻灯片内容

幻灯片版式包含幻灯片上显示的所有内容的格式、位置和占位符，用于确定幻灯片页面的排版与布局。一套幻灯片母版中，包含多个关联的幻灯片版式。用户可以使用 WPS 演示内置的标准版式，也可以创建满足需求的自定义版式。

WPS演示中每套新建母版在默认情况下，包含11种版式，每种版式有属于自己的名称，每个版式幻灯片中都显示了可以在其中添加文本、形状、图表、图片等对象的占位符，以及占位符分布的位置，不同的版式用于设计不同类型的幻灯片，下面对常用的几种版式进行介绍。

- 标题幻灯片：包含主标题与副标题两个主要内容占位符，一般用于演示文稿的封面幻灯片。
- 标题和内容：包含标题与内容占位符，该版式适用于除封面以外的所有幻灯片，其中内容占位符可以输入文本，也可以插入图片、图表、表格、视频等各类对象。
- 节标题：包含节主标题与副标题占位符。通常情况下，如果演示文稿中已经进行节划分或内容需要分成不同模块来呈现，那么就可以使用该版式体现节的划分。例如，每个要点内容以节标题版式页来进行过渡。
- 空白：该幻灯片版式除了下方的【日期】【页脚】【页码】，没有其他任何占位符，可以添加任意内容，制作者可以在此页面中进行自由编排。

在WPS演示中，创建的默认空白演示文稿中包含的幻灯片采用的是【标题幻灯片】版式，我们可以在新建幻灯片时选择要新建的幻灯片版式，也可以在选择幻灯片后，单击【开始】选项卡中的【版式】按钮，在弹出的下拉列表中重新设置幻灯片的版式。

10.3.6 为演示文稿应用设计方案

在演示文稿的制作与排版过程中，首要操作是进行基础层设定及风格确定。用户可以自己在母版中进行设计，也可以直接套用其他演示文稿的母版。

1.套用其他母版 / 版式

如果想为演示文稿应用其他演示文稿的设计或其中的版式效果，可以单击【设计】选项卡中的【导入模板】按钮，如图10-16所示，然后在打开的【应用设计模板】对话框中选择需要的设计模板，单击【打开】按钮，如图10-17所示。这时，该演示文稿的母版（模板）格式就会套用到当前演示文稿中，包括幻灯片中的版式格式、文本样式、背景、配色方案等。

图 10-16　单击【导入模板】按钮

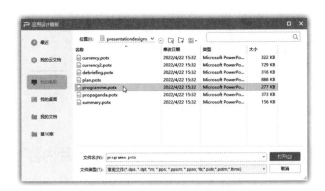

图 10-17　选择要应用的设计模板

温馨
提示
　　幻灯片的母版和模板共同构成幻灯片的外观，它们是密不可分的。利用这些功能可以快速统一演示文稿的内容、格式及幻灯片配色，还能影响整个演示文稿的风格。

2. 套用在线母版 / 版式

　　WPS 演示中提供了多种设计方案，如果对自己设计的幻灯片样式不满意，还可以使用在线设计方案快速美化幻灯片（需要计算机连接互联网），操作方法有以下两种。

- 选择设计方案：单击【设计】选项卡，在列表框中显示了多种设计方案，通过选择即可快速套用对应的设计方案，如图 10-18 所示。单击列表框右侧的【更多设计】按钮，将打开一个对话框，在其中的【在线设计方案】选项卡中选择想要应用的设计方案缩略图，如图 10-19 所示，可以为演示文稿应用所选设计方案。

图 10-18　选择设计方案

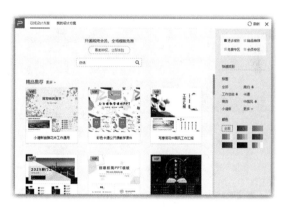

图 10-19　查看更多设计方案

- 使用"魔法"功能：单击【设计】选项卡中的【魔法】按钮，系统会根据幻灯片内容自动匹配设计方案，如图 10-20 所示。匹配成功后，WPS 会为演示文稿中的所有幻灯片应用设计方案。如果对匹配的设计方案不满意，可以再次单击【魔法】按钮，直到匹配到合适的设计方案。也可以在匹配设计方案的幻灯片下方单击【整套】按钮或其他按钮，在弹出的窗格中选择要应用的幻灯片页面效果，更改背景图片，更改颜色、字体、演示动画等，如图 10-21 所示。

图 10-20　智能美化演示文稿

图 10-21　调整设计方案的细节

■ 课堂范例——美化"转型销售技巧培训"演示文稿

一般情况下，制作演示文稿时会先在文档中编写好用于幻灯片制作的内容，或在WPS演示的大纲状态下先罗列出大概的文档内容，然后再对演示文稿进行美化。下面对一个内容已经整理好的演示文稿进行美化操作，具体步骤如下。

步骤 01 打开"素材文件\第10章\转型销售技巧培训.dps"，单击【设计】选项卡中的【幻灯片大小】按钮，在弹出的下拉列表中选择【宽屏（16:9）】选项，在打开的对话框中单击【确保适合】按钮，如图10-22所示。

步骤 02 单击【设计】选项卡中的【魔法】按钮，如图10-23所示。

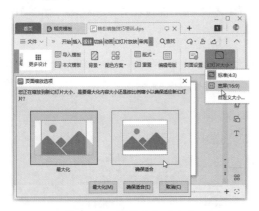

图 10-22 调整幻灯片大小

图 10-23 智能美化演示文稿

步骤 03 稍等片刻后，即可看到系统根据演示文稿内容套用的模板效果。这里模板效果不太合适，单击【设计】选项卡中的【更多设计】按钮，如图10-24所示。

步骤 04 在打开的对话框的【在线设计方案】选项卡右侧单击【免费专区】按钮，显示出所有免费的设计方案，查看并选择要应用的设计方案，然后单击其下显示出的【应用风格】按钮，如图10-25所示。

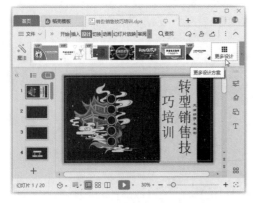

图 10-24 单击【更多设计】按钮

图 10-25 选择要应用的设计方案

步骤 05　稍等片刻后，即可看到整个演示文稿应用所选设计方案的效果。在第一张幻灯片缩略图上单击鼠标右键，在弹出的快捷菜单中选择【复制幻灯片】命令，如图 10-26 所示。

步骤 06　拖曳鼠标将复制得到的幻灯片移动到末尾处，选择标题占位符中的文字，修改为需要的内容，完成本例的操作，如图 10-27 所示。

图 10-26　复制幻灯片

图 10-27　修改幻灯片内容

丰富幻灯片内容

通过前面的学习，我们可以制作一个简单的文本型演示文稿。为了使演示文稿更加美观，还需要进一步丰富幻灯片内容，如在幻灯片中插入图片、形状、视频和音频等。

10.4.1　插入图片

演示文稿以展示为主，除了文本，图片也是必不可少的。图文并茂的幻灯片不仅形象生动，更容易引起观众的兴趣，而且能更准确地表达演讲人的思想。在演示文稿中插入图片的方法与文字文档中的操作相同，这里不再赘述，仅对编辑图片的特色功能进行简要介绍。

- 图片拼图：在幻灯片中插入多张图片并选中这些图片后，单击【图片工具】选项卡中的【图片拼图】按钮，在弹出的下拉列表中可以看到多种图片拼图样式，如图 10-28 所示，选中一种拼图样式后，系统会根据选择的图片和拼图样式自动进行排版，如图 10-29 所示，并显示出【智能特性】窗格，在其中可以对图片间距和是否裁剪图片进行设置，还可以快速更换其他拼图样式，如图 10-30 所示。

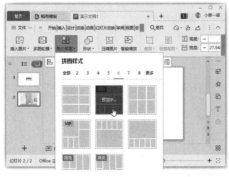
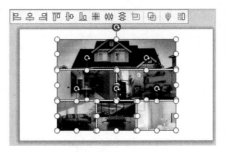
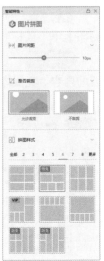

图 10-28　选择拼图样式　　　图 10-29　查看拼图效果　　　图 10-30　设置拼图效果

- 多图轮播：在幻灯片中插入多张图片并选中这些图片后，单击【图片工具】选项卡中的【多图轮播】按钮，在弹出的下拉列表中可以看到多种图片轮播方式，单击一种轮播方式下方的【套用轮播】按钮，如图 10-31 所示，系统会根据选择的图片和轮播方式自动进行排版，并显示出【智能特性】窗格，将鼠标指针移动到其中的图片上方，将显示 标记，单击即可选择替换该图片的其他图片；通过拖曳鼠标还可以更改图片的位置；在【动画配置】栏中还可以对轮播动画进行设置；如果对调整的效果不满意，可以在【其他轮播】栏中选择其他多图轮播效果；调整完成后，单击【点击预览】按钮可以查看调整效果，如图 10-32 所示。

- 创意裁剪：在幻灯片中选中图片后，单击【图片工具】选项卡中的【创意裁剪】按钮，在弹出的下拉列表中可以看到多种创意图片裁剪样式，选择一种裁剪样式后，如图 10-33 所示，系统会根据选择的裁剪样式自动对图片进行裁剪，如图 10-34 所示，使用该功能可以快速完成美化图片排版。

图 10-31　选择多图轮播方式　　　　　　图 10-32　设置轮播属性

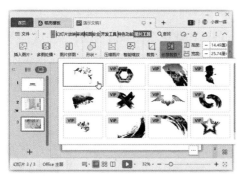

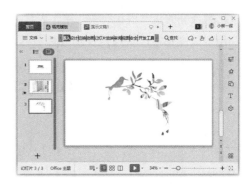

图 10-33　选择创意图片裁剪样式　　　　图 10-34　查看创意裁剪效果

10.4.2　插入形状

形状在演示文稿中的地位也是举足轻重的，在演示文稿中插入和编辑形状的方法与文字文档中的操作相同，唯一不同的是增加了多个形状的合并方式，可以制作出复杂的形状或特殊的形状。

在 WPS 演示中选择插入的形状后，单击【绘图工具】选项卡中的【合并形状】按钮，在弹出的下拉列表中可以看到"结合""组合""拆分""相交""剪除"5 种合并方式，下面以图 10-35 中随意绘制的两个椭圆为例，讲解各种合并方式的作用和效果。

- 结合：将多个相互重合或分离的形状结合生成一个新的形状，效果如图 10-36 所示。
- 组合：将多个相互重合或分离的形状结合生成一个新的形状，但形状的重合部分将被剪除，效果如图 10-37 所示。

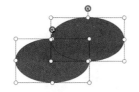

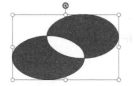

图 10-35　原图　　　　图 10-36　结合效果　　　　图 10-37　组合效果

- 拆分：将多个形状重合或未重合的部分拆分为多个形状，效果如图 10-38 所示。
- 相交：将多个形状未重合的部分剪除，重合的部分将被保留，效果如图 10-39 所示。
- 剪除：将被剪除的形状覆盖或被其他对象覆盖的部分清除，产生新的对象，效果如图 10-40 所示。

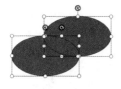

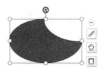

图 10-38　拆分效果　　　　图 10-39　相交效果　　　　图 10-40　剪除效果

此外，还可以在演示文稿中插入智能图形和关系图，这两类图形是多个形状组合后的效果，通常还包括组合好的文本框和线条，用于表达各种关系。

利用智能图形可以快速地在幻灯片中插入各类不同的结构化关系图和流程图。单击【插入】选项卡中的【智能图形】按钮，如图 10-41 所示，在打开的对话框中可以看到，WPS 演示提供的智能图形类型有【列表】【流程】【循环】【层次结构】【关系】【矩阵】【棱锥图】【图片】等，如图 10-42 所示。插入智能图形后，用户只需要在图形中直接输入文本内容即可。

图 10-41　单击【智能图形】按钮

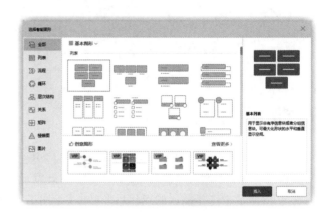

图 10-42　选择智能图形

关系图可以理解为漂亮的智能图形，不过其类型稍有不同。单击【插入】选项卡中的【关系图】按钮，如图 10-43 所示，在打开的对话框中可以看到 WPS 演示提供的各类关系图，如图 10-44 所示。插入关系图后，同样只需要在图形中直接输入文本内容即可。

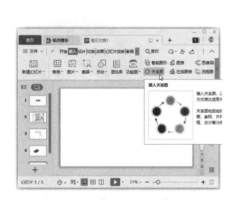

图 10-43　单击【关系图】按钮

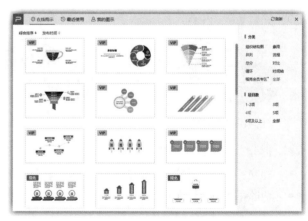

图 10-44　选择关系图

10.4.3　插入图表

在幻灯片中也可以插入表格，插入和编辑方法与文字文档中的操作相同。在幻灯片中还可以插入图表，让演示文稿更具说服力。在幻灯片中插入图表需要先选择图表类型，然后选择插入的图表，单击【图表工具】选项卡中的【编辑数据】按钮来修改图表中的数据。图表的其他编辑方法与文字文档中的操作相同，这里不再赘述。

10.4.4　插入音频

为了让演示文稿给阅读者带来听觉冲击，我们可以在其中插入音乐、旁白、原声摘要等音频。只需要单击【插入】选项卡中的【音频】按钮，在弹出的下拉列表中选择相应的选项，并在打开的对话框中选择音频文件，或直接选择在线音频即可，如图 10-45 所示。

图 10-45　插入音频的多种方式

> **温馨提示**
>
> 　　WPS 演示中有嵌入音频与链接到音频两种方式。嵌入的音频会成为演示文稿的一部分，将演示文稿发送到其他设备中也可以正常播放。链接的音频则仅在演示文稿中存储源文件的位置，如果演示文稿需要在其他设备中播放，在分享前需要将文件打包，再将打包后的文件发送到其他设备才可以播放。

在幻灯片中插入音频后，会显示声音图标🔊，可根据需要调整其大小和位置。选择该图标后，其下方还会显示播放条，单击左侧的【播放】按钮可以播放音频。在【音频工具】选项卡中还可以设置音频的播放方式，如图 10-46 所示，其中的设置比较简单，下面进行简要介绍。

图 10-46　【音频工具】选项卡

- 裁剪音频：可以在每个音频的开头和末尾处对音频进行修剪，用于缩短音频播放时间。单击【裁剪音频】按钮，将打开【裁剪音频】对话框，通过拖曳最左侧的绿色起点标记和最右侧的红色终点标记，就可以重新确定音频起止位置了，如图 10-47 所示。

- 淡入/淡出：设置音频开头和末尾需要降低音量的时

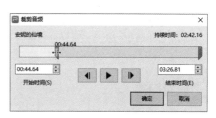

图 10-47　裁剪音频

间段。

- 【自动】下拉列表：选择【自动】选项时，表示在放映幻灯片时自动开始播放音频；选择【单击】选项时，表示在放映幻灯片时通过单击音频来手动播放。
- 跨幻灯片播放：在演示文稿放映过程中切换到下一张幻灯片时，音频继续播放。
- 循环播放，直至停止：在放映当前幻灯片时连续播放同一音频，直至手动停止播放或转到某一张幻灯片时停止。
- 放映时隐藏：放映幻灯片时隐藏声音图标。

10.4.5 插入视频

在幻灯片中插入或链接视频，可以大大丰富演示文稿的内容和表现力。插入视频可以选择直接将视频文件嵌入幻灯片中，也可以选择将视频文件链接至幻灯片。在【插入】选项卡中单击【视频】按钮，在弹出的下拉列表中选择相应的插入方式，然后在打开的对话框中选择要使用的视频文件即可，如图 10-48 所示。

插入视频后，可以通过拖曳鼠标调整视频的大小和显示位置，选择视频还会在下方显示播放进度条。在【视频工具】选项卡中可以设置视频的播放方式，部分设置与音频相同，如图 10-49 所示。单击【视频封面】按钮，可以调整视频未播放时显示在幻灯片中的封面效果。

图 10-48 选择插入视频的方式

图 10-49 【视频工具】选项卡

技能拓展

在幻灯片中插入网络视频时，需要链接到视频地址，而不能直接将网页地址复制到对话框中插入视频。部分网络视频下方提供一个【复制 Html 代码】按钮，直接单击即可复制代码。如果没有该按钮，可以打开一个在线提取网页中的视频文件地址的网站进行视频地址提取。

课堂问答

问题 1：如何将字体嵌入演示文稿？

答：在制作演示文稿时，如果使用了计算机预设外的字体，最好在保存时将字体嵌入演示文稿中，这样在其他没有安装该字体的计算机中播放时，才能以设置的字体进行显示，否则将以 WPS 演示默认的字体进行替换，降低演示文稿的显示效果。方法为：打开【选项】对话框，在左侧单击【常规与保存】选项卡，在右侧选中【将字体嵌入文件】复选框，默认会选中【仅嵌入文档中所用的字符（适于减少文件大小）】单选按钮，单击【确定】按钮，然后再对文件执行保存操作即可。

问题 2：如何禁止输入文本时自动调整文本大小？

答：打开【选项】对话框，单击【编辑】选项卡，在【键入时应用】栏中取消选中【根据占位符自动调整标题文本】和【根据占位符自动调整正文文本】复选框，单击【确定】按钮即可。

问题 3：幻灯片中的文字已经编排好了，可以将其快速转换成更形象的图示吗？

答：对于幻灯片中比较简短且具有一定关系的段落文本，可以将其转换为图示。方法为：选择幻灯片中的文本占位符或文本框，单击【文本工具】选项卡中的【转换成图示】按钮，然后在弹出的下拉列表中选择需要的图示即可。

上机实战——制作企业通用演示文稿模板

为了让读者巩固本章知识点，下面讲解一个技能综合案例，使读者对本章的知识有更深入的了解。

效果展示

效果

思路分析

实际工作中使用的演示文稿的部分内容或类型相似，可以创建一个模板，方便以后快速制作同类演示文稿。例如，可以为企业制作通用的演示文稿模板。本例首先进入幻灯片母版编辑状态设置好常用的版式效果，然后在普通视图中创建常用的版式，得到最终效果。

制作步骤

步骤 01　在 WPS 演示中新建一个空白演示文稿，并保存为"企业通用模板 .dpt"。单击【视图】选项卡中的【幻灯片母版】按钮，进入幻灯片母版编辑状态，如图 10-50 所示。

步骤 02　选择左侧的"标题"幻灯片版式，单击【幻灯片母版】选项卡中的【背景】按钮，在显示出的【对象属性】窗格中选中【图片或纹理填充】单选按钮，然后在下方的【图片填充】下拉列表中选择【本地文件】选项，如图 10-51 所示。

图 10-50　进入幻灯片母版编辑状态

图 10-51　设置幻灯片版式背景

步骤03　在打开的对话框中选择"素材文件\第 10 章\背景图片 .png"作为演示文稿的背景图片，拖曳鼠标框选版式下方多余的占位符，如图 10-52 所示，按【Delete】键将其删除。

步骤04　同时选中标题和副标题占位符，单击【文本工具】选项卡中的【文字方向】按钮，在弹出的下拉列表中选择【竖排】选项，如图 10-53 所示。

图 10-52　删除多余占位符

图 10-53　设置占位符中文字的排列方向

步骤05　拖曳鼠标调整标题和副标题占位符的位置与大小，并在【文本工具】选项卡中设置合适的字体格式，如图 10-54 所示。

步骤06　选择"标题和内容"幻灯片版式，用相同的方法设置幻灯片背景，删除多余占位符，单击【插入】选项卡中的【形状】按钮，在弹出的下拉列表中选择【矩形】选项，如图 10-55 所示。

图 10-54　设置占位符格式

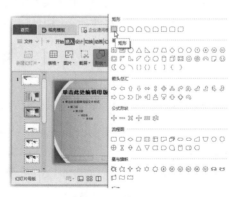

图 10-55　插入形状

步骤 07　拖曳鼠标在占位符上方绘制一个矩形，在【绘图工具】选项卡中设置矩形的叠放位置为仅在背景之上，轮廓为无，填充为白色，在【对象属性】窗格的【形状选项】选项卡下单击【填充与线条】选项卡，设置填充的透明度为【16%】，如图 10-56 所示。

步骤 08　选择"节标题"幻灯片版式，用相同的方法设置幻灯片背景，删除多余占位符，拖曳鼠标调整标题和副标题占位符的位置，设置占位符中文字的对齐方式，完成后单击【幻灯片母版】选项卡中的【关闭】按钮，退出幻灯片母版编辑状态，如图 10-57 所示。

图 10-56　设置矩形格式

图 10-57　设置节标题版式效果

步骤 09　单击【开始】选项卡下的【新建幻灯片】按钮，在弹出的下拉列表中选择"节标题"版式，如图 10-58 所示，即可创建一个节标题版式的空白幻灯片。

步骤 10　单击【幻灯片】窗格下方的【新建幻灯片】按钮＋，在弹出的下拉列表中选择"标题和内容"版式，如图 10-59 所示，即可创建一个标题和内容版式的空白幻灯片。完成该模板的创建后，保存文档并关闭，以后就可以使用该模板创建格式统一的演示文稿了。

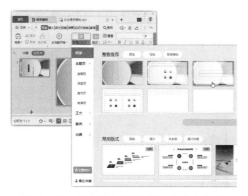
图 10-58　新建节标题版式的空白幻灯片

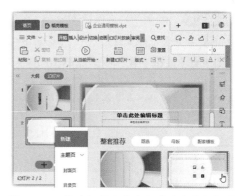
图 10-59　新建标题和内容版式的空白幻灯片

🌐 同步训练——制作"企业招聘计划"演示文稿

为了增强读者的动手能力，下面安排一个同步训练案例，让读者达到举一反三、触类旁通的学习效果。

图解流程

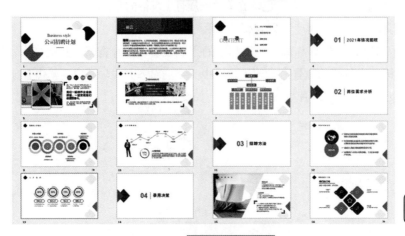

效果

思路分析

　　企业招聘计划是企业人力资源部根据用人部门的岗位情况，结合人力资源规划书，制订的固定时间段内的招聘岗位、人员数量等招聘信息。在制作过程中，只需要按文档内容结构安排幻灯片即可。本例先搜索下载一个合适的模板，然后根据实际需求对模板进行修改，并通过其他在线素材快速完善演示文稿内容，得到最终效果。

关键步骤

　　步骤01　启动WPS Office，单击【稻壳】选项卡，在新界面的搜索文本框中输入要搜索的关键字"招聘计划"，单击【搜索】按钮，即可在下方显示搜索到的相关模板，界面中还提供了一些搜索精准设置选项，这里只选中【演示】复选框，如图10-60所示。

　　步骤02　在下方浏览模板缩略图，将鼠标指针移动到想要查看详细信息的模板缩略图上，单击显示的【预览并下载】链接，在新界面中可以浏览部分模板页面效果，如果满意则直接单击右侧的【立即下载】按钮下载模板，如图10-61所示。

图 10-60　搜索模板

图 10-61　下载模板

步骤 03 以 "企业招聘计划" 为名保存该文件。选择第 1 张幻灯片，单击【幻灯片】窗格下方的【新建幻灯片】按钮，弹出新界面，在左侧选择【图文】选项卡，在中间区域单击【1 图】按钮，选择【横向图区】选项，在右侧选择需要的幻灯片效果，单击显示出的【立即下载】按钮下载选择的幻灯片版式，如图 10-62 所示。

步骤 04 下载的幻灯片版式并不完全符合要求，进一步输入内容、设置格式，如图 10-63 所示。

图 10-62　新建图文幻灯片

图 10-63　编辑幻灯片内容

步骤 05 选择第 3 张幻灯片，用相同的方法新建一张目录页幻灯片，需要选择【目录页】选项卡，其他设置根据需求确定即可，如图 10-64 所示。

步骤 06 此后会显示预览界面，在其中可以根据需要设置目录页的效果。例如，需要 5 个目录项，在【项目个数】栏中单击【5 项】按钮，单击【立即下载】按钮，如图 10-65 所示。

图 10-64　新建目录页幻灯片

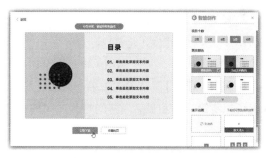

图 10-65　设置目录页效果

步骤 07 为了让目录页的效果与演示文稿的整体效果更融合，可以为其换上原本的目录页背景。选择并复制刚插入的目录页中的目录部分，将其粘贴到原本的目录页幻灯片中并进行编辑加工即可，如图 10-66 所示。

图 10-66 编辑目录页幻灯片

步骤 08 用类似的方法制作其他幻灯片，这里不再赘述。

知识能力测试

本章讲解了演示文稿的基本操作，为对知识进行巩固和考核，安排相应的练习题。

一、填空题

1. WPS演示提供了_____、_____、_____、_____4 种视图模式。

2. 在WPS演示中，新建的空白演示文稿默认为_____背景，字体颜色为_____。

二、选择题

1. 在WPS演示中，（   ）是默认的视图模式。

A. 普通视图　　　　　B. 备注页视图　　　　C. 幻灯片浏览视图　　D. 阅读视图

2. 在WPS演示的【幻灯片】窗格中选择某张幻灯片后，按（   ）键，可以快速在该幻灯片的后面添加一张同样版式的幻灯片。

A.【空格】　　　　　B.【Ctrl+空格】　　　C.【Enter】　　　　　D.【Ctrl+Enter】

3. 在【幻灯片】窗格中选中第一张幻灯片后，按住（   ）键，同时单击要选择的最后一张幻灯片，可以将第一张和最后一张幻灯片之间的所有幻灯片全部选中。

A.【Enter】　　　　　B.【Shift】　　　　　C.【Alt】　　　　　　D.【Tab】

三、简答题

1. 为了美化幻灯片，我们可以在幻灯片中插入哪些对象？

2. 在WPS演示中可以通过添加背景音乐来给读者带来听觉冲击，添加背景音乐时需要注意哪些方面？

WPS Office

　　为了增加幻灯片的趣味性及生动性，我们可以设置动画效果和交互效果让幻灯片中的各个对象呈动态演示。本章将详细介绍设置幻灯片切换效果、设置幻灯片动画效果和交互效果等相关知识。

学习目标

- 学会设置切换效果的方法
- 学会设置切换方式的方法
- 熟练掌握动画效果的设置
- 学会在幻灯片中插入超链接的方法
- 熟练掌握交互效果的设置方法

WPS Office办公应用 **基础**教程

11.1 设置幻灯片的切换方式

幻灯片的切换方式是指在放映幻灯片时，一张幻灯片从计算机屏幕上消失，另一张幻灯片随之显示在屏幕上的动态效果。

11.1.1 选择幻灯片的切换效果

放映幻灯片时，从一张幻灯片切换到下一张幻灯片时出现的动态效果就是幻灯片的切换效果，设置方法很简单，只需要在选择幻灯片后单击【切换】选项卡，在其中的列表框中选择需要的切换效果即可，如图 11-1 所示。在选择某些切换效果后，会激活【切换】选项卡中的【效果选项】按钮，单击该按钮，可以在弹出的下拉列表中进一步设置该切换效果的其他属性。

图 11-1　设置切换效果

设置好幻灯片的切换效果后可以预览一次设置的切换效果，如果想再次预览，可以单击【切换】选项卡中的【预览效果】按钮。

技能拓展　单击【切换】选项卡中的【应用到全部】按钮，可以将设置的切换效果应用到所有幻灯片中。

11.1.2 设置幻灯片切换方式、速度和声音

在进行幻灯片切换时，不同的切换效果会有不同的速度，而声音则默认为无，切换方式为【单击鼠标时换片】，可以在【切换】选项卡中进行自定义设置。下面根据【切换】选项卡中对应的功能进行介绍。

- 【速度】数值框：用于设置幻灯片切换动画的持续时间，数值越大，动画播放的时间越长，播放速度越慢；反之，播放的时间越短，播放速度越快。
- 【声音】下拉列表：用于设置幻灯片切换时随之播放的声音。
- 【单击鼠标时换片】复选框：选中该复选框，可以在放映时手动单击幻灯片进行切换。
- 【自动换片】复选框：选中该复选框，可以在右侧的数值框中输入具体时间，在放映时经过指定秒数后自动切换到下一张幻灯片。

11.1.3 删除切换效果

为幻灯片添加切换效果后，如果觉得没有必要，希望将其删除，可以在选中幻灯片后，单击【切

·278·

换】选项卡，在列表框中选择【无切换】选项。

11.2 设置幻灯片的动画效果

　　一份精美的演示文稿除了要有丰富的内容，还要有合理的排版设计、鲜明的色彩搭配及得体的动画效果进行衬托。接下来主要介绍为幻灯片对象添加动画效果的方法。

11.2.1　添加动画效果

　　演示文稿中的动画效果可以使幻灯片中的对象按一定的规则和顺序动起来，赋予它们进入、退出、大小或颜色变化甚至移动等视觉效果，可以突出重点以吸引观众的注意力，从而使放映过程更加有趣。WPS 演示中提供了多种添加动画的途径。

1. 添加常规动画

　　WPS 演示中提供了进入动画、强调动画、退出动画、动作路径及绘制自定义路径 5 种类型的动画效果，每种动画效果下包含多种相关的动画。

- 进入动画：是指对象进入幻灯片的动画效果，可以实现多种对象从无到有、陆续展现的动画效果，主要包括出现、飞入、缓慢进入等。
- 强调动画：是指对象从初始状态变化到另一个状态，再回到初始状态的动画效果。主要用于对象已出现在屏幕上，需要以动态的方式进行提醒的情况，常用在需要特别说明或强调的内容上。
- 退出动画：让对象从有到无、逐渐消失的一种动画效果。退出动画实现了画面的连贯过渡，是不可或缺的动画效果，主要包括消失、飞出、移出、向外溶解等。
- 动作路径：提供了多种常见的形状路径动画，可以让对象按照选择的形状路径运动。
- 绘制自定义路径：让对象按照绘制的路径运动的一种高级动画效果，可以实现动画的灵活变化，主要包括直线、曲线、任意多边形、自由曲线等。

　　为幻灯片中的对象添加动画，首先需要选中该对象，然后单击【动画】选项卡列表框右下角的按钮，如图 11-2 所示，在弹出的下拉列表中选择需要的动画样式即可，如图 11-3 所示，这里仅展示了部分动画样式，可以根据需要添加的动画类型单击对应栏右侧的按钮，显示出该类型的所有动画样式。

图 11-2　展开动画样式列表

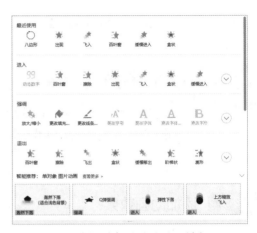

图 11-3　选择需要的动画样式

　　绘制自定义路径动画比较特殊，在选择路径选项后，还需要拖曳鼠标绘制路径，绘制完成后按
【Esc】键退出即可。此时路径会高亮显示，如图 11-4 所示，路径中绿色的三角形表示路径动画的
开始位置；红色的三角形表示路径动画的结束位置。绘制的动作路径就是动画运动的轨迹，后期可
以通过拖曳鼠标对动作路径的长短、位置、方向等进行调整。在路径上单击鼠标右键，还可以通过
快捷菜单命令对路径的顶点进行编辑、关闭路径形成封闭的形状路径、反转路径方向（将路径的起
点和终点对调）等，如图 11-5 所示。

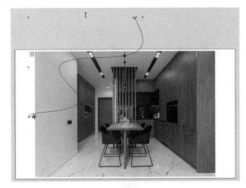

图 11-4　绘制路径

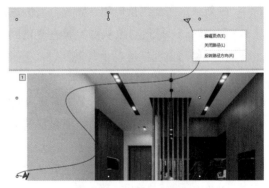

图 11-5　设置路径效果

温馨
提示
　　如果将动作路径的起点绘制到幻灯片外，在播放时该动画会变成进入动画；如果将路径的终点绘制到幻灯
片外，则会变成退出动画。

2. 添加智能动画

　　WPS演示中还提供了一些智能动画，可以根据选择的对象自动匹配一些动画效果，不仅可选
动画选项更多、效果更好，而且可以一键采用这些动画。在图 11-3 所示的常规动画列表最下方可
以看到提供的智能动画，通过选择即可采用。另外，也可以在选择对象后，单击【动画】选项卡中
的【智能动画】按钮，在弹出的下拉列表中进行选择，如图 11-6 所示。

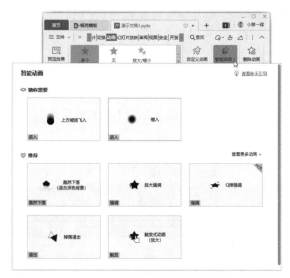

图 11-6　添加智能动画

> **温馨提示**　动画的使用要适当，过度使用动画也会分散观众的注意力，不利于传达信息。设置动画应遵循适当、简化和创新的原则。

11.2.2　为单个对象添加多个动画效果

幻灯片中的对象可能需要显示不止一种动画，如一个对象需要设置进入、强调、退出 3 种动画，这时我们可以使用添加效果功能来实现。单击【动画】选项卡中的【自定义动画】按钮，如图 11-7 所示，在显示出的【自定义动画】窗格中单击【添加效果】按钮，在弹出的下拉列表中选择动画选项，就可以为当前选择的对象添加对应的动画效果了，如图 11-8 所示。

图 11-7　单击【自定义动画】按钮

图 11-8　添加效果

11.2.3　设置动画效果属性

为对象添加动画后，可以继续调整动画效果的细节，以及选择各种计时方式，以控制动画启动、持续时间、进入方向和速度等，使整体效果看起来更加专业。这些操作基本都是通过【自定义动画】窗格完成的，如图11-9所示。

1. 更改动画效果

如果对添加的动画效果不满意，可以先在幻灯片中选择已应用了动画的对象，然后在【自定义动画】窗格的列表框中选择要更改的动画效果，单击【更改】按钮，在弹出的下拉列表中选择需要应用的动画效果，如图11-10所示。

图11-9 【自定义动画】窗格

图11-10 更改动画效果

2. 设置动画开始方式

与幻灯片切换动画相同，为对象添加的动画也可以设置动画播放的开始方式。在【自定义动画】窗格的列表框中选择要设置的动画效果后，在【开始】下拉列表中根据实际需求选择开始方式，如图11-11所示，或单击列表框中该动画效果后的下拉按钮，在弹出的下拉列表中进行选择，如图11-12所示。

图11-11 设置动画开始方式

图11-12 设置动画开始方式

温馨
提示

动画的开始方式有3种，【单击时（单击开始）】表示单击鼠标后，才开始播放动画;【之前（从上一项开始）】表示当前动画会和上一个动画同时开始播放;【之后（从上一项之后开始）】表示上一个动画执行完之后，该动画会自动执行而无须单击鼠标。

3. 设置动画效果选项

为幻灯片对象添加动画后，还可以对动画的运动方向、运动速度、延迟时间和动画音效等进行设置，使幻灯片中的各动画衔接更自然，播放更流畅。

应用于对象的动画类型不同，可以进行设置的动画效果选项也会有所不同，不过都需要先在【自定义动画】窗格的列表框中选择要设置的动画效果，然后在【自定义动画】窗格或【效果选项】对话框中完成设置。下面以"飞入"动画为例进行介绍。

- 设置动画的运动方向：在【自定义动画】窗格的【方向】下拉列表中根据实际需求选择动画的运动方向，如图 11-13 所示，或单击列表框中要设置的动画效果选项后的下拉按钮，在弹出的下拉列表中选择【效果选项】选项，如图 11-14 所示，在打开的对话框中的【方向】下拉列表中选择动画的运动方向，如图 11-15 所示。

图 11-13　设置动画的运动方向　　图 11-14　选择【效果选项】选项　　图 11-15　设置动画的运动方向

- 设置动画的运动速度：在【自定义动画】窗格中的【速度】下拉列表中根据实际需求选择动画的运动速度，如图 11-16 所示，或按前面的方法打开【效果选项】选项的对话框，单击【计时】选项卡，在【速度】下拉列表中选择动画的运动速度，如图 11-17 所示。
- 设置动画播放的延迟时间：在【效果选项】选项的对话框的【计时】选项卡中的【延迟】数值框中可以设置动画开始前的延迟时间。
- 设置动画音效：在【效果选项】选项的对话框的【效果】选项卡中的【声音】下拉列表中可以选择动画播放时需要同时播放的声音。

温馨提示：【效果选项】选项的对话框中可以设置更多动画效果，如播放动画开始和末尾处是否过渡平滑、播放完成后是否添加其他效果、动画是否重复等。

图 11-16 设置动画的运动速度　　图 11-17 设置动画的运动速度

4.调整动画排列顺序

如果在一张幻灯片中添加了多个动画，默认情况下，幻灯片中动画的播放顺序是根据动画添加的先后顺序来决定的。但实际操作中，并不能保证每一次添加的动画都是需要的顺序，经常需要对动画的播放顺序进行调整。调整动画播放顺序的方法是先在【自定义动画】窗格的列表框中选择要设置的动画效果，然后单击列表框下方的【重新排序】按钮⬆或⬇，依次上移或下移动画排列位置。

课堂范例——制作黑板擦擦拭动画

为幻灯片中的对象添加动画，主要是为了实现某个效果，有时可以通过多种方式来完成，添加的标准就是让所有动画看起来自然和谐。下面制作一个黑板擦擦拭动画，具体操作方法如下。

步骤01　打开"素材文件\第 11 章\黑板擦动画效果.dps"，选中文本框，单击【动画】选项卡列表框右下角的⊡按钮，在弹出的下拉列表中选择【擦除】退出动画，如图 11-18 所示。

步骤02　单击【动画】选项卡中的【自定义动画】按钮，显示出【自定义动画】窗格，在【方向】下拉列表中选择【自左侧】选项，在【速度】下拉列表中选择【中速】选项，如图 11-19 所示。

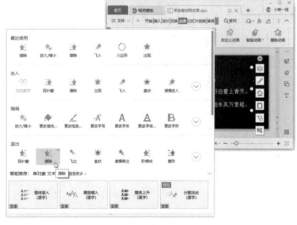

图 11-18 添加【擦除】动画　　　　图 11-19 设置动画效果选项

步骤 03 选中需要实现移动的图片，并将其拖曳到幻灯片界面外，单击【动画】选项卡列表框右下角的 ▾ 按钮，在弹出的下拉列表中选择【绘制自定义路径】栏中的【自由曲线】动画，如图 11-20 所示。

步骤 04 拖曳鼠标在幻灯片中绘制路径，如图 11-21 所示。

步骤 05 在【自定义动画】窗格的列表框中选择图片动画，设置速度为【慢速】，单击列表框下方的 ▲ 按钮，上移一次动画顺序，如图 11-22 所示。

步骤 06 选择矩形动画，设置开始方式为【之前】，单击动画选项后的下拉按钮，在弹出的下拉列表中选择【效果选项】选项，如图 11-23 所示。

步骤 07 打开【擦除】对话框，单击【计时】选项卡，设置延迟为【0.1】秒，速度为【慢速（3秒）】，如图 11-24 所示。

步骤 08 单击【正文文本动画】选项卡，在【组合文本】下拉列表中选择【按第一级段落】选项，单击【确定】按钮，如图 11-25 所示。

图 11-20 选择【自由曲线】动画

图 11-21 绘制路径

图 11-22 调整动画顺序　　图 11-23 选择【效果选项】选项

图 11-24 设置动画的计时效果

步骤 09　完成设置后，单击【动画】选项卡中的【预览效果】按钮，发现动画效果不完美，还需要修改。在【自定义动画】窗格中选择矩形动画，设置速度为【非常快】。单击列表框中的 ✓ 按钮，展开所有折叠的动画选项，可以看到此时的矩形动画已经变成了多个子动画，依次选择除第一个子动画外的其他子动画，并设置开始方式为【之后】，如图 11-26 所示。

步骤 10　完成动画的设置后，单击【自定义动画】窗格中的【幻灯片播放】按钮，如图 11-27 所示，即可进入幻灯片播放状态，查看动画的播放效果。

图 11-25　设置文本动画效果

图 11-26　继续设置动画效果

图 11-27　预览效果

11.3 设置幻灯片的交互效果

放映幻灯片前，可以在演示文稿中插入超链接、动作按钮，从而实现放映时从幻灯片中某一位置跳转到其他位置，或者单击某个对象时运行指定的应用程序等交互效果。

11.3.1 设置超链接

在演示文稿中，若为文本、图片、形状和艺术字等对象创建了超链接，此后单击该对象时可直接从本幻灯片跳转到其他幻灯片、文件、外部程序或网页，起到导航作用。例如，要为演示文稿中的部分文字添加超链接，具体操作方法如下。

步骤 01　打开"素材文件\第 11 章\诗词鉴赏课件.dps"，在要设置超链接的幻灯片中选择要添加链接的对象，本例选择第 2 张幻灯片中的部分文本对象，单击【插入】选项卡中的【超链接】按钮，如图 11-28 所示。

步骤 02　打开【插入超链接】对话框，在【链接到】栏中选择链接位置，这里选择【本文档中的位置】选项，在【请选择文档中的位置】列表框中选择链接的目标位置，这里选择第 3 张幻灯片，单击【确定】按钮，如图 11-29 所示。

图 11-28　单击【超链接】按钮

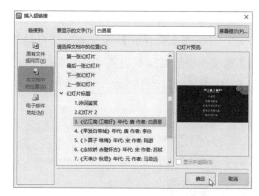

图 11-29　设置超链接对象

步骤 03　返回幻灯片，可以看到所选文本的下方出现了下划线，且文本颜色也发生了变化，单击状态栏中的【从当前幻灯片开始播放】按钮 ▶，如图 11-30 所示。

步骤 04　进入幻灯片放映模式，开始放映当前幻灯片，将鼠标指针移动到设置了超链接的文本上时，鼠标指针会变为 🖑 形状，此时单击该文本即可跳转到目标位置，如图 11-31 所示。

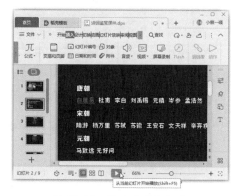

图 11-30　放映当前幻灯片

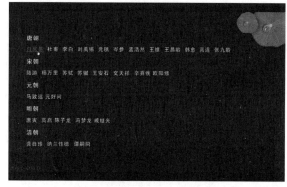

图 11-31　单击超链接

技能
拓展

使用鼠标右击设置了超链接的对象，在弹出的快捷菜单中单击【取消超链接】命令即可取消超链接。

11.3.2　插入动作按钮

WPS 演示中根据使用频率比较高的一些超链接设置，提供了内置按钮形状作为动作按钮直接添加到幻灯片中，并为其分配鼠标单击或鼠标移过时动作按钮将会执行的动作。此外，还可以自定义动作按钮。

例如，要为最后一张幻灯片添加返回其他幻灯片的自定义动作按钮，具体操作方法如下。

步骤 01　打开演示文稿，选中演示文稿中要添加动作按钮的幻灯片，单击【插入】选项卡中的【形状】按钮，在弹出的下拉列表中的【动作按钮】栏中选择需要的动作按钮，这里选择【动作按钮：自定义】选项，如图 11-32 所示。

步骤 02 此时鼠标指针将呈十字形，在要添加动作按钮的位置按住鼠标左键并拖曳，绘制动作按钮，绘制完成后释放鼠标左键，将自动打开【动作设置】对话框，如图 11-33 所示，在【鼠标单击】选项卡中根据需要设置动作按钮的相关参数，这里选中【超链接到】单选按钮，在下方的下拉列表中选择【幻灯片】选项。

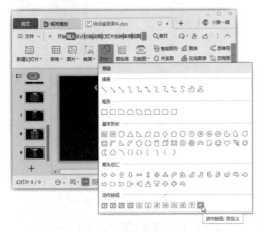

图 11-32 选择动作按钮

图 11-33 【动作设置】对话框

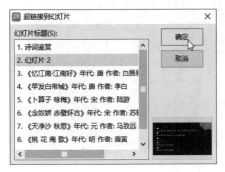

图 11-34 设置链接幻灯片

步骤 03 打开【超链接到幻灯片】对话框，在其中选择要链接到的幻灯片，单击【确定】按钮，如图 11-34 所示。

步骤 04 返回【动作设置】对话框，选中【播放声音】复选框，并在下方的下拉列表中选择需要的音效，完成设置后单击【确定】按钮，如图 11-35 所示。

步骤 05 返回幻灯片编辑状态，将选择刚绘制的形状，在形状中输入文本。单击状态栏中的【从当前幻灯片开始播放】按钮 ▶，如图 11-36 所示。进入幻灯片放映模式开始放映当前幻灯片，单击设置的动作按钮，即可按照设置进行跳转。

图 11-35 设置播放音效

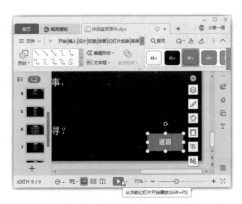

图 11-36 查看播放效果

课堂问答

问题 1：如何删除添加的动画效果？

答：如果要删除幻灯片中添加的所有动画效果，方法很简单，选择该幻灯片后，单击【动画】选项卡中的【删除动画】按钮即可。如果只想删除幻灯片中的部分动画效果，需要在【自定义动画】窗格中先选择这些动画效果选项，然后单击窗格中的【删除】按钮。

问题 2：如何实现单击某个对象触发一个动画的播放？

答：使用触发器就可以通过单击一个对象，触发另一个对象动画的播放。只需要先设计好要播放的动画，然后打开该动画的【效果选项】对话框，在【计时】选项卡中单击【触发器】按钮展开选项，然后选中【单击下列对象时启动效果】单选按钮，并在其后的下拉列表中选择触发该动画应单击的对象名称即可。

问题 3：在 WPS 演示中可以快速创建动画幻灯片吗？

答：可以。按照新建幻灯片的方法打开如图 11-37 所示的新建幻灯片界面，在左侧单击【动画】选项卡，在下方可以看到提供了图文类和数字类的幻灯片效果，选择合适的效果，即可快速创建幻灯片。

图 11-37　新建动画幻灯片

上机实战——为"汽车宣传"演示文稿设计首页动画

为了让读者巩固本章知识点，下面讲解一个技能综合案例，使读者对本章的知识有更深入的了解。

思路分析

用于展示的演示文稿如果只是静态的页面设计，画面给人带来的冲击力不够强烈，通过设置幻灯片的切换效果和首页动画，可以快速吸引观众的注意力，起到锦上添花的作用。

本例首先对幻灯片设置切换效果，然后为首页中的各种对象添加合适的进入动画，得到最终效果。

制作步骤

步骤 01 打开"素材文件\第 11 章\汽车宣传.pptx"，单击【切换】选项卡，展开下拉列表并选择需要的切换效果，如选择【百叶窗】选项，如图 11-38 所示。

步骤 02 在【切换】选项卡中设置速度为【00.75】，设置好一张幻灯片的切换效果后单击【应用到全部】按钮，为所有幻灯片应用相同的切换效果，如图 11-39 所示。

图 11-38 选择切换效果

图 11-39 设置切换效果

步骤 03 选择第一张幻灯片中的汽车图片，单击【动画】选项卡，在动画样式下拉列表中选择【切入】进入动画，如图 11-40 所示。

步骤 04 显示出【自定义动画】窗格，设置开始方式为【之后】，方向为【自左侧】，速度为【快速】，如图 11-41 所示。

步骤 05 选择幻灯片中的文本框，单击窗格中的【智能动画】按钮，在弹出的下拉列表中选择【轰然下落】动画，如图 11-42 所示。

图 11-40　选择动画样式

图 11-41　设置动画效果选项

步骤 06　在【自定义动画】窗格中，设置开始方式为【之后】，如图 11-43 所示。

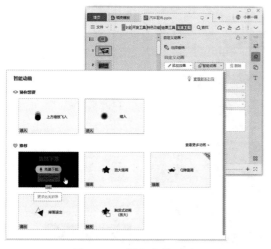

图 11-42　添加智能动画

图 11-43　设置动画效果选项

步骤 07　选择倾斜的直线，并将其移动到幻灯片外，单击【动画】选项卡，在动画样式下拉列表中选择【绘制自定义路径】栏中的【直线】动画，如图 11-44 所示。拖曳鼠标绘制直线路径，并通过预览反复查看该动画的效果，直到满意为止。

步骤 08　使用相同的方法为矩形添加自右侧飞入的动画，设置完成后在【自定义动画】窗格中单击【播放】按钮，如图 11-45 所示，查看各动画的衔接效果并调整至满意。

图 11-44　添加路径动画　　　　　　　图 11-45　设置动画效果选项

🌐 同步训练——制作"工作总结汇报"演示文稿

为了增强读者的动手能力，下面安排一个同步训练案例，让读者达到举一反三、触类旁通的学习效果。

图解流程

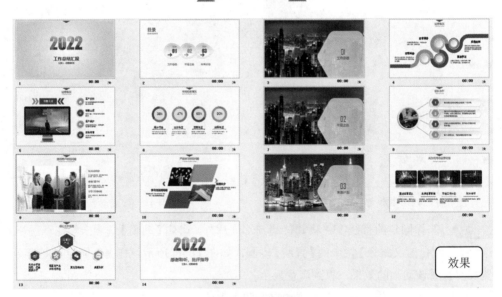

效果

思路分析

工作总结汇报通常包含近期获得的成果、还存在的问题及如何改善等内容，仅靠文字和图片并不能引起阅读者的强烈反应，我们还需要通过效果、动画等达到画龙点睛的目的。

本例首先应用主题样式，接着设置文字和图片效果，然后应用切换和动画效果，最后添加背景音乐，得到最终效果。

步骤 01　打开"素材文件\第 11 章\工作总结汇报 .dps",为幻灯片设置【推出】切换效果,并设置切换效果选项,单击【应用到全部】按钮,然后为其他幻灯片单独设置个性化的页面切换效果,如图 11-46 所示。

步骤 02　为幻灯片中的对象添加合适的进入动画,并进行动画效果选项设置,通过预览动画效果不断完善动画设计,如图 11-47 所示。

步骤 03　为幻灯片中需要强调的对象添加合适的强调动画,并进行动画效果选项设置,通过预览动画效果不断完善动画设计,过程中如果有合适的智能动画,就选用智能动画来提高设计效率,如图 11-48 所示。

步骤 04　有些对象需要添加路径动画才能得到更好的体现,设计过程中更是需要通过预览动画效果不断完善动画设计,尤其是对对象的摆放位置及路径的开始和结束位置的调整,如图 11-49 所示。

图 11-46　设置幻灯片切换效果

图 11-47　添加进入动画

图 11-48　添加强调动画

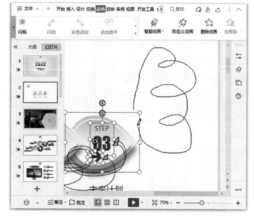

图 11-49　设置路径动画

步骤 05　为幻灯片中的对象添加合适的退出动画,并进行动画效果选项设置,通过预览动画效果不断完善动画设计。

步骤 06　对整个演示文稿进行播放，依次查看动画的设计效果，对部分动画设置触发式效果或添加音效，让整体效果更好。

知识能力测试

本章讲解了设置幻灯片动画和交互效果的方法，为对知识进行巩固和考核，安排相应的练习题。

一、填空题

1. 在WPS演示中可以设置＿＿＿＿＿＿、＿＿＿＿＿＿、＿＿＿＿＿＿、＿＿＿＿＿＿和＿＿＿＿＿＿5种动画效果。

2. WPS演示提供了＿＿＿＿＿＿＿＿和＿＿＿＿＿＿＿＿两种切换幻灯片的方式。

3. 如果一张幻灯片中设置了多个动画，想要全部删除，最快速的方法是单击＿＿＿＿＿＿按钮。

二、选择题

1. 将文本设置为连续闪烁的文字效果，是（　　　）动画效果的其中一种效果。

A. 进入　　　　　　B. 强调　　　　　　C. 退出　　　　　　D. 动作路径

2. 幻灯片的（　　　）是指在放映幻灯片时，一张幻灯片从计算机屏幕上消失，另一张幻灯片随之显示在屏幕上的动画效果。

A. 切换方式　　　　B. 动画效果　　　　C. 交互效果　　　　D. 联机演示

3. 通过添加（　　　）动画，可以在放映幻灯片时让指定的对象沿轨迹移动。

A. 进入　　　　　　B. 强调　　　　　　C. 退出　　　　　　D. 动作路径

三、简答题

1. 在幻灯片中添加动画有哪些作用？

2. 什么是幻灯片的互动效果？如何实现互动效果？

WPS Office

第12章
WPS演示幻灯片的放映与输出

无论是对幻灯片进行美化，还是对其中的对象设置动画效果，都是为了放映时展示出精美的效果。由于使用场合的不同，WPS演示提供了幻灯片放映设置功能。在放映幻灯片前对其进行放映设置是制作演示文稿的最终环节，也是很重要的环节。本章将具体介绍放映和输出演示文稿的相关操作。

学习目标

- 熟练掌握幻灯片放映的方法
- 学会快速定位幻灯片
- 学会播放时批注重点的方法
- 熟练掌握演示文稿的输出方法

12.1 幻灯片的放映设置

演示文稿制作完成后，需要通过设置放映方式来进行控制。放映前的设置包括放映方式的选择、放映幻灯片内容的设置、幻灯片放映时间的控制及录制旁白等。

12.1.1 设置幻灯片的放映方式

制作演示文稿是为了演示和放映给观众看，在放映幻灯片时，用户可以根据自己的需要设置放映类型。设置方法很简单，首先打开需要放映的演示文稿，然后单击【幻灯片放映】选项卡中的【设置放映方式】下拉按钮，在弹出的下拉列表中选择常用的【手动放映】或【自动放映】选项，如图12-1所示，也可以直接单击【设置放映方式】按钮，打开【设置放映方式】对话框进行更为详细的设置，如图12-2所示。

图 12-1　单击【设置放映方式】下拉按钮

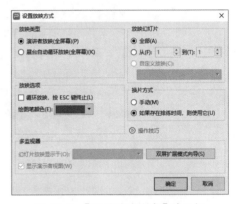

图 12-2　【设置放映方式】对话框

【设置放映方式】对话框中主要分为4个选项组，可以进行以下4个方面的设置。

- 【放映类型】选项组：用于选择恰当的放映方式，包括【演讲者放映（全屏幕）】和【展台自动循环放映（全屏幕）】两种。用户可以根据不同的场合设置不同的放映方式，前者适合会议或教学场合，放映过程完全由演讲者控制，能够控制幻灯片的放映速度、暂停演示文稿、添加会议细节、录制旁白等；后者适用于展示产品的橱窗和展览会上自动播放产品信息的展台，可以选择手动播放，也可以采用事先排练好的演示时间自动循环播放，此时观众只能观看不能控制。
- 【放映幻灯片】选项组：用于确定幻灯片的放映范围，可以是全部幻灯片，也可以是部分幻灯片。放映部分幻灯片时，需要指定幻灯片的开始序号和终止序号。
- 【放映选项】选项组：用于对放映过程中绘图笔的颜色进行设置和选择循环放映时按【Esc】键终止放映选项。
- 【换片方式】选项组：可以选择控制放映时幻灯片的换片方式。【演讲者放映（全屏幕）】放

映方式通常采用【手动】换片方式；而【展台自动循环放映（全屏幕）】放映方式通常进行了
事先排练，可以选择【如果存在排练时间，则使用它】换片方式，令其自行播放。

12.1.2　指定幻灯片的播放

有时受到场合或放映时间的限制，演示文稿中所有幻灯片无法一一放映，此时为了避免在放映
时让观众看到没有必要放映的幻灯片，可以通过限定放映页、隐藏幻灯片和自定义幻灯片放映来达
到指定幻灯片播放的目的。

1. 限定幻灯片放映页

如果需要播放的幻灯片的页数是连续的，那么可以通过限定幻灯片放映的起始页和结束页来指
定需要放映的幻灯片。具体操作是在【设置放映方式】对话框的【放映幻灯片】选项组中选中第 2 个
单选按钮，并设置幻灯片的开始序号和终止序号。

2. 隐藏不需要放映的幻灯片

如果演示文稿中只有少数几张幻灯片不需要放映，或者需要放映的幻灯片不连续，可以将不需
要放映的幻灯片隐藏起来。首先选择需要隐藏的幻灯片，然后单击【幻灯片放映】选项卡中的【隐
藏幻灯片】按钮，如图 12-3 所示，此时在【幻灯片】窗格中可以看到被隐藏的幻灯片的序号画上了
删除线，且缩略图呈半透明显示，如图 12-4 所示。若放映幻灯片，即可发现隐藏的幻灯片不再放映。

图 12-3　单击【隐藏幻灯片】按钮

图 12-4　隐藏的幻灯片

 技能拓展　在幻灯片缩略图上单击鼠标右键，在弹出的快捷菜单中选择【隐藏幻灯片】命令，也可以隐藏所选幻灯片。

3. 自定义幻灯片放映

一份演示文稿可能包含多个主题内容，需要在不同的场合、面对不同类型的观众播放，这就需
要在放映前对幻灯片进行重新组织归类。如果幻灯片的放映顺序不相同，就需要通过自定义放映功
能来完成。

例如，要在不改变演示文稿内容的前提下，重新组合"动物保护宣传"演示文稿中的放映内容，具体操作步骤如下。

步骤 01　打开"素材文件\第 12 章\动物保护宣传.pptx"，单击【幻灯片放映】选项卡中的【自定义放映】按钮，如图 12-5 所示。

步骤 02　打开【自定义放映】对话框，单击【新建】按钮，如图 12-6 所示。

图 12-5　单击【自定义放映】按钮

图 12-6　单击【新建】按钮

步骤 03　打开【定义自定义放映】对话框，在【幻灯片放映名称】文本框中输入该自定义放映的名称，在【在演示文稿中的幻灯片】列表框中选择需要放映的幻灯片，单击【添加】按钮，如图 12-7 所示。

步骤 04　此时在右侧的列表框中可以看到添加的幻灯片，选择需要调整播放位置的幻灯片，单击最右侧的 ⬆ 或 ⬇ 按钮，依次上移或下移，如图 12-8 所示。设置完成后单击【确定】按钮，返回【自定义放映】对话框，单击【放映】按钮，将对自定义放映的幻灯片进行放映。

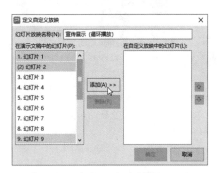

图 12-7　自定义要放映的幻灯片

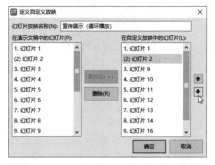

图 12-8　调整要放映的幻灯片顺序

12.1.3　使用排练计时放映

排练计时就是在正式放映前手动对幻灯片进行切换，然后将手动换片时间记录下来。使用排练计时放映功能，不仅可以准确地估计演示时长，后续还可以按照设定的时间自动放映幻灯片。

例如，"新品发布会"演示文稿后续需要设置为【展台自动循环放映（全屏幕）】放映方式，所以需要提前精确设置每张幻灯片的播放时间，使用排练计时的具体操作步骤如下。

步骤 01　打开"素材文件\第 12 章\新品发布会.ppsx"，单击【放映】选项卡中的【排练计时】下拉按钮，在弹出的下拉列表中选择【排练全部】选项，如图 12-9 所示。

步骤 02　此时开始放映幻灯片，并进入计时状态，如图 12-10 所示。界面的左上角显示了当前幻灯片播放的时长，以及整个演示文稿的播放总时长。模仿正常放映该演示文稿的状态，放映每一张幻灯片即可。在放映幻灯片时，单击鼠标即可开始下一个动画或跳转到下一张幻灯片。

图 12-9　进入排练计时状态

图 12-10　计时放映时间

步骤 03　当放映到幻灯片末尾时，会弹出如图 12-11 所示的对话框，单击【是】按钮保留排练时间，下次放映时就会按照记录的时间自动放映幻灯片了。

步骤 04　单击状态栏中的【幻灯片浏览】按钮 ⊞，浏览幻灯片，效果如图 12-12 所示，每张幻灯片下方都显示了排练计时的时长。

图 12-11　保留排练时间

图 12-12　查看保留的计时

技能拓展
默认情况下，如果为幻灯片设置了排练计时，放映时便会用排练计时自动放映。如果不想采用排练计时放映，可以单击【放映】选项卡中的【设置放映方式】下拉按钮，在弹出的下拉列表中选择【手动放映】选项。

幻灯片的放映控制

放映幻灯片时，为了带给观众更好的体验，我们还需要掌握一定的放映控制技巧，如按需放映幻灯片、定位幻灯片、添加旁白、录制放映过程等。

12.2.1 放映幻灯片

在WPS演示中，放映幻灯片主要有【从头开始】【从当前开始】和【自定义放映】3种方式。

1. 从头开始

如果希望从演示文稿的第1张幻灯片开始依次放映幻灯片，可以采用以下几种方法。

- 单击【幻灯片放映】选项卡中的【从头开始】按钮。
- 按【F5】键从首页开始放映。

2. 从当前开始

如果希望从当前选中的幻灯片开始放映演示文稿，可以采用以下几种方法。

- 单击【幻灯片放映】选项卡中的【从当前开始】按钮。
- 按【Shift+F5】组合键。
- 双击幻灯片的缩略图。
- 单击幻灯片缩略图下方的放映图标 。
- 单击状态栏中的【从当前幻灯片开始播放】按钮 。

放映幻灯片时，按【Esc】键可以退出幻灯片放映状态。

3. 自定义放映

如果提前为演示文稿设置了自定义放映幻灯片，并要按自定义的方式放映，可以单击【幻灯片放映】选项卡中的【自定义放映】按钮，然后在打开的【自定义放映】对话框中选择自定义放映方式，再单击【放映】按钮。

在【自定义放映】对话框的列表框中选择某个自定义放映方式后，可对其进行编辑修改、删除等操作。

12.2.2 快速定位幻灯片

以手动方式放映幻灯片时，单击鼠标、按【Enter】键、按空格键都可以依次向后切换幻灯片，按方向键还可以放映上一张或下一张幻灯片。但放映过程中，有可能遇到需要快速跳转到某一张幻灯片的情况，如果当前演示文稿中包含的幻灯片数目较多，采用单击鼠标的方式进行切换非常麻烦，此时可以使用快速定位幻灯片功能进行跳转，主要有以下两种方法实现。

- 在放映的幻灯片上单击鼠标右键，在弹出的快捷菜单中选择【定位】命令，在弹出的下级子菜单中选择【幻灯片漫游】命令，如图 12-13 所示，然后在打开的对话框中选择要定位的幻灯片，单击【定位至】按钮即可，如图 12-14 所示。
- 在放映的幻灯片上单击鼠标右键，在弹出的快捷菜单中选择【定位】命令，在弹出的下级子菜单中选择【按标题】命令，然后在弹出的下级子菜单中选择要定位的幻灯片，如图 12-15 所示。

图 12-13　选择【幻灯片漫游】命令

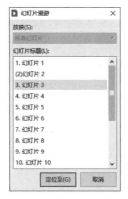

图 12-14　定位幻灯片

图 12-15　选择要定位的幻灯片

技能
拓展

　　在放映过程中跳转幻灯片后，如果想返回跳转前播放的幻灯片，可以单击鼠标右键，在弹出的快捷菜单中选择【定位】命令，然后在弹出的下级子菜单中选择【以前查看过的】或【回退】命令。

12.2.3　在放映过程中勾画重点

　　为了配合演讲，在幻灯片放映过程中可能会遇到需要勾画重点内容或添加标注的情况，具体实现方法有以下两种。

- 通过快捷菜单实现：在放映的幻灯片上单击鼠标右键，在弹出的快捷菜单中选择【指针选项】命令，在弹出的子菜单中可以选择所需的指针样式，如【圆珠笔】【水彩笔】【荧光笔】；如果要划线标记重点，可以选择【绘制形状】命令，然后在弹出的下级子菜单中选择具体形状，如图 12-16 所示；默认情况下绘制的内容都是红色，如果要调整颜色，可以选择【墨迹颜色】命令，然后在弹出的下级子菜单中选择要应用的颜色，如图 12-17 所示；如果勾画的内容有误，可以选择【橡皮擦】命令，然后移动鼠标指针到合适的位置单击进行删除。

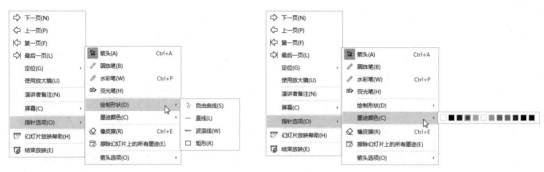

图 12-16　设置指针　　　　　　　　　　　　　图 12-17　设置颜色

- 通过快捷按钮实现：进入幻灯片放映状态时，界面左下角会显示一组快捷按钮。单击🖊按钮，可以设置指针样式，如图 12-18 所示；单击∿按钮，可以选择具体形状，如图 12-19所示；单击🖌按钮，可以调整墨迹颜色，如图 12-20 所示；单击🧽按钮，可以擦除错误的墨迹，如图 12-21 所示；单击🖱按钮，可以设置鼠标指针的显示状态。

图 12-18　设置指针样式

图 12-19　选择具体形状

设置好鼠标指针、形状和颜色后，就可以在幻灯片上按住鼠标左键并拖曳绘制注释了，如果有错误标记，也可以使用橡皮擦功能进行擦除。结束放映时，会弹出提示对话框询问是否保留墨迹，如图 12-22 所示，单击【保留】按钮即可保留墨迹到演示文稿中；单击【放弃】按钮，则不会保留。保留到演示文稿中的墨迹也会单独保存，不需要时，可以选择【擦除幻灯片上的所有墨迹】命令进行擦除。

图 12-20　调整墨迹颜色

图 12-21　擦除墨迹

图 12-22　提示对话框

12.2.4　录制幻灯片演示

WPS演示还提供了幻灯片播放录制功能，可以在录制过程中，将旁白、计时、激光笔内容信息保存下来，然后导出成视频进行播放。

录制幻灯片演示的具体操作方法如下。

步骤 01　单击【放映】选项卡下的【屏幕录制】按钮，如图 12-23 所示。

步骤 02　稍等片刻后，会打开【屏幕录制】窗口，根据需要选择录制方式，这里单击【录屏幕】按钮，如图 12-24 所示。

图 12-23　单击【屏幕录制】按钮

图 12-24　选择录制方式

温馨提示

　单击【录应用窗口】按钮，会弹出操作提示，要求先打开并选择需要录制的应用软件窗口，以锁定应用窗口，然后单击【开始录制】按钮即可。单击【录摄像头】按钮，可以录制摄像头中的内容。

步骤 03　单击窗口中的【开始录制】按钮，开始录制屏幕中显示的一切内容和操作，如图 12-25 所示。

步骤 04　单击【放映】选项卡下的【从头开始】按钮，从头开始放映幻灯片，如图 12-26 所示。

图 12-25　开始录制

图 12-26　从头开始放映幻灯片

步骤 05　进入放映模式后，正常放映该演示文稿即可，在放映结束后或不需要录制视频时，单击【屏幕录制】窗口中的【停止】按钮即可，如图 12-27 所示。也可以选择暂停录制，后续再继续录制。

步骤 06　停止录制后，系统会自动将录制的视频保存为文件，并在【屏幕录制】窗口下方显示录制文件列表。单击其中的【播放】按钮，如图 12-28 所示，即可打开播放器播放该视频。

图 12-27　停止录制

图 12-28　播放录制的视频

> **温馨提示**
>
> 在【屏幕录制】窗口下方显示的录制文件列表中需要编辑的录制文件上单击鼠标右键，在弹出的快捷菜单中选择【打开文件夹】命令，可以打开保存该文件的文件夹窗口，在其中可以更改文件的名称，通过剪切操作移动文件的位置。

12.3　演示文稿输出

通常我们制作的演示文稿不仅是给自己查看的，还需要传给其他人查看，此时就要用到WPS演示的输出功能。

12.3.1　将演示文稿输出为图片文件

将演示文稿转换成图片文件，既能保护幻灯片中的内容不被修改和盗用，也能在没有安装WPS的计算机上查看演示文稿中的内容。WPS演示提供了输出图片的功能，只需要单击【文件】按钮，在弹出的下拉菜单中选择【输出为图片】命令，如图 12-29 所示。打开【输出为图片】对话框，如图 12-30 所示，在其中对输出方式、水印、页数、格式、品质、目录等进行设置后单击【输出】按钮，即可将演示文稿按照设置输出为图片文件。

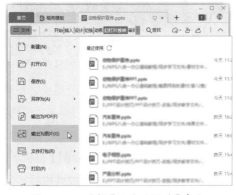

图 12-29　选择【输出为图片】命令

图 12-30　设置输出图片的相关参数

12.3.2　将演示文稿制作成PDF

除了可以将演示文稿导出为图片文件，还可以将演示文稿导出为PDF文件，这样能保证演示文稿中的内容不被修改。WPS演示提供了输出PDF的功能，只需要单击【文件】按钮，在弹出的下拉菜单中选择【输出为PDF】命令，如图 12-31 所示。打开【输出为PDF】对话框，其中显示了当前打开的所有演示文稿名称，选中需要导出为PDF的演示文稿，设置输出范围、保存目录等信息，单击【开始输出】按钮即可，如图 12-32 所示。

图 12-31　选择【输出为PDF】命令

图 12-32　设置输出 PDF 的相关参数

12.3.3　将演示文稿制作成视频文件

通过将演示文稿制作成视频文件，可以最大限度地呈现动画效果、切换效果和多媒体信息。在WPS演示中，可以将演示文稿转换为【WebM】格式的视频，观看者无须在计算机上安装WPS，即可观看该视频。在【文件】下拉菜单中选择【另存为】命令，在弹出的下级子菜单中选择【输出为视频】命令，如图 12-33 所示。打开【另存为】对话框，设置保存参数后单击【保存】按钮，下载安装视频解码插件后就会自动开始输出视频，输出完成后，将打开如图 12-34 所示的提示对话框，单击【打开视频】按钮，即可使用视频播放器对导出的视频进行播放；单击【打开所在文件夹】按钮，即可打开视频保存位置的文件夹。

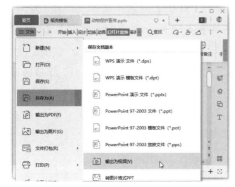

图 12-33　选择【输出为视频】命令

图 12-34　提示输出视频完成

12.3.4 将演示文稿打包

当演示文稿中包含链接形式的音频、视频、文件等，又想在其他设备中播放时，不仅需要拷贝演示文稿本身，还要在原计算机中找到演示文稿中的视频、音频、文件及链接的文件，一并拷贝过去，否则会导致演示文稿中的链接无法打开，视频、音频无法播放。文件打包就是将演示文稿及其

中插入的音频、视频等一起打包保存到文件夹中，直接拷贝文件夹即可，所有的链接文件都不会丢失，这样可以保证在其他设备上也能正常播放演示文稿内容。

打包演示文稿时可以先在【文件】下拉菜单中选择【文件打包】命令，在弹出的下级子菜单中选择打包文件的方式为文件夹或压缩文件，如图12-35所示，这里选择文件夹，然后在打开的对话框中设置文件夹名称和打包位置，单击【确定】按钮即可开始打包演示文稿，如图12-36所示，打包完成后会打开提示对话框，如图12-37所示，单击【打开文件夹】按钮，可以打开文件夹。

图 12-35　选择打包文件的方式

图 12-36　设置文件夹名称和打包位置

图 12-37　打包完成

12.3.5 将演示文稿制作为讲义

图 12-38　选择【打印】命令

将演示文稿制作为讲义，实际上就是将其转换为Word文档，以便用户像处理Word文档一样对演示文稿内容进行编辑。将演示文稿中的内容以讲义的形式打印时，会在每一张幻灯片旁边留下空白，便于演讲者添加一些备注信息。

在【文件】下拉菜单中选择【打印】命令，如图12-38所示，打开【打印】对话框，在【打印内容】下拉列表中选择【讲义】选项，在【讲义】栏中设置每页纸上显示的幻灯片张数和排列顺序，单击【预览】按钮，如图12-39所示。进入打印预览界面，在其中可以对设置的打印效果进行查看，单击【直接打印】按钮进行打印，如图12-40所示。

图 12-39 设置打印讲义

图 12-40 预览打印效果

课堂问答

问题 1: 如何在演示文稿中添加演讲备注且不被放映显示?

答:演讲备注是指演讲者为幻灯片添加的一些备注信息,观众看不到备注信息,但演讲者可以看到,这样可以在演讲过程中起到提示演讲者的作用。为幻灯片添加备注信息,可以先选择需要添加备注的幻灯片,然后单击【幻灯片放映】选项卡中的【演讲者备注】按钮,打开【演讲者备注】对话框,在文本框中输入备注信息即可。或单击【视图】选项卡中的【备注页】按钮,进入备注页视图,在其中也可以为选择的幻灯片添加备注信息。

问题 2: 可以使用手机遥控演示文稿的放映吗?

答:在放映演示文稿时除了通过鼠标、键盘和遥控笔控制换页,在计算机连接到互联网的状态下,还可以通过手机借助 WPS 移动版遥控投影仪放映幻灯片。首先打开需要放映的演示文稿,然后在【幻灯片放映】选项卡中单击【手机遥控】按钮,生成遥控二维码。再打开手机中的 WPS Office 移动端,点击【扫一扫】功能,扫描计算机上的二维码即可实现连接,后续就可以遥控放映了。

问题 3: 在线会议中如何正确放映演示文稿?

答:WPS 演示中提供了会议功能,不仅能够实现多人远程同步观看演示文稿,还可以同步语音传输。只要有计算机和手机,随时随地都能开会。要通过会议模式远程放映演示文稿,可以单击【幻灯片放映】选项卡中的【会议】按钮,开始上传会议中要使用的演示文稿,上传完成后进入会议,在出现的工具栏中可以进行一些操作。单击【邀请】按钮,在打开的提示框中将显示会议的加入码、主持人、会议链接等,单击【复制邀请信息】按钮可以进行复制,如图 12-41 所示。将复制的邀请信息发送给参会人员,待参会人员进入后,就可以对演示文稿进

图 12-41 复制会议邀请信息

行演示了，演示完成后单击【结束会议】按钮 ⌒ 即可结束会议。

上机实战——将"旅游相册"演示文稿制作成视频文件

为了让读者巩固本章知识点，下面讲解一个技能综合案例，使读者对本章的知识有更深入的了解。

效果展示

思路分析

旅游时拍摄的照片一般数量很多，制作成旅游相册演示文稿时可能已经筛选掉了一些不满意的照片，制作成视频保存可以再次精选优秀的内容。本例首先对不需要导出为视频的幻灯片进行隐藏，然后进行导出，即可得到最终效果。

制作步骤

步骤01 打开"素材文件\第12章\旅游相册.dps"，选择不需要播放的第2张、第15~18张幻灯片，单击【幻灯片放映】选项卡中的【隐藏幻灯片】按钮，如图12-42所示。

步骤02 在【文件】下拉菜单中选择【另存为】命令，在弹出的下级子菜单中选择【输出为视频】命令，如图12-43所示。

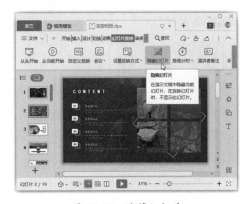
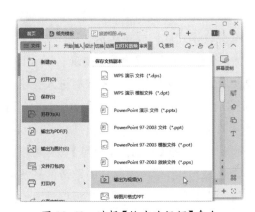

图 12-42　隐藏幻灯片　　　　　　　　图 12-43　选择【输出为视频】命令

步骤 03　打开【另存为】对话框，设置保存参数后单击【保存】按钮，如图 12-44 所示。

步骤 04　开始输出视频，输出完成后，将打开如图 12-45 所示的提示对话框，单击【打开视频】按钮，即可使用视频播放器对输出的视频进行播放。

图 12-44　设置导出位置和文件名

图 12-45　输出视频

🌐 同步训练——放映"新品发布会"演示文稿

为了增强读者的动手能力，下面安排一个同步训练案例，让读者达到举一反三、触类旁通的学习效果。

图解流程

思路分析

在其他设备上放映演示文稿时需要提前做好准备，并熟练掌握放映的技巧。本例首先安装缺失的字体，然后嵌入字体并将演示文稿保存为可自动播放的文件，接着设置幻灯片放映方式，最后手动放映演示文稿并进行重点标记。

关键步骤

步骤 01　打开"素材文件\第 12 章\新品发布会 .dps"，发现有字体缺失提示。单击状态栏中的【缺失字体】按钮，在弹出的下拉列表中选择【在线安装缺失字体】选项，如图 12-46 所示。

步骤 02 打开【在线字库】窗口，自动显示了当前演示文稿中缺失的字体。单击字体选项上的【立即使用】按钮，即可在线安装该字体，如图 12-47 所示。

图 12-46 单击【在线安装缺失字体】选项　　　　图 12-47 单击【立即使用】按钮

步骤 03 进入备注视图，在第 6 张幻灯片下方的备注页面中输入备注内容，如图 12-48 所示。

步骤 04 另存文件类型为【*.ppsx】，使其可以自动进入播放模式。根据需要自定义放映幻灯片，并设置合适的放映方式。

步骤 05 进入放映状态，设置合适的笔形和颜色，在重要内容上进行标记，如图 12-49 所示。

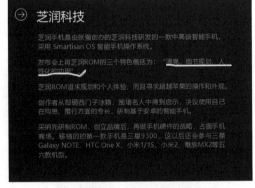

图 12-48 输入备注内容　　　　　　图 12-49 设置笔形和颜色

📎 知识能力测试

本章讲解了幻灯片放映和输出的相关操作，为对知识进行巩固和考核，安排相应的练习题。

一、填空题

1. 在 WPS 演示中，幻灯片的放映方式主要有 ＿＿＿＿＿＿ 、 ＿＿＿＿＿＿ 和 ＿＿＿＿＿ 3 种。

2. WPS 演示中有 ＿＿＿＿＿＿＿＿ 和 ＿＿＿＿＿＿＿＿ 两种放映类型。

3. 当放映完最后一张幻灯片时，单击鼠标左键，默认将以 ＿＿＿＿＿＿ 显示，此时再次单击鼠标左键可退出幻灯片放映状态。

二、选择题

1. 在 WPS 演示中，按（　　　）键，可从第一张幻灯片开始放映演示文稿；按（　　　）键，可从当前幻灯片开始放映演示文稿。

A.【F5】　　　　　　　B.【F12】　　　　　　　C.【Shift+F5】　　　　D.【Shift+F12】

2. 使用（　　　）方式放映幻灯片，可以以在线会议的方式放映演示文稿。

A. 从头开始　　　　　B. 从当前幻灯片开始　C. 会议　　　　　　　D. 自定义放映

3. 将演示文稿输出为（　　　）文件，可以最大限度地呈现动画效果、切换效果和多媒体信息。

A. PDF　　　　　　　B. 视频　　　　　　　C. 讲义　　　　　　　D. XPS

三、简答题

1. 可以只播放演示文稿中的部分幻灯片吗？如何操作？

2. 什么是排练计时？排练计时有何用途？

WPS Office

第13章
WPS Office其他组件应用

    WPS Office中除了包含日常办公中最常用的三大组件，还提供了PDF、流程图、思维导图、图片设计、表单等功能，这些功能在办公中的使用频率也很高，是办公中的好帮手。本章简单介绍这些组件的基本运用方法。

学习目标

- 了解 WPS PDF 的基本操作
- 掌握流程图的基本操作
- 学会思维导图的基本操作
- 了解图片设计的基本操作
- 学会 WPS 表单的基本操作

WPS PDF的基本操作

> PDF 是一种便携式文档格式，主要用于传播。WPS Office 中的 PDF 组件是一款针对 PDF 格式文件进行阅读和处理的工具，它支持多种格式相互转换、编辑 PDF 文档内容、为文件添加注释等多项实用的办公功能。

13.1.1 创建PDF

在 WPS PDF 中创建 PDF 文件的方法主要有 3 种，启动 WPS Office 后，单击【新建】按钮，在上方单击【PDF】选项卡，进入新建 PDF 界面，如图 13-1 所示。

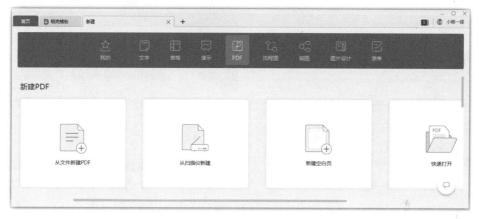

图 13-1　新建 PDF

- 从文件新建 PDF：PDF 文件一般是由其他文件转换格式得到的，选择【从文件新建 PDF】选项后，在打开的对话框中选择需要创建为 PDF 文件格式的文件，再单击【打开】按钮，即可根据所选文件新建 PDF 文件。
- 从扫描仪新建：如果有纸质文件需要新建为 PDF 文件，可以选择【从扫描仪新建】选项，在打开的对话框中选择需要使用的扫描仪，并根据要扫描的对象进行设置，单击【预览】按钮，预览扫描效果，确认扫描效果后，单击【扫描】按钮开始扫描即可。
- 新建空白页：选择【新建空白页】选项，可以创建一个空白 PDF 文件，后续再插入需要的文字、图片对象，不过这些功能都需要开通 WPS 会员才能使用。

13.1.2 查看PDF

对于大部分人来说，使用 PDF 文件主要是查看其中的内容。对普通读者而言，用 PDF 制作的电子文档具有类似纸版文档的质感和阅读效果，可以逼真地展现原文档面貌，还可以任意调节显示大小，给读者提供了个性化的阅读方式。

在WPS PDF中打开一个PDF文件后，默认可以将鼠标指针定位到任意位置，如果仅需要查看文件内容，为避免无意间修改内容，可以进入阅读模式查看。查看文件内容主要有以下4种常见的方法。

- 单击【开始】选项卡中的【手型】按钮 ，此时将鼠标指针移动到PDF文件显示界面上将变为手型，按住鼠标左键并拖曳，可以调整窗口中显示的PDF文件内容，如图13-2所示。

- 单击【开始】选项卡中的【播放】按钮 ，将对文件进行全屏放映，背景为黑色。此时只需要单击鼠标即可依次向后翻页，完成查看后按【Esc】键退出即可。也可以通过单击页面右上角的各按钮，实现放大/缩小页面，向前/向后翻页，添加墨迹等，如图13-3所示。如果添加了墨迹，将会在退出全屏放映时打开提示对话框询问是否保存墨迹到文件中。此功能类似于WPS演示的放映操作。

图 13-2　拖曳查看页面

图 13-3　播放PDF

- 单击【开始】选项卡中的【阅读模式】按钮，将进入阅读模式，此时会简化窗口界面，方便查看更多内容。在阅读模式下单击【视图】按钮，可以设置单页、双页或是否连续显示页面，如图13-4所示；单击状态栏中的【背景】按钮 ，可以设置页面背景效果，如图13-5所示。完成查看后单击右上角的【退出阅读模式】按钮 ，或按【Esc】键退出阅读模式。

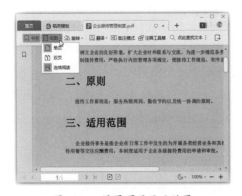

图 13-4　设置页面显示效果

图 13-5　设置页面背景效果

- 单击【开始】选项卡中的【自动滚动】按钮，在弹出的下拉列表中选择【1倍速度】【2倍速度】选项，将以1倍或2倍的速度自动向下滚动页面；选择【-1倍速度】【-2倍速度】选项，将以 1 倍或 2 倍的速度自动向上滚动页面。不想再自动滚动页面时，按【Esc】键即可退出。

13.1.3　添加批注

查看 PDF 文件时，如果需要添加内容，可以进入批注模式，像编辑文字文档一样审阅 PDF 文件。添加批注主要有以下两种方式。

- 单击【开始】选项卡中的【阅读模式】按钮，进入阅读模式。单击【批注模式】按钮，可以快速切换到批注模式，方便对内容进行批注；单击【注释工具箱】按钮，可以在窗口右侧显示出注释工具栏，其中提供了所有的注释工具，单击某个工具按钮，可以打开相应的设置窗格，更便捷地添加各种批注。
- 单击【批注】选项卡中的按钮添加批注。单击【批注模式】按钮，可以进入或退出批注模式；单击【高亮】或【区域高亮】按钮，可以高亮显示选择的内容或绘制区域中的内容；单击【注解】按钮，可以在需要添加注解的位置输入注释内容；单击【下划线】【删除线】按钮，可以为选择的文字添加下划线或删除线；单击【插入符】按钮，可以在光标定位的位置插入符号，并输入要添加到该处的文本；单击【替换符】按钮，再选择需要替换的文本，可以为选择的文本添加替换符号和要替换的文字；单击【随意画】按钮，可以灵活地绘制内容。这些操作都相对简单，其中部分按钮实现的批注效果如图 13-6 所示。

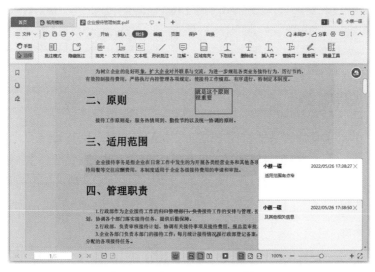

图 13-6　为 PDF 添加不同的批注

13.1.4　PDF 文件与其他格式文件的转换

在 WPS PDF 新建界面中还提供了一些有关 PDF 的推荐功能，在此处进行选择，可以快速将 PDF 转换为文字文档、电子表格、演示文稿和图片等。

例如，要将 PDF 转换为文字文档，只需要在新建界面中单击【PDF】选项卡，然后单击【推荐功能】栏中的【PDF转Word】按钮，打开如图13-7所示的【金山PDF转Word】对话框，单击【添加文件】按钮█，在打开的对话框中选择需要转换的文件，单击【打开】按钮。返回【金山PDF转Word】对话框，在【操作页面范围】项下设置要转换的页码范围；在【输出目录】下拉列表中选择【自定义目录】选项，并设置需要将转换后的文件保存的位置；单击【开始转换】按钮即可，如图13-8所示。

图 13-7 添加要转换的文件

图 13-8 设置转换页码范围和输出位置

13.2 WPS流程图的基本操作

工作中有时需要制作流程图，如制作工作流程、组织结构图等。使用WPS流程图可以方便地创建流程图。将创建的流程图保存在云文档中，可以随时插入WPS的其他组件。

13.2.1 新建流程图文件

流程图可以从WPS Office的其他组件中创建，如WPS文字、WPS表格等，也可以单独创建，创建方法相同，只是从其他组件创建时需要单击【插入】选项卡中的【流程图】按钮。流程图自动保存在云文档中，而非本地硬盘中，可以保证用户在创建流程图之后能随时调用流程图。新建流程图的方法主要有以下两种。

1. 新建空白流程图

如果要从零开始绘制流程图，可以新建空白流程图。启动WPS Office后，单击【新建】按钮，在上方单击【流程图】选项卡，进入流程图的新建界面，在下方选择【新建空白图】选项即可，如图13-9所示。

2. 使用模板创建流程图

WPS Office中提供了多种流程图模板，使用模板可以快速创建格式美观的流程图。在流程图的新建界面中可以直接选择需要的模板，也可以通过搜索栏输入关键字搜索需要的模板，在界面左侧还根据图形类型、用途、岗位、行业等对流程图模板进行了划分，可以根据需要选择合适的模块进行搜索。

图 13-9　新建流程图界面

13.2.2　绘制流程图

无论是根据模板新建流程图还是手动绘制流程图，都需要掌握绘制流程图的方法。流程图主要由图形和线条构成，完成绘制后再进行对齐等操作即可。

1. 绘制图形

在流程图的编辑界面左侧提供了【基础图形】【Flowchart流程图】【泳池/泳道】3 类图形，如图 13-10 所示。需要绘制哪种图形，就选择该图形并按住鼠标左键，将其拖曳到合适的位置（在【导航】面板中可以看到编辑窗口在文档中的真实位置），然后释放鼠标左键，即可将图形添加到流程图中。

双击插入的图形，可以在其中输入文字，输入完成后按【Ctrl+Enter】组合键确认输入的内容，也就完成了该图形的编辑。

2. 绘制线条

将鼠标指针移动到绘制的图形上时，会高亮显示一些标记，这些标记代表该图形可以从此处向外绘制线条。将鼠标指针移动到某个标记上时，鼠标指针将呈十字形，拖曳鼠标到所需位置即可形成箭头连线，释放鼠标时还会弹出列表框，方便用户快速选择绘制下一步所需的图形，如图 13-11 所示。

图 13-10　各种图形

选择绘制的线条，在【编辑】选项卡中通过单击相应按钮，还可以设置线条颜色、线条宽度、线条样式、连线类型、起点效果和终点效果，如图 13-12 所示。

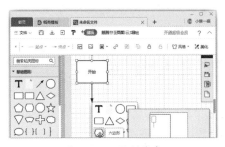

图 13-11　绘制线条

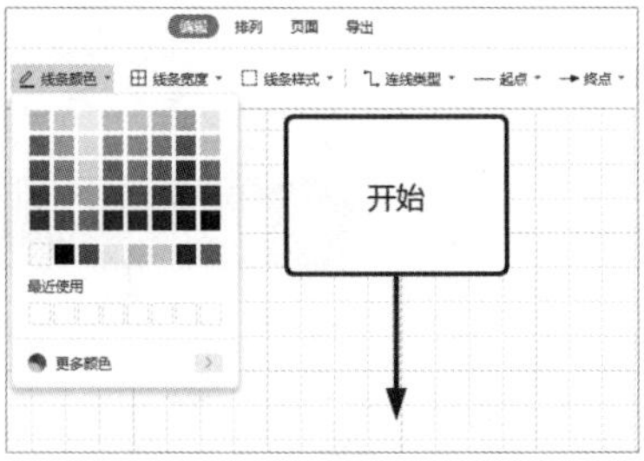

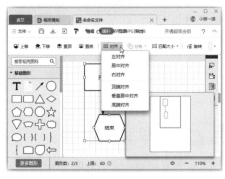

图 13-12　编辑线条样式

3. 对齐图形

在流程图中绘制图形的过程中，移动图形时，会实时提供参考线和距离数值，方便用户准确摆放图形位置。在完成图形绘制后，也可以按住【Ctrl】键的同时选择需要对齐的多个图形，然后单击【排列】选项卡中的【对齐】按钮，在弹出的下拉菜单中选择需要的对齐方式，如图 13-13 所示。

图 13-13　对齐图形

13.2.3　设置流程图效果

默认创建的流程图样式比较单一，都是黑框白底效果，文字都采用微软雅黑字体。WPS 流程图中提供了多种主题风格，可以快速美化流程图，单击【编辑】选项卡中的【风格】按钮，在弹出的下拉列表中选择一种风格即可，如图 13-14 所示。

WPS 流程图也允许用户单独修改各图形的样式，包括其中文字的字体、字号等文字格式，形状的边框、填充效果等，如图 13-15 所示。

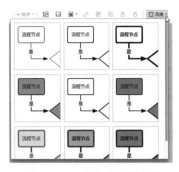

图 13-14　更改流程图风格

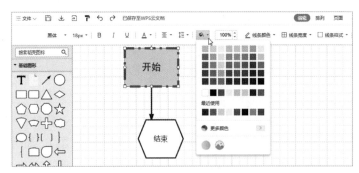

图 13-15　编辑图形样式

技能拓展

　　为流程图中的线条或图形设置好样式后，如果想为其他的线条或图形设置相同的样式，可以先选择已经设置好的线条或图形，然后单击快速访问工具栏中的【格式刷】按钮，再选择需要复制该样式的线条或图形，即可快速应用复制的样式。

13.2.4　设置页面效果

默认的流程图页面为白色、竖向、A4 大小，单击【页面】选项卡，在其中可以设置页面背景颜色，更改页面大小、页面方向、内边距、网格大小等，如图 13-16 所示。

图 13-16　设置流程图页面效果

> **技能拓展**
>
> 在流程图中，可以插入图片作为补充说明，也可以将图片作为背景，美化流程图。单击【编辑】选项卡中的【插入图片】按钮，并设置需要插入的图片即可。

13.2.5　导出流程图

流程图自动保存在云文档中，而不是保存在本地硬盘中，保证用户在创建流程图之后，随时可以调用流程图。如果需要将流程图保存到本地硬盘中，可以单击【文件】按钮，在弹出的下拉菜单中选择【另存为/导出】命令，在弹出的下级子菜单中选择需要导出的流程图保存格式。其中，导出为POS和SVG格式文件是WPS会员功能，普通用户只能导出为PNG、JPG、PDF格式文件。

课堂范例——制作业务流程图

下面通过WPS流程图先搜索合适的模板，然后进行修改，创建行政审批流程图，具体操作方法如下。

步骤 01　单击【新建】按钮，在新界面中单击【流程图】选项卡，在下方左侧单击【图形分类】下的按钮，在弹出的下拉列表中选择【流程图】选项，显示出所有流程图模板，如图 13-17 所示。

步骤 02　根据要创建的流程图选择合适的模板，并单击其上的【使用该模板】按钮，如图 13-18 所示。

图 13-17　选择【流程图】选项

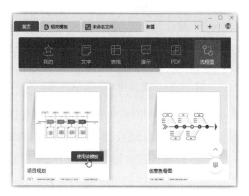

图 13-18　选择要使用的流程图模板

步骤 03 即可根据选择的模板创建一个新文件，如图 13-19 所示，这里只需要矩形图形，所以需要修改图形样式。选择第一个图形，并在其上单击鼠标右键，在弹出的快捷菜单中选择【替换图形】命令。

步骤 04 在弹出的下拉列表中选择需要替换的图形，如图 13-20 所示。

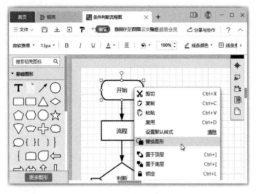
图 13-19　替换图形

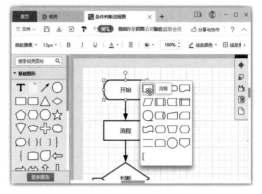
图 13-20　选择要替换的图形

步骤 05 选择图形中的文字，并重新输入需要的文字内容。使用相同的方法修改流程图中的其他图形，并在图形中输入合适的内容，最后将多余的线条删除，如图 13-21 所示。

步骤 06 继续删除流程图中多余的内容，将鼠标指针移动到左侧【基础图形】栏中的【直线】图形上，按住鼠标左键，将其拖曳到合适的位置。当直线的末端与需要连接的矩形中点重合时，会显示出红色的标记，释放鼠标左键，即可将直线添加到流程图中，并与该图形相连，用鼠标拖曳直线的箭头端，使其与下方的矩形中点相连，如图 13-22 所示。

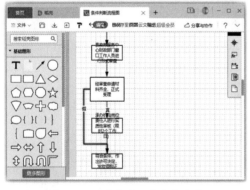
图 13-21　更改图形和文字内容

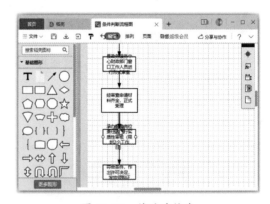
图 13-22　修改连接线

步骤 07 使用相同的方法继续在流程图中添加其他线条和图形，并在各图形中输入合适的内容，完成流程图的设计后，选择所有绘制的矩形，在【排列】选项卡下的高度和宽度数值框中输入数值，或单击调节按钮，设置统一的高度和宽度，如图 13-23 所示。

步骤 08 调整图形到合适的位置，选择后面添加的几个粉色矩形，单击【编辑】选项卡中的【填充样式】按钮，在弹出的下拉列表中选择白色，如图 13-24 所示。

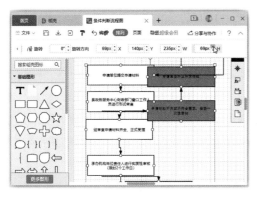

图 13-23　设置矩形大小

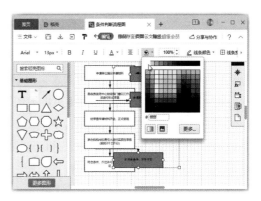

图 13-24　设置矩形颜色

技能
拓展

在绘制流程图的过程中，如果某个部分的效果已经制作完成或暂时不需要更改，为避免误操作，可以单击【编辑】选项卡中的【锁定】按钮对其进行锁定。后续可以通过单击【编辑】选项卡中的【解锁】按钮解除锁定。

步骤 09　进一步调整图形的位置，框选所有的图形和线条，单击【编辑】选项卡中的【风格】按钮，在弹出的下拉列表中选择需要的风格样式，如图 13-25 所示。

步骤 10　完成流程图的制作后，单击快速访问工具栏中的【保存】按钮，即可将制作的流程图保存到云端。单击【文件】按钮，在弹出的下拉菜单中选择【另存为/导出】命令，在弹出的下级子菜单中选择【JPG图片】命令，如图 13-26 所示。然后在打开的【导出为JPG图片】对话框中设置导出文件要保存的位置、文件名称、导出品质和水印效果，单击【导出】按钮即可。

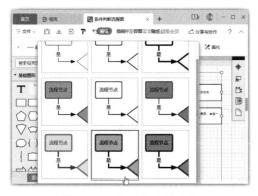

图 13-25　设置流程图风格

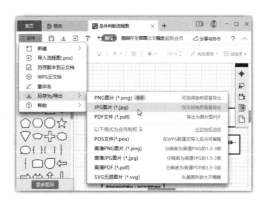

图 13-26　导出流程图

13.3　WPS思维导图的基本操作

思维导图是表达发散性思维的有效图形思维工具。使用WPS思维导图可以方便地创建思维导图。与流程图相似，创建的思维导图也保存在云文档中，可以随时插入WPS的其他组件。

13.3.1　绘制思维导图

WPS Office 提供了多种思维导图模板，可以快速创建格式美观的思维导图，操作方法也比较简单，这里不再赘述。下面主要介绍创建空白思维导图的具体操作步骤。

步骤 01　在新建界面中单击【思维导图】选项卡，单击【新建空白图】按钮，即可创建一个新的空白思维导图，进入思维导图编辑模式。双击思维导图中的节点，在其中输入需要的文本，单击任意空白处即可完成该节点的制作。选中节点，按【Tab】键或单击【插入】选项卡中的【子主题】按钮，即可插入该节点下的下级主题节点，如图 13-27 所示。

步骤 02　选中节点，按【Enter】键或单击【插入】选项卡中的【同级主题】按钮，即可插入该节点的同级主题节点，如图 13-28 所示。

图 13-27　创建子主题

图 13-28　创建同级主题

温馨提示　按【Delete】键可以删除选择的主题节点。

13.3.2　调整节点位置

如果发现思维导图中某个节点的位置放置错误，还可以调整节点的位置。选择节点后，按住鼠标左键，将其拖曳到合适的位置释放鼠标左键即可。当拖曳鼠标移动节点到另一节点上方时，会出现斜上、水平和斜下 3 种橘黄色的放置提示，如图 13-29 所示。斜上或斜下放置提示代表将所选节点移动到当前节点的上方或下方，与之形成同级关系。

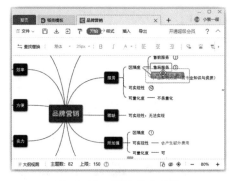

图 13-29　调整节点位置

13.3.3　分层查看思维导图内容

如果思维导图中的内容比较多，而且所分层级较为复杂，可以使用分层查看功能来查看思维导图中的内容，暂时隐藏一些无用的内容。

- 单击【开始】选项卡中的【收起】按钮，可以选择收起节点的方式，如图 13-30 所示；单击 【展开】按钮，可以选择展开节点的方式。
- 一个节点下方如果收起了子节点主题，会在节点后方显示一个带圈的数字，单击即可展开 子节点主题；单击节点后方的⊖按钮，可以收起该按钮管辖的下级子节点主题，如图 13-31 所示。

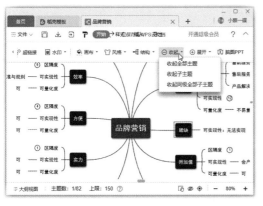

图 13-30　收起节点

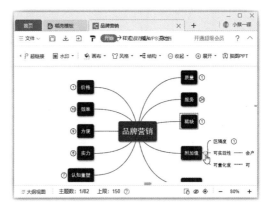

图 13-31　收起子节点

13.3.4　在思维导图中插入各种对象

WPS 思维导图中可以插入概要、图片、标签、任务、备注、图标、超链接等。这些操作几乎 都能一键实现，只需要先选择插入与对象连接或有关联的节点主题，然后单击【插入】选项卡中的 对应按钮即可，如图 13-32 所示。

图 13-32　在思维导图中插入各种对象

下面对常用的按钮作用进行简单介绍。

- 关联：如果某些不属于同一个主题下的节点之间存在一定的关系，可以通过添加关联线条 来表达这种关联关系。单击该按钮后会从选择的节点处引出一条线条，拖曳鼠标指针到具 有关联的另一个节点处即可。释放鼠标后，即可在选择的两个节点之间绘制一条带箭头的 关联线（直线）。选择关联线，还可以用鼠标拖曳控制柄来调整关联线为曲线，使线条从 没有内容的地方经过，如图 13-33 所示。
- 概要：对多个节点内容进行概述，插入后会以概要节点形式显示，如图 13-34 所示。

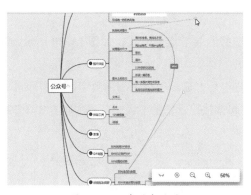

图 13-33　关联线效果

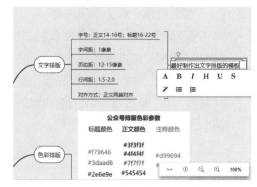

图 13-34　为多个节点添加概要

- 图片：对某个节点插入相关图片，插入后还可以对图片大小和位置进行调整，如图 13-35 所示。
- 标签：用于为所选节点下方添加标签，方便读者快速了解节点内容从属范围。添加标签后，还可以修改标签的颜色，如图 13-36 所示。

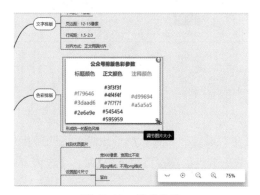

图 13-35　图片效果

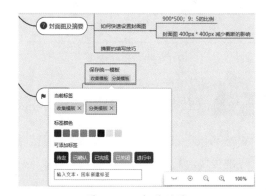

图 13-36　标签效果

- 超链接：用于添加超链接的网址，添加后会在节点中文字的后方显示 图标。将鼠标指针移动到该图标上时，即可显示出该超链接的标题，单击即可跳转到链接的网站，如图 13-37 所示。

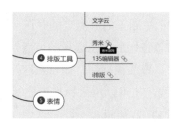

图 13-37　超链接效果

- 备注：对某个节点插入文字内容进行补充，添加备注后节点文字的右侧会显示 图标，将鼠标指针移动到该图标上方，将弹出注释框，在其中可以看到具体的备注内容，如图 13-38 所示。单击 图标，可以显示或隐藏【备注】窗格。

- 图标：思维导图中提供了多种常用的图标，如重要性图标 ▶ ▶ ▶ ▶ ▶ 、数字图标 ❶ ❷ ❸ ❹ 等，用于标注不同节点的作用，方便读者快速了解不同节点的属性。插入图标后，还可以修改图标的颜色，如图 13-39 所示。

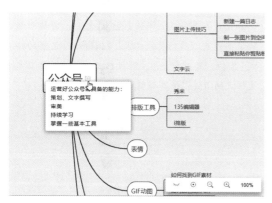
图 13-38　备注效果

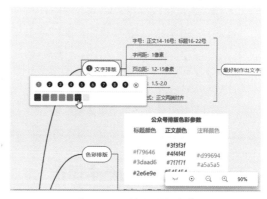
图 13-39　修改图标颜色

13.3.5　更改思维导图结构

WPS Office 中思维导图默认采用左右分布的结构，如果要使用其他结构，可以单击【样式】选项卡中的【结构】按钮，在弹出的下拉列表中进行选择，如图 13-40 所示。

调整思维导图结构时，主要是调整主题节点下各小节点的位置，下方的各级子节点位置会跟随移动。但是如果一开始设置了关联线，再调整结构时，需要注意手动修改关联线的位置和效果。

图 13-40　更改思维导图结构

13.3.6　设置思维导图效果

思维导图中的节点和连线都可以单独设置填充色、边框色、线条效果、文本格式等。只需要先选中要设置的对象，然后在【样式】选项卡中单击相应的按钮即可进行设置，如图 13-41 所示。

图 13-41　设置思维导图中各对象的效果

此外，WPS 思维导图中提供了一些主题风格，使用它们可以快速美化思维导图中的所有节点。单击【样式】选项卡中的【风格】按钮，在弹出的下拉列表中选择一种主题风格即可，如图 13-42 所示。

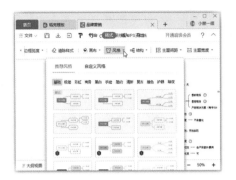

图 13-42 设置思维导图主题风格

> **温馨提示**
>
> 为思维导图应用主题风格之前，如果为某些节点自定义了样式，将会打开提示对话框，提示是否覆盖当前样式。单击【覆盖】按钮，将使用新的风格覆盖之前的样式；单击【保留手动设置的样式】按钮，可以在使用主题风格时跳过这些有自定义样式的节点，使其保留自定义的样式。

13.4 WPS海报的基本操作

在方案策划、活动宣传、朋友圈节日祝福、职场演示文稿放映等场景下，图片的视觉冲击力和感染力比文字更好。可是专业的制图工具对于没有经验的小白来说，使用起来并非易事。为此，WPS Office 中集成了实用、易上手的"图片设计"功能，该功能可以让所有小白快速制作出海报、邀请函、祝福卡等。

13.4.1 创建海报

WPS Office 的图片设计功能十分强大，不仅可以创建空白画布制作各种海报、邀请函等，还内置了丰富的模板，如图 13-43 所示，用户只需要更改其中的部分文字内容，就可以制作出专业的海报。

创建海报的操作方法也与创建流程图的操作类似，这里不再赘述。只是创建海报时应注意在最初阶段就根据需要调整好尺寸。新建空白海报时必须先设置好尺寸，而根据模板创建的海报，可以在进入图片设计界面后，单击左上角的【尺寸调整】按钮，然后在打开的对话框中进行设置，如图 13-44 所示。

图 13-43 海报模板

图 13-44 调整海报尺寸

13.4.2　添加素材

WPS Office中提供了丰富的素材资源，无论是背景图片、插图，还是基础的文字、图形，都可以通过鼠标拖曳到编辑页面后直接使用，而且这些模板和素材都允许用户再次修改，便于创作出更丰富的效果。如果没有找到合适的内容，也可以上传自己的图片和素材，轻松完成一张精美图片的设计。

WPS Office中提供的精美模板和素材，分类都比较明确，进入图片编辑状态后，在界面左侧显示了【模板】【图片】【素材】【文字】【背景】【工具】【上传】7个选项卡，单击选项卡即可快速切换到不同的素材提供路径，方便用户快速选取合适的模板和素材，如图13-45、图13-46、图13-47、图13-48所示。选中的素材可以快速添加到图片编辑区域中，通过鼠标拖曳即可快速完成编辑操作。

图 13-45　图片选项卡　　　图 13-46　素材选项卡　　　　图 13-47　文字选项卡　　　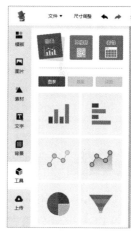　图 13-48　工具选项卡

> **温馨提示**
> 添加文字类的素材后，界面上方会显示出字体格式设置工具栏，单击其中的按钮可以设置对应的字体格式。选择图片、形状、图标等对象后，单击上方的相关按钮，还可以收藏对象，更换对象，设置图层位置、透明度、翻转和锁定对象等。

13.4.3　保存海报

通过WPS图片设计制作的图片会实时自动保存在云文档中，即使上次关闭前没有保存文件，也不用担心找不回来。单击图片设计界面左上角的【文件】按钮，在弹出的下拉菜单中单击【未命名】右侧的✏图标，即可为当前图片作品重新命名；选择【创建新设计】命令，可以开始新的图片设计；选择【查看我的设计】命令，可以在新界面中显示出"我"设计的作品，单击需要打开的作品缩略图即可打开对应的作品，如图13-49所示。

在图片设计界面，单击右上角的【保存并下载】按钮，在弹出的下拉列表中可以设置图片的保存类型、尺寸等参数，然后单击【下载】按钮即可下载图片，如图13-50所示。WPS图片设计不仅支持常见的PNG、JPG格式，还支持适合印刷的PDF格式，确保图片不会因为模糊而影响表达效果。

图 13-49　管理图片文件

图 13-50　下载图片

13.5　WPS表单的基本操作

表单是目前应用较多的工具，通过表单可以将问题发布到网络上，被邀请者填写表单，可以让发布者了解被邀请者的意向，发布者还可以对数据进行收集、统计，如收集用户问题反馈、组织活动报名、统计投票、收集销售数据统计及学生/员工资料等。使用WPS表单可以高效完成数据收集和统计工作。

13.5.1　创建表单

WPS表单不仅可以创建空白表单、根据需要收集的数据方便地制作表单，还提供了丰富的模板，如图 13-51 所示，用户只需要更改其中的部分内容，就可以快速制作出想要的表单。

无论是从零开始创建表单，还是通过模板快速制作表单，都涉及具体填写内容的编辑。进入表单编辑模式，可以看到左侧提供了常见的表单题目类型，如填空题、选择题、多段填空、评分题等，如图 13-52 所示，单击按钮即可在表单中添加相应类型的题目模板，然后输入具体的题目文本内容或插入其他对象，即可完成一道题目的制作。界面左侧还提供了常见的表单填写内容，如姓名、手机号、身份证号等，单击即可添加对应的题目。

图 13-51　创建表单

图 13-52　添加表单题目

不同类型的题目会提供不同的可设置选项，如问答题可以设置填写限制，选择题可以增加选项、设置是单选题还是多选题等。根据提示即可快速完成设置，这里不再赘述。

13.5.2　预览表单效果

在表单编辑界面，单击右侧的【预览】按钮，如图 13-53 所示，在打开的预览窗口中可以查看表单在计算机中的显示效果，单击▯按钮，如图 13-54 所示，可以查看表单在手机中的显示效果，如图 13-55 所示。通过预览，如果发现有错漏的内容，可以单击【继续编辑】按钮返回编辑状态进行修改。

图 13-53　预览表单效果

图 13-54　切换到手机预览效果

图 13-55　查看手机预览效果

13.5.3　发布表单

WPS 表单支持以同一链接或小程序的形式发送给他人快速按格式填写内容，不再需要逐个发送传统的表格文件。被邀请者填写表单之后，还会反馈到发布者手中。

完成表单的制作后，在表单编辑界面单击右侧的【设置】栏，可以对表单的截止填写时间、填写者身份、填写权限等进行设置，最后单击【完成创建】按钮即可，如图 13-56 所示，在打开的对话框中显示创建成功，并提供了多种邀请填写者的方式，如图 13-57 所示。

图 13-56　设置并创建表单

图 13-57　发布表单

课堂问答

问题1: 在WPS PDF中如何快速跳转到需要的页面?

答: 单击窗口左侧的【查看文档书签】按钮 🔲 , 在打开的【书签】窗格中会显示出文档结构, 单击相应的文字即可跳转到该内容所在的页面; 单击窗口左侧的【查看文档缩略图】按钮 🔲 , 在打开的【缩略图】窗格中会显示出各页面的缩略图, 拖曳上方的滑块, 可以调整缩略图的显示比例。单击缩略图即可跳转到相应的页面。

问题2: 如何快速清除思维导图中设置的效果?

答: 为思维导图中的节点设置效果后, 单击【样式】选项卡中的【清除样式】按钮, 可以清除为该节点自定义的样式, 恢复到系统默认的节点效果。

问题3: 如何统计表单结果?

答: 他人填写表单之后, 表单创建者可以在WPS表单创建界面中找到自己创建的表单名称, 双击将其打开, 切换到【数据统计】选项卡, 在下方即可查看表单填写的情况。在部分可以统计的问题下方会出现【表格】【饼图】和【条形图】按钮, 默认以表格汇总数据。单击【饼图】或【条形图】按钮, 可以使数据显示为饼图或条形图。

知识能力测试

本章讲解了WPS Office中PDF、流程图、思维导图、海报和表单的基本操作, 为对知识进行巩固和考核, 安排相应的练习题。

一、填空题

1. 在WPS PDF中可以通过_____、_____、_____三种方式来创建PDF。

2. 在WPS PDF中, 可以使用_____、_____、_____三种方式显示页面效果。

3. WPS表单中提供了多种发送表单邀请的方式, 包括_____、_____、_____、_____、_____等。

二、选择题

1. 在WPS PDF中能添加的线条类型有(　　　)。

A. 下划线　　　　　　B. 删除线　　　　　　C. 随意画线条　　　　　　D. 以上三种都能添加

2. 在WPS PDF中不可以设置页面的背景颜色模式为(　　　)。

A. 日间　　　　　　B. 夜间　　　　　　C. 护眼　　　　　　D. 皱皮纸

3. 在WPS海报中不能添加的素材有(　　　)。

A. 图片　　　　　　B. 文字　　　　　　C. 地图　　　　　　D. 二维码

三、简答题

1. 在WPS PDF中查看PDF文件时, 如何调整显示比例?

2. 使用WPS PDF查看PDF文件有哪些优势?

WPS Office

第14章
WPS Office办公综合案例

　　前面的章节中主要对WPS Office常用组件进行了介绍，本章将以实际工作中的案例为模型，介绍三大组件在日常工作中使用频率极高的几个操作。

学习目标

- 熟练掌握文字文档的制作方法
- 熟练掌握电子表格的制作方法
- 熟练掌握演示文稿的制作方法

14.1 使用WPS文字制作"员工培训计划方案"文档

使用WPS文字制作文字文档大致可以分为两个步骤，第一步是输入或确定文档内容，这是最关键的一步；第二步是对文档内容进行合理的格式设置，包括对页面格式、文本格式和段落格式的设置。日常使用的文档制作要求都不是特别高，主要用于记录和传递信息，经过这两个步骤基本上可以处理好。有特殊要求的文档可以在此基础上插入对象进行美化，或打印输出。

效果展示

素材

效果

思路分析

本例制作的是一个普通的日常使用文档，输入文本内容后进行格式设置，然后打印输出即可完成。工作中文档内容一般不是某一个人独自完成的，还有上交领导或同事进行浏览、商讨、确定的环节，因此本例提供了一个有常见错误的文档素材，在此基础上进行编辑加工。

制作步骤

14.1.1 确定文档内容

工作中使用的文档都是带有目的性的，制作初期可以先不设置格式，只专注于内容的编写，完成内容编写后再进行格式修改和加工。输入文档内容的操作比较简单，本例直接打开素材文件，假定是查看其他人发来的文档，此时应习惯性地进入修订模式，方便追踪修订内容和确认文档的最后版本，并返回创作者确定修改内容。实际工作中可能需要与创作者和其他人员沟通多次后才能确定文档内容。

步骤 01　打开"素材文件\第14章\员工培训计划方案.wps"，单击【审阅】选项卡中的【修订】按钮，如图14-1所示，即可进入修订模式。

步骤 02　单击【开始】选项卡中的【文字工具】按钮，在弹出的下拉菜单中选择【换行符转为回车】命令，如图14-2所示。

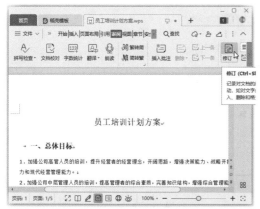

图 14-1 进入修订模式

图 14-2 替换换行符

步骤 03 即可看到所有的换行符都被替换了，同时添加了修订标记。继续按照普通模式下编辑文档的方式编辑文档中的内容，系统会根据执行的操作自动添加标记，如图 14-3 所示。

步骤 04 选择需要添加批注的文本内容，然后单击【审阅】选项卡中的【插入批注】按钮，如图 14-4 所示。

图 14-3 编辑文档内容

图 14-4 添加批注

步骤 05 在新添加的批注框中输入需要的批注内容，如图 14-5 所示，继续对其他内容添加批注，完成后保存并发送文档给文档创作者。

步骤 06 创作者收到文档后，可以先单击【审阅】选项卡中的【修订】按钮，如图 14-6 所示，退出修订模式。

步骤 07 单击【审阅】选项卡中的【下一条】按钮，如图 14-7 所示，跳转到下一条修订。

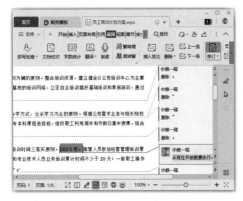

图 14-5　输入批注内容

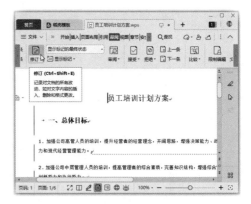

图 14-6　退出修订模式

步骤08　根据情况确定是否接受该条修订内容，这里单击【审阅】选项卡中的【接受】按钮，接受所选修订，如图 14-8 所示。

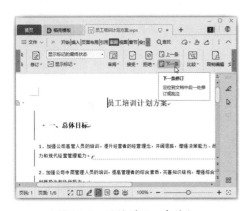

图 14-7　跳转到下一条修订

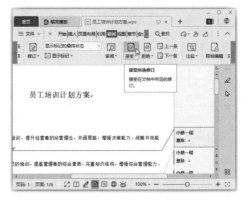

图 14-8　接受所选修订

步骤09　依次查看各条修订内容后，如果确定所有的修订都是正确的，可以单击【接受】下拉按钮，在弹出的下拉列表中选择【接受对文档所做的所有修订】选项，如图 14-9 所示。

步骤10　单击【下一条】按钮，切换到第一条批注，根据批注提示修改文档中的相关内容后，在批注上单击鼠标右键，在弹出的快捷菜单中选择【删除批注】命令，如图 14-10 所示。

图 14-9　接受文档中的所有修订

图 14-10　删除批注

步骤 11 切换到下一条批注，单击批注框右上角的 ≡ 按钮，在弹出的下拉列表中选择【答复】选项，如图 14-11 所示。

步骤 12 在批注框中输入相应的答复内容即可，如图 14-12 所示。

图 14-11　答复批注

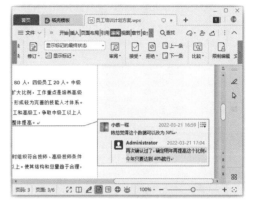

图 14-12　输入答复批注的内容

步骤 13 将编辑好的文档发给相关人员查看后，沟通确定文档的内容。

14.1.2　设置文档格式

一般人在制作文档时会为标题、正文等设置不同的格式进行区分，但通常不会注意使用样式来进行统一，这就会对后期修改格式、查看文档结构、提取目录产生影响。

步骤 01 选择文档中的所有正文内容，单击【开始】选项卡，在列表框中选择【正文】样式，如图 14-13 所示。

步骤 02 在列表框中的【正文】样式上单击鼠标右键，在弹出的快捷菜单中选择【修改样式】命令，如图 14-14 所示。

图 14-13　选择【正文】样式

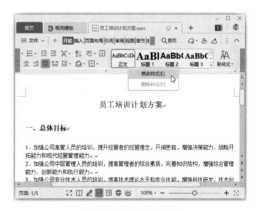

图 14-14　修改样式

步骤 03 打开【修改样式】对话框，单击【格式】按钮，在弹出的菜单中选择要修改的格式类别，一般会对字体和段落格式进行修改。这里选择【段落】选项，如图 14-15 所示。

步骤 04 打开【段落】对话框，设置首行缩进【2】字符，段前和段后间距为【0.5】行，单击【确定】按钮，如图 14-16 所示。返回【修改样式】对话框，根据需要设置常规的字体格式后，单击【确定】按钮关闭对话框，可以看到文档中所有使用【正文】样式的内容的段落格式和文本格式都自动进行了更新。

图 14-15 选择要修改的格式类型

图 14-16 设置段落格式

步骤 05 使用相同的方法为文档中的各级标题设置对应的标题样式，并根据需要对样式进行修改。最后为文档标题文本设置比一级标题样式更醒目的格式。

14.1.3 打印文档

日常使用的文档多用于交流，所以文档制作完成后经常会打印输出为纸质版本。

步骤 01 在【文件】下拉菜单中选择【打印】命令，在弹出的下级子菜单中选择【打印预览】命令，如图 14-17 所示。

步骤 02 仔细查看文档中的内容，确认无误后，在【打印预览】选项卡下设置要打印的份数、顺序等参数，单击【直接打印】按钮即可打印输出，如图 14-18 所示。

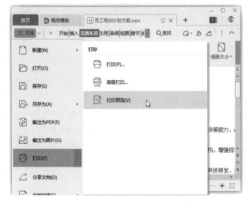

图 14-17 选择【打印预览】命令

图 14-18 检查文档内容并打印

14.2 使用WPS表格统计与分析产品销售数据

使用WPS表格制作表格文件大致可以分为两个步骤，第一步是输入或整理数据信息，这是最关键的一步，收集的信息越多、处理得越细致，后期数据分析可以得到的结果就越丰富，这一步最重要的是保证数据的正确性和完整性；第二步是基于数据进行各种需求分析，这一步只要掌握了基本的数据分析方法就可以轻松应对。日常使用表格基本可以分为两个目的，一是记录数据，二是针对目标问题进行分析。对于有特殊要求的表格，可以在基础表格上适当美化作为报表输出，为了直观传递信息，可以对得出的分析结论提供图表展示。

效果展示

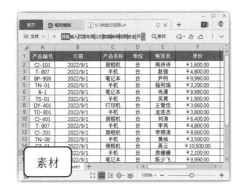

产品名称 ▼	求和项:销售量	求和项:销售额
笔记本	106	948940
打印机	70	433500
扫描仪	49	67200
手机	315	1013300
	208	1458000
总计	748	3920940

效果

思路分析

本例制作的是一个普通的日常工作使用的表格，首先创建表格框架，对收集到的各种表格信息进行汇总和处理，制作成原始数据表，再根据需要对数据进行分析，最后适当美化并作为报表输出。

制作步骤

14.2.1 创建表格框架

工作中经常需要制作相同框架的表格，为了统一和合理使用这些表格中的数据，可以提前设置好模板。例如，销售人员每天会记录销售日报表，可以设置一个表格模板，注意表格框架的搭建要尽量简洁，每一个字段最好代表单独的一个属性，不能再细分，没有表头、合并单元格等。

步骤 01 新建一个空白工作簿，根据需要输入表头内容，选择包含表头及其下方单元格的部分单元格区域，单击【开始】选项卡中的【套用表格】按钮，在弹出的下拉列表中选择一种表格样式，如图 14-19 所示。

步骤 02 打开【套用表格样式】对话框，选中【转换成表格，并套用表格样式】单选按钮，选中【表包含标题】复选框，单击【确定】按钮，即可将所选单元格区域转换成表格，并套用选择的表格样式，方便后续添加明细数据时自动应用设置的样式。在【表格工具】选项卡中根据需要对表格样式细节进行完善，这里选中【镶边列】复选框，如图 14-20 所示。最后预估各列需要填写数据的宽度来调整各列的列宽。

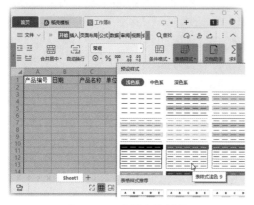
图 14-19　选择表格样式

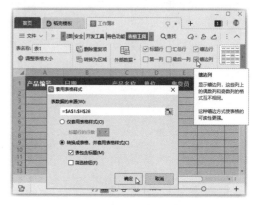
图 14-20　调整细节

步骤 03　选择表格区域中需要设置数据格式的列，为其设置合适的数据格式，以使同列数据的显示格式相同。这里可以为【日期】列设置短日期格式，如图 14-21 所示；为【单价】和【销售额】列设置货币格式。

步骤 04　在 H2 单元格中输入计算公式"=F2*G2"，然后将鼠标指针移动到该单元格右下角，双击填充柄，填充公式到该列下方单元格中，如图 14-22 所示。

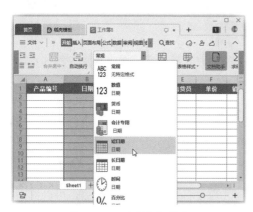
图 14-21　设置数据格式

图 14-22　填充公式

14.2.2　输入或收集整理表格基础数据

一般情况下，实际工作中用于分析数据的表格和最终提交给别人查看的报表是不同的。直接用报表来分析数据会无端增加很多工作量，有些信息甚至没有进一步分析的价值。要分析数据，必须要拥有很多原始数据，数据量越大越有分析价值。这些原始数据基本是通过输入或其他设备导出获得的，当这些数据很零散时，就需要进行整理加工。

例如，销售行业中每天都有销售日报表数据，而分析时可能需要将每天的数据汇总在一处。在WPS表格中有一项非常强大的会员功能——"合并表格"功能，使用该功能可以合并多个工作表、多个工作簿，快速完成数据汇总。如果没有开通会员，也可以使用下面的方法来完成。

步骤01 新建一个用于汇总多个工作簿数据的空白工作簿，打开"素材文件\第14章\9.1—9.7销售日报表.et"，在工作表标签上单击鼠标右键，在弹出的快捷菜单中选择【移动或复制工作表】命令，在打开的对话框中选中【建立副本】复选框，然后设置要复制工作表的目标工作簿，单击【确定】按钮，如图14-23所示。

步骤02 在用于汇总数据的工作簿中可以看到刚复制的工作表，双击工作表标签，修改工作表名称，这里以日期定义工作表名称，方便了解各工作表内容，如图14-24所示。

图 14-23 复制工作表

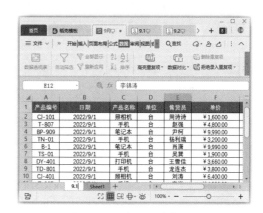

图 14-24 修改工作表名称

步骤03 使用相同的方法把其他相关工作簿中的工作表复制到汇总数据的工作簿中，如图14-25所示。

步骤04 由于这些数据都是在模板表格中记录的，具有相同的表格框架，要将这些工作表中的数据汇总到一张工作表中，只需通过复制粘贴即可快速完成，效果如图14-26所示。

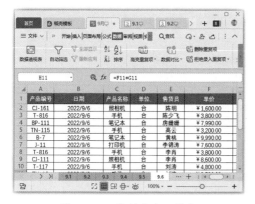

图 14-25 复制其他工作表

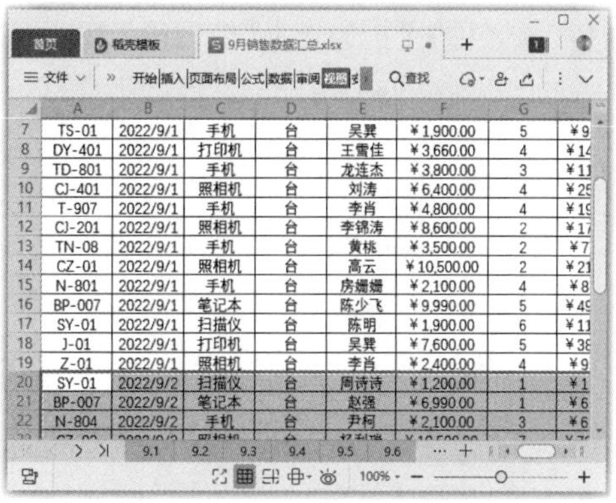

图 14-26 汇总表格数据

14.2.3 分析表格数据

有了完善的基础数据表格，要分析数据就很容易了。通过前面介绍的排序、筛选、分类汇总、条件格式、数据透视表等工具就可以实现。当然，具体选择使用哪种或哪些工具，要根据实际需求来确定。这里需要注意的是，分析数据前一定要保护好基础数据表格，分析操作最好不要直接在基础数据表格上进行，可以复制一张表再进行操作。

步骤 01　在【销售数据汇总】工作表标签上单击鼠标右键，在弹出的快捷菜单中选择【移动或复制工作表】命令，在打开的对话框的下拉列表中选择【（新工作簿）】选项，选中【建立副本】复选框，单击【确定】按钮，如图 14-27 所示。

步骤 02　以对基础数据创建数据透视表为例，简单介绍分析数据的操作。选择数据区域中的任意单元格，单击【数据】选项卡中的【数据透视表】按钮，如图 14-28 所示。

图 14-27　复制工作表

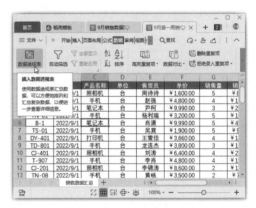
图 14-28　单击【数据透视表】按钮

步骤 03　打开【创建数据透视表】对话框，保持默认设置，单击【确定】按钮，如图 14-29 所示。

步骤 04　在【数据透视表】窗格的【字段列表】栏中的列表框中选中需要分析的数据字段，如选中【产品名称】【销售量】【销售额】复选框，如图 14-30 所示。

图 14-29　创建数据透视表

图 14-30　选中需要分析的数据字段

14.2.4　制作数据报表

完成数据分析并得出结论后，一般还需要告知相关人员，这就需要制作报表了。

报表一般分为表格报表和分析报表。表格报表是发送给他人填写的表格，如 14.2.1 节制作的表格，为了美观，可能需要在发送前添加表格标题行，或添加填写备注信息栏等。分析报表是把数据分析结果展示给他人查看的表格，为了说明某些结论，一般需要将分析过程中相关的数据表格配上文字说明来进行阐述，为了便于理解，还需要将部分表格内容转化为图表。

使用WPS演示制作"产品宣传"演示文稿

制作演示文稿时，很多人习惯先根据要制作的演示文稿类型搜索对应的模板，然后根据模板中的设计将自己需要表达的内容替换进去。这样的操作流程对于某一次设计任务而言，确实是高效的，但对于长远的职业发展没有帮助。正确的方法是按以下三个步骤来完成，第一步是按逻辑规划好幻灯片中的内容，完成演示文稿的框架制作，这是最关键的一步，往往一些突破性的工作都是在整理思路和框架的过程中诞生的；第二步是对幻灯片内容进行美化，包括对影响页面效果的所有元素的设计、动画的制作、音频的添加等；第三步是对演示的设置，一般需要反复放映来查看和完善演示时的动态效果，并根据需要设置合适的演示方式。

演示文稿与文字文档和电子表格有所不同，对设计要求比较高。一份演示文稿中包含的内容也比较多，涉及内容构架、文字提炼、字体选用、图片形状选择、页面排版、色彩搭配等，每一个环节都需要运用很多知识和技能，才能最终制作出优秀的演示文稿。

工作中使用的演示文稿多是以业务展开的，所以制作要求也不会太高，通常只需要又快又好地做完演示文稿，最关键的是组织好业务内容，在此基础上适当美化即可。

本例制作的是一个普通的业务演示文稿，其中设计内容并不多，也不需要个性化展示。首先根据需要展示的内容罗列好演示文稿框架，再输入文本内容、插入对象，完成幻灯片制作，然后适当进行美化，添加动画，最后设置放映方式即可。

制作步骤

14.3.1 设计演示文稿内容

制作演示文稿的内容有很多种方式，如果时间充裕，应该先设计幻灯片母版，然后罗列演示文稿框架，制作个性化的效果。如果时间有限，对于内容很常见，不需要新意的演示文稿，可以直接下载模板，填鸭式修改其中的内容到合适；对于内容比较有针对性的演示文稿，则应该减少美化，尽量把时间花在内容的安排上。本例先在【大纲】视图中根据思路梳理出演示文稿的框架。

步骤01　新建一个空白演示文稿，在【大纲】窗格中输入各幻灯片的主题内容，如图 14-31 所示，新建幻灯片时可以单击【开始】选项卡中的【新建幻灯片】按钮，也可以按【Enter】键。

步骤02　在各幻灯片中输入具体的页面内容，并插入图片等素材，完成幻灯片的主要内容制作，如图 14-32 所示。

图 14-31　整理演示文稿大纲

图 14-32　输入幻灯片内容

14.3.2 美化演示文稿

内容规划好以后，就可以进行美化了。WPS演示中提供了多种快速美化演示文稿的方法，可以有效提高工作效率。

步骤01　单击【设计】选项卡，在列表框中选择【更多设计】选项，如图 14-33 所示。

步骤02　在打开的对话框的【在线设计方案】选项卡右侧单击【免费专区】按钮，显示出所有免费的设计方案，查看并选择要应用的设计方案，如图 14-34 所示。

图 14-33　选择【更多设计】选项

图 14-34　选择需要的设计方案

步骤 03　在打开的界面中可以看到该设计方案包含的所有幻灯片效果，根据幻灯片中的内容选择需要使用的幻灯片样式，单击【插入并应用】按钮，如图 14-35 所示。

步骤 04　即可在演示文稿中应用选择的设计方案，并插入相关的幻灯片。部分内容可以直接从原来的幻灯片中复制到新效果的幻灯片中，注意文本最好以【只粘贴文本】方式进行粘贴。对不合理的内容进行微调即可，如图 14-36 所示。

图 14-35　选择需要的样式

图 14-36　复制幻灯片内容

步骤 05　部分幻灯片内容通过这种方法无法达到满意的效果，可以选择幻灯片后，单击编辑区下方的【一键美化】按钮，在弹出的下拉列表中预览并选择合适的效果，如图 14-37 所示。

步骤 06　完成幻灯片的美化后，选择多余的幻灯片，按【Delete】键删除即可，如图 14-38 所示。

图 14-37　一键美化幻灯片

图 14-38　删除多余幻灯片

14.3.3 设置放映效果

一般情况下，工作中使用的演示文稿不需要设置动画，简单设置幻灯片切换效果即可。

步骤 01 单击【切换】选项卡，在列表框中选择一种切换效果，如【棋盘】，如图 14-39 所示。

步骤 02 在【切换】选项卡中设置幻灯片切换时的速度、声音、换片方式，单击【应用到全部】按钮，如图 14-40 所示。

图 14-39 设置幻灯片切换效果

图 14-40 应用到所有幻灯片

WPS Office

1. WPS 文字快捷键索引

工具名称	快捷键	工具名称	快捷键
选中整篇文档	Ctrl+A	减小字号	Ctrl+Shift+<
加粗	Ctrl+B	增大字号	Ctrl+Shift+>
复制所选对象	Ctrl+C	复制格式	Ctrl+Shift+C
打开【字体】对话框	Ctrl+D	粘贴格式	Ctrl+Shift+V
段落居中	Ctrl+E	将光标移至本行开头位置	Home
打开【查找和替换】对话框	Ctrl+F	将光标移至整篇文档开头位置	Ctrl+Home
斜体	Ctrl+I	将光标移至本行末尾位置	End
左对齐	Ctrl+L	将光标移至整篇文档末尾位置	Ctrl+End
两端对齐	Ctrl+J	插入分页符	Ctrl+Enter
右对齐	Ctrl+R	获得联机帮助	F1
添加下划线	Ctrl+U	取消操作	Esc
粘贴文本或对象	Ctrl+V	关闭当前窗口	Ctrl+F4
剪切所选对象	Ctrl+X	显示/隐藏窗格	Ctrl+F1
重复上一操作	Ctrl+Y	新建空白文档	Ctrl+N
撤销上一操作	Ctrl+Z	打开文件	Ctrl+O
逐磅减小字号	Ctrl+[	保存文件	Ctrl+S
逐磅增大字号	Ctrl+]	打开【拼写检查】对话框	F7

2. WPS 表格快捷键索引

工具名称	快捷键	工具名称	快捷键
应用或取消加粗格式	Ctrl+B	输入当前日期	Ctrl+;
复制数据（包括公式和格式）	Ctrl+C	输入当前时间	Ctrl+Shift+;
应用或取消倾斜格式	Ctrl+I	向下填充	Ctrl+D
打开【查找】对话框	Ctrl+F	向右填充	Ctrl+R
打开【替换】对话框	Ctrl+H	获得联机帮助	F1
打开【定位】对话框	Ctrl+G	显示/隐藏窗格	Ctrl+F1
插入超链接	Ctrl+K	新建空白工作簿	Ctrl+N
粘贴数据（包括公式和格式）	Ctrl+V	打开文件	Ctrl+O

续表

工具名称	快捷键	工具名称	快捷键
剪切单元格	Ctrl+X	保存文件	Ctrl+S
重复上一操作	Ctrl+Y	打开【单元格格式】对话框	Ctrl+1
撤销上一操作	Ctrl+Z	计算所有打开的工作簿中的工作表	F9
输入同样的数据到多个单元格中	Ctrl+Enter	移动到行首	Home
在单元格内的换行操作	Alt+Enter	移动到工作表的开头	Ctrl+Home
创建图表	F11	移动到工作表的最后一个单元格位置，该单元格位于数据所占用的最右列的最下行中	Ctrl+End

3. WPS 演示快捷键索引

工具名称	快捷键	工具名称	快捷键
选择所有对象	Ctrl+A（在【幻灯片】选项卡上）	获得联机帮助	F1
选择所有幻灯片	Ctrl+A（在幻灯片浏览视图中）	显示/隐藏窗格	Ctrl+F1
复制选择的对象	Ctrl+C	打开文件	Ctrl+O
粘贴剪切或复制的对象	Ctrl+V	保存文件	Ctrl+S
剪切选择的对象	Ctrl+X	新建演示文稿	Ctrl+N
复制对象格式	Ctrl+Shift+C	插入新幻灯片	Ctrl+M
粘贴对象格式	Ctrl+Shift+V	显示或取消网格线	Shift+F9
打开【查找】对话框	Ctrl+F	打开【另存为】对话框	F12
打开【替换】对话框	Ctrl+H	放映演示文稿	F5
打开【插入超链接】对话框	Ctrl+K	从当前页放映演示文稿	Shift+F5
应用粗体格式	Ctrl+B	退出幻灯片放映	Esc
应用或取消斜体格式	Ctrl+I	将鼠标指针转换为"水彩笔"	Ctrl+P
添加或取消下划线	Ctrl+U	将鼠标指针转换为"橡皮擦"	Ctrl+E
居中对齐段落	Ctrl+E	隐藏鼠标指针	Ctrl+H
使段落两端对齐	Ctrl+J	黑屏	Ctrl+B
左对齐	Ctrl+L	白屏	Ctrl+W

工具名称	快捷键	工具名称	快捷键
右对齐	Ctrl+R	转至幻灯片编号	编号+Enter
增大所选文本字号	Ctrl+Shift+>	执行下一个动画或切换到下一张幻灯片	Enter/Page Down
减小所选文本字号	Ctrl+Shift+<	执行上一个动画或返回上一张幻灯片	Page Up

WPS Office

为了强化学生的上机操作能力，安排以下上机实训项目，老师可以根据教学进度与教学内容，合理安排学生上机训练操作的内容。

实训一：编排"企业简介"文本内容

在WPS文字中，制作如图B-1所示的"企业简介"。

结果文件	结果文件\综合上机实训\实训 1\企业简介.wps

企业简介

- 企业概况，成都芯光电脑技术服务有限公司，成立于2013年，注册资金50万元，员工62名，是一家提供专业的IT技术服务的公司。
- 企业文化，公司以"专注技术，用心服务"为核心，一切以用户需求为中心，将望通过团队的专业水平和不懈的努力，为行业提供专业安全的技术服务。
- 发展状况，公司经过四年多的努力与发展，业务已遍布本市各区，是IT服务行业中有目共睹的精英团队。
- 服务项目，企业电脑外包维护，电脑组装配件销售，网络工程综合布线，监控安装及维修，专业数据恢复，服务器局域网组建，打印机传真机维修等。
- 公司业绩，2021年完成营收580万元，2022年第一季度已实现利润90万元。
- 售后服务，本公司有详细的售后体系，提供终生技术服务指导。

图 B-1　企业简介

操作提示

在制作"企业简介"的实例操作中，主要使用了创建文档文件、输入文本、设置字体和段落格式、打印文档等知识。主要操作步骤如下。

（1）创建一个空白文档并保存，按照图B-1输入文本内容。

（2）设置合适的文本格式，为标题设置段落格式，为所有正文添加项目符号。

（3）打印预览文档效果。

实训二：制作"企业宣传册"文档

在WPS文字中，制作如图B-2所示的"企业宣传册"。

素材文件	素材文件\综合上机实训\实训 2\宣传册内容.txt、图片 1.jpg、图片 2.jpg、图片 3.jpg、图片 4.jpg、图片 5.jpg。
结果文件	结果文件\综合上机实训\实训 2\企业宣传册.wps

图 B-2　企业宣传册

操作提示

在制作“企业宣传册”的实例操作中，主要使用了图片、文本框等对象的编辑、添加页码、插入目录等知识。主要操作步骤如下。

（1）新建空白文档，并通过插入图片、文本框的方式来编排首页效果。

（2）插入分页符，在第二页中输入文本内容，并设置合适的字体格式。

（3）插入图片美化文档。

（4）为文档添加页码，并提取目录。

实训三：制作“客户资料表”表格

在WPS表格中，制作如图B-3所示的“客户资料表”。

结果文件	结果文件\综合上机实训\实训3\客户资料表.et

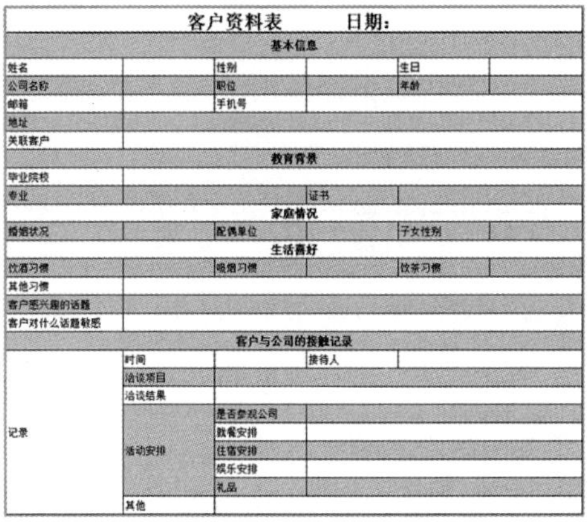

客户资料表　日期：					
基本信息					
姓名		性别		生日	
公司名称		职位		年龄	
邮箱		手机号			
地址					
关联客户					
教育背景					
毕业院校					
专业			证书		
家庭情况					
婚姻状况		配偶单位		子女性别	
生活喜好					
饮酒习惯		吸烟习惯		饮茶习惯	
其他习惯					
客户感兴趣的话题					
客户对什么话题敏感					
客户与公司的接触记录					
记录	时间		接待人		
	洽谈项目				
	洽谈结果				
	活动安排	是否参观公司			
		就餐安排			
		住宿安排			
		娱乐安排			
		礼品			
	其他				

图B-3　客户资料表

操作提示

在制作“客户资料表”的实例操作中，主要使用了创建和编辑工作表，录入表格内容，编辑行、列、单元格等知识。主要操作步骤如下。

（1）新建一个空白工作簿，并输入基本的资料表内容。

（2）为单元格设置文字格式，调整行高、列宽等。

（3）为表格套用表格样式，适当美化表格。

（4）通过设置数据有效性为某些单元格制作选择用的下拉列表，方便用户填写资料。

（5）为工作表添加密码保护，并设置允许编辑的区域。

实训四：制作商品销售统计表

在WPS表格中，制作如图B-4所示的“商品月度销售表”。

素材文件	素材文件\综合上机实训\实训4\商品月度销售表.et
结果文件	结果文件\综合上机实训\实训4\商品月度销售表.et

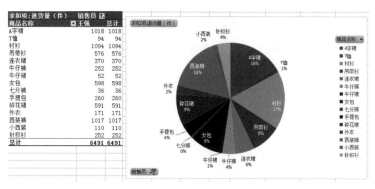

图 B-4　商品月度销售表

操作提示

在制作"商品月度销售表"的实例操作中，主要使用了数据透视表和数据透视图的相关知识。主要操作步骤如下。

（1）打开素材文件中提供的工作簿，根据提供的数据创建数据透视表，并设置合适的字段和透视方式。

（2）在创建的数据透视表中更改值的汇总依据，展开和折叠字段查看明细和汇总数据，对透视结果进行筛选。

（3）添加数据透视图直观展现透视结果，并根据要分析的内容选择合适的图表类型，依次分析销量趋势、销售员退货数据、各城市销量。

实训五：制作"部门工作报告"演示文稿

在WPS演示中，制作如图B-5所示的"部门工作报告"。

素材文件	素材文件\综合上机实训\实训5\图片1.png、图片2.png、图片3.png
结果文件	结果文件\综合上机实训\实训5\部门工作报告.dps

图 B-5　部门工作报告

在制作"部门工作报告"的实例操作中，主要使用了创建演示文稿、设置幻灯片母版、编辑幻灯片内容、添加页面切换效果等知识。主要操作步骤如下。

（1）创建一个空白演示文稿，并对其进行保存。

（2）进入幻灯片母版视图，设置母版背景效果，编辑需要使用的母版版式效果。

（3）新建版式合适的幻灯片，并编辑幻灯片中的内容，插入素材美化幻灯片。

（4）设置合适的页面切换效果，单击【应用到全部】按钮快速为所有幻灯片应用相同的页面切换效果。

实训六：制作"产品推广"演示文稿

在WPS演示中，制作如图B-6所示的"产品推广"演示文稿。

素材文件	素材文件\综合上机实训\实训6\产品推广.dps、背景音乐.mp3、图片1.png、图片2.png、图片3.png、图片4.png、图片5.png
结果文件	结果文件\综合上机实训\实训6\产品推广.pptx

图 B-6　产品推广

在制作"产品推广"的实例操作中，主要使用了演示文稿中图片的编辑操作、音频的使用、设置动画等知识。主要操作步骤如下。

（1）打开素材文件中提供的演示文稿，在末尾幻灯片中添加图片背景，在第7张幻灯片中插入形状并输入文字。

（2）在对应的幻灯片中插入图片，并进行合适的编辑加工。

（3）设置合适的页面切换效果，并为幻灯片插入背景音乐。

（4）为幻灯片中的内容添加合适的动画，并放映查看效果。

实训七：制作"如何阅读一本书"思维导图

在 WPS 思维导图中，制作如图 B-7 所示的"如何阅读一本书"思维导图。

结果文件	结果文件\综合上机实训\实训 7\如何阅读一本书.png

图 B-7   如何阅读一本书思维导图

操作提示

在制作"如何阅读一本书"思维导图的实例操作中，主要使用了 WPS 思维导图组件的功能，包括创建思维导图、编辑节点、分层查看思维导图中的内容、美化思维导图、导出思维导图等知识。主要操作步骤如下。

（1）创建一个空白思维导图，根据思维导图框架输入各层次节点内容。

（2）通过折叠和展开分层查看思维导图中的内容，依次检查各层内容输入是否准确。

（3）通过设置思维导图主题风格、节点和连线的细节效果，美化思维导图效果。

（4）将制作好的思维导图以 PNG 图片格式导出到计算机中保存。

实训八：制作产品推广海报

在 WPS 图片设计中，制作如图 B-8 所示的产品推广海报。

结果文件	结果文件\综合上机实训\实训 8\产品推广海报.png

图 B-8   产品推广海报

操作提示

在制作产品推广海报的实例操作中，主要使用了 WPS 图片设计组件的功能，包括创建海报、添加素材、导出海报等知识。主要操作步骤如下。

（1）根据要创建的海报效果找一个效果类似的模板进行下载。

（2）修改下载模板中的内容，如对图片进行替换、重新添加需要的素材、调整各对象位置和大小、设置字体格式等，最终设计好海报效果。

（3）将设计好的海报以 PNG 格式下载保存到计算机中。

WPS Office

得分	评卷人

一、选择题（每题 2 分，共 46 分）

1. WPS 文字文档的默认扩展名是（   ）。

A. htm   B. bmp   C. wps   D. txt

2. 在 WPS 文字中，按（   ）组合键可将光标移至整篇文档的开头位置。

A.【Ctrl+Enter】   B.【Ctrl+Home】   C.【Ctrl+End】   D.【Ctrl+空格键】

3. 在 WPS 表格中，按（   ）组合键可以快速插入一张新的工作表。

A.【Shift+F1】   B.【Shift+F4】   C.【Shift+F9】   D.【Shift+F11】

4. 要在 WPS 表格的单元格中输入分数 "5/8"，应输入数据（   ）。

A.【5/8】   B.【0 5/8】   C.【'5/8】   D.【-5/8】

5. 要在 WPS 表格的单元格中输入序号 "007"，应输入数据（   ）。

A.【007】   B.【-007】   C.【'007】   D.【^007】

6. 默认情况下，WPS 文字中添加的自选图形的填充颜色为（   ）。

A. 蓝色   B. 绿色   C. 红色   D. 灰色

7. 在 WPS 文字中，将鼠标指针指向需要选择的某个段落左侧的空白处，当鼠标指针呈 "⌐" 时，连续单击鼠标左键（   ）次，即可选中当前段落。

A. 1   B. 2   C. 3   D. 4

8. 在 WPS 文字中，将鼠标指针指向编辑区左侧空白处，当鼠标指针呈 "⌐" 时，连续单击鼠标左键（   ）次，即可选中整篇文档。

A. 1   B. 2   C. 3   D. 4

9. 要在 WPS 文字文档中输入符号 "《"，可以将输入法切换到中文状态，在按住（   ）键的同时按键盘上对应的键。

A.【Shift】   B.【Ctrl】   C.【Alt】   D.【Ctrl+Shift】

10. 在 WPS 文字中要将一个段落的段首缩进 2 字符，应在（   ）对话框里进行设置。

A. 边框和底纹   B. 字体   C. 段落   D. 页面设置

11. 当下列运算符同在一个公式中时，假设没有括号，运算符（   ）的优先级是最高的。

A. :   B. /   C. ,   D. =

12. 在 WPS 文字中绘制矩形的同时按住（   ）键，可以绘制出一个正方形。

A.【Shift】   B.【Ctrl】   C.【Alt】   D.【Ctrl+Shift】

13. 在 WPS 演示中使用图表时，应根据数据特点来选择图表，下列图表类型中，（   ）适用于显示某段时间内数据的变化及其变化趋势。

A. 条形图   B. 折线图   C. 饼图   D. 柱形图

14. 设置段落缩进的目的是增强文档的层次感，一般来说，中文杂志和报纸多用（　　）方式设置段落。

　　A. 左缩进　　　　　　B. 右缩进　　　　　　C. 首行缩进　　　　　　D. 悬挂缩进

15. 默认情况下，在WPS表格中选中某数据区域后，按【Alt+F1】组合键，即可快速创建（　　）。

　　A. 条形图　　　　　　B. 柱形图　　　　　　C. 面积图　　　　　　D. 饼图

16. WPS演示提供了多种视图方式，其中（　　）主要用于撰写或设计演示文稿。

　　A. 普通视图　　　　　B. 备注页视图　　　　C. 幻灯片浏览视图　　　D. 阅读视图

17. 在WPS演示中按（　　）组合键，可从当前选中的幻灯片处开始放映演示文稿。

　　A.【Shift+F3】　　　B.【Shift+F5】　　　C.【Shift+F8】　　　D.【Shift+F9】

18. 在文字文档编辑状态，被编辑的文档中的文字有"四号""五号""16磅""18磅"4种，则所设定字号的大小比较中，正确的是（　　）。

　　A. "16磅"大于"18磅"　　　　　　　　B. 文字的大小一样，字体不同
　　C. "四号"小于"五号"　　　　　　　　D. "四号"大于"五号"

19. 在一些特殊场合需要使用WPS文字设置特大号字体，若用输入磅值的方式进行设置，最大磅值为（　　）。

　　A. 72磅　　　　　　　B. 638磅　　　　　　C. 1638磅　　　　　　D. 1999磅

20. 在WPS文字中，将文档中原有的一些相同的关键字换成另外的内容，采用（　　）方式会更方便。

　　A. 替换　　　　　　　B. 另存　　　　　　　C. 复制　　　　　　　D. 重新输入

21. 在WPS表格中，默认的图表类型为（　　）。

　　A. 簇状柱形图　　　　B. 簇状条形图　　　　C. 饼图　　　　　　　D. 三维曲面图

22. 下列单元格引用中，（　　）属于绝对引用。

　　A. =E2*F2　　　　　B. =E2*$F$2　　　　C. =$E2*$F2　　　　D. =$E$2*$F$2

23. 将演示文稿制作成（　　），可以最大限度地呈现动画效果、切换效果和多媒体信息。

　　A. 讲义　　　　　　　B. 视频　　　　　　　C. PDF　　　　　　　D. XPS

得分	评卷人

二、填空题（每空1分，共9小题，共计21分）

1. 一般情况下，WPS文字页面中的＿＿＿＿常用来显示书名和章节，＿＿＿＿常用来显示页码。

2. 在WPS文字中输入汉字时，启动和关闭中文输入法可使用＿＿＿＿组合键。

3. 为了增强文档的层次感，可对段落设置合适的缩进，段落的缩进方式有＿＿＿＿、＿＿＿＿、＿＿＿＿和＿＿＿＿4种。

4. 在WPS表格中，由若干个连续的单元格构成的矩形区域称为＿＿＿＿，用其对角线上的两个单元格来标识。

5. 在WPS表格中，公式由一系列_____、_____及_____等组成，是对数据进行计算和分析的等式。

6. 在WPS表格中，一个完整的函数式主要由_____、_____和_____组成。

7. WPS演示提供了_____、_____、_____、_____和_____5种视图方式。

8. WPS演示的_____功能用于放映前手动换片并记录时间，以便放映时按照设置的时间自动放映幻灯片。

9. 幻灯片的_____是指在放映幻灯片时，一张幻灯片从计算机屏幕上消失，另一张幻灯片随之显示在屏幕上的动画效果。

得分	评卷人

三、判断题（每题1分，共15小题，共计15分）

1. 在WPS文字中，默认的字体为"宋体"，字号为"五号"，字体颜色为"黑色"。（　　）

2. 对齐方式是指段落在文档中的相对位置，WPS文字默认对齐方式为居中对齐。（　　）

3. 默认情况下，在WPS文字中设置了编号样式的段落中，按【Enter】键切换到下一个段落时，下一段会自动产生连续的编号。（　　）

4. 在WPS文字中按【Home】键，可将光标移至整篇文档的开头位置。（　　）

5. 在WPS文字中按【Ctrl+Backspace】组合键，可删除光标前一个单词或短语。（　　）

6. 单元格是组成WPS表格的基本单位，一个工作表由多个单元格构成。（　　）

7. 在WPS Office中，可以打开多个组件，因此可以同时对多个文件进行操作。（　　）

8. 利用WPS表格处理数据时，一般用饼图表示事物随时间变化的趋势。（　　）

9. 在WPS表格中使用自动填充功能时，只会填充数据而不会复制单元格格式。（　　）

10. 在WPS表格中使用MAX函数可返回一组数值中的最大值，该函数属于数学及三角函数。（　　）

11. 在WPS演示的视图窗格中，选中某张幻灯片后按【Enter】键，可快速在该幻灯片后面添加一张同样版式的幻灯片。（　　）

12. WPS演示中提供了进入、退出和动作路径三大类的100多种动画效果供用户选择使用。（　　）

13. 交互动画效果是指幻灯片的动画不是事先指定好的顺序，而是根据放映时的需要，利用触发对象激发出相应动画。（　　）

14. 编辑好演示文稿后，按【F5】键可从第一张幻灯片开始放映演示文稿，按【Shift+F5】组合键可从当前选中的幻灯片处放映演示文稿。（　　）

15. 在WPS演示中，幻灯片的放映方式主要有"从头开始""从当前幻灯片开始""自定义放映""会议"4种。（　　）

得分	评卷人

四、简答题（每题 9 分，共 2 小题，共计 18 分）

1. 在 WPS 文字中，对齐方式是指段落在文档中的相对位置，请简述"左对齐"方式与"两端对齐"方式的区别。

2. 简述 WPS 表格的函数类型及其用途。